机床电气控制与PLC

主　编　常淑英　吴春玉

副主编　屈金星　冯　丰

刘建敏　李　红

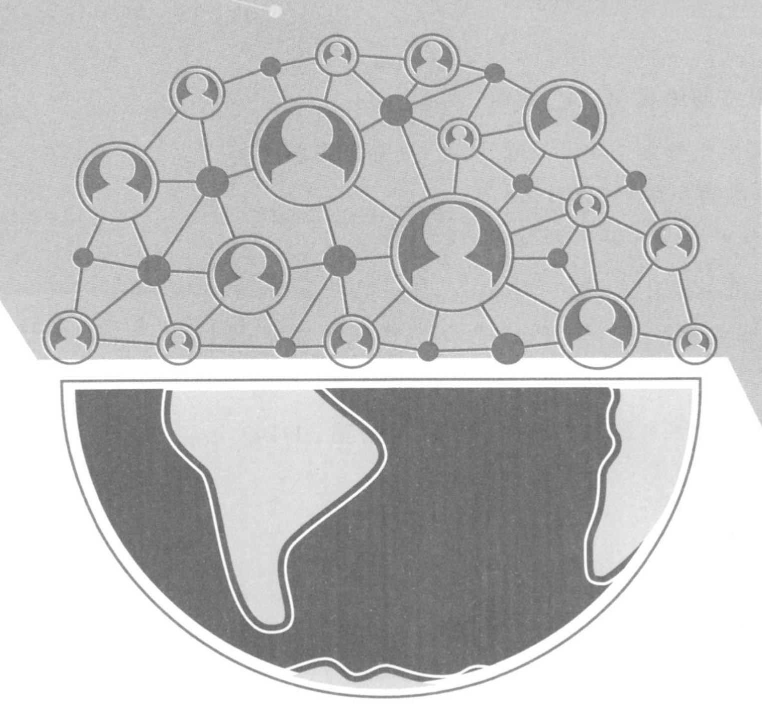

高等教育出版社·北京

内容提要

本书是高等职业教育自动化类专业课程新形态一体化规划教材之一。

全书共分为6章。内容主要包括电动机的基本控制、继电—接触器电气控制系统分析、可编程序控制器概述、可编程序控制器硬件组成及系统特性、STEP7指令系统及其应用和数控机床电气控制线路。

本书实现了互联网与传统教育的完美融合，采用“纸质教材+数字课程”的出版形式，以新颖的留白编排方式，突出资源的导航，扫描二维码，即可观看动画、微课等视频类数字资源，随扫随学，突破传统课堂教学的时空限制，激发学生自主学习的兴趣，打造高效课堂。资源具体下载和获取方式请见“智慧职教”服务指南。

本书可作为高职高专院校电气自动化、机电一体化、机电设备维修等机电类专业的教学用书，也可作为相关专业工程技术人员的岗位培训教材和参考用书。

图书在版编目（CIP）数据

机床电气控制与PLC／常淑英，吴春玉主编. --北京：高等教育出版社，2021.2

ISBN 978-7-04-052838-1

Ⅰ.①机… Ⅱ.①常… ②吴… Ⅲ.①机床-电气控制-高等职业教育-教材②PLC技术-高等职业教育-教材 Ⅳ.①TG502.35②TM571.6

中国版本图书馆CIP数据核字（2019）第227742号

策划编辑 曹雪伟　责任编辑 曹雪伟　封面设计 赵 阳　版式设计 于 婕
插图绘制 于 博　责任校对 吕红颖　责任印制 赵 振

出版发行 高等教育出版社
社　　址 北京市西城区德外大街4号
邮政编码 100120
印　　刷 高教社（天津）印务有限公司
开　　本 787mm×1092mm 1/16
印　　张 16.5
字　　数 390千字
购书热线 010-58581118
咨询电话 400-810-0598
网　　址 http://www.hep.edu.cn
http://www.hep.com.cn
网上订购 http://www.hepmall.com.cn
http://www.hepmall.com
http://www.hepmall.cn
版　　次 2021年2月第1版
印　　次 2021年2月第1次印刷
定　　价 33.20元

物 料 号 52838-00

“智慧职教”服务指南

“智慧职教”是由高等教育出版社建设和运营的职业教育数字教学资源共建共享平台和在线课程教学服务平台，包括职业教育数字化学习中心平台（www.icve.com.cn）、职教云平台（zjy2.icve.com.cn）和云课堂智慧职教App。用户在以下任一平台注册账号，均可登录并使用各个平台。

● 职业教育数字化学习中心平台（www.icve.com.cn）：为学习者提供本教材配套课程及资源的浏览服务。

登录中心平台，在首页搜索框中搜索“机床电气控制与PLC”，找到对应作者主持的课程，加入课程参加学习，即可浏览课程资源。

● 职教云（zjy2.icve.com.cn）：帮助任课教师对本教材配套课程进行引用、修改，再发布为个性化课程（SPOC）。

1. 登录职教云，在首页单击“申请教材配套课程服务”按钮，在弹出的申请页面填写相关真实信息，申请开通教材配套课程的调用权限。

2. 开通权限后，单击“新增课程”按钮，根据提示设置要构建的个性化课程的基本信息。

3. 进入个性化课程编辑页面，在“课程设计”中“导入”教材配套课程，并根据教学需要进行修改，再发布为个性化课程。

● 云课堂智慧职教App：帮助任课教师和学生基于新构建的个性化课程开展线上线下混合式、智能化教与学。

1. 在安卓或苹果应用市场，搜索“云课堂智慧职教”App，下载安装。

2. 登录App，任课教师指导学生加入个性化课程，并利用App提供的各类功能，开展课前、课中、课后的教学互动，构建智慧课堂。

“智慧职教”使用帮助及常见问题解答请访问help.icve.com.cn。

前言

本书根据高等职业教育“淡化理论，加强应用，联系实际，突出特色”的原则编写，在内容和编写思路上力求体现高职高专培养生产一线高技能人才的要求，力争做到重点突出、概念清楚、层次清晰、深入浅出、学以致用。

本书从实用的角度出发，以工厂常用的电气控制设备及其基本知识为重点，阐述并分析了常用的低压电器、基本电气控制线路、常用机床的电气控制及 PLC 等。本书通过工程实例阐述继电－接触器控制系统和 PLC 的设计、调试及应用；并列出实训项目，以加强学生的动手能力。本书配有多种教学资源，PPT、动画、视频和微课，使复杂的内容简单易学。使用本书授课的教师可发送电子邮件至 1377447280@ qq. com 索取教学资源。

全书共分为 6 章。内容主要包括电动机的基本控制、继电—接触器电气控制系统分析、可编程序控制器概述、可编程序控制器的硬件组成及系统特性、STEP7 指令系统及其应用和数控机床电气控制线路。

本书由天津电子信息职业技术学院机电技术系教师常淑英、吴春玉担任主编，屈金星、冯丰、刘建敏、李红担任副主编。第 1 章由常淑英编写，第 2 章由冯丰编写，第 3 章由屈金星和李鹤编写，第 4 章由李红和刘建敏编写，第 5 章由孙岩和王军红编写，第 6 章由陈晓罗编写。本书由常淑英统稿，由冯丰主审。

在本书的编写过程中，作者参考了多位同行专家的著作和文献；刘洪贤老师协助进行了部分文字的审阅工作；主审以高度负责的态度审阅全书，并提出了许多宝贵意见，在此向他们表示真诚的谢意。

由于编者水平有限，时间仓促，书中难免存在缺点和不足之处，敬请广大读者批评指正。

编者

2019 年 11 月

目录

第1章

电动机的基本控制

低压电器是电气控制系统的基本组成元件。随着电子技术、自动控制技术和计算机技术的迅猛发展,一些电气元件可能被电子电路所取代,但是由于电气元件本身也朝着新的领域发展,表现为元件的性能提高,元件的应用范围扩展,新型元件的应用等,且某些电气元件有其特殊性,所以不可能被完全取代。

可编程序控制器(PLC)是计算机技术与继电—接触器控制技术相结合的产物,而且 PLC 的输入、输出仍然与低压电器密切相关,因此应熟悉常用低压电器的原理、结构、型号、规格和用途,并能正确选择、使用与维护。掌握继电—接触器控制技术是学习和掌握 PLC 应用技术所必需的基础。

继电 - 接触器的控制方式称为电气控制,其电气控制电路由各种有触点电器(如接触器、继电器、按钮、开关等)组成。它能实现电力拖动系统的起动、反转、制动、调速和保护,实现生产过程自动化。

随着我国工业的飞速发展,对电力拖动系统的要求不断提高,在现代化的控制系统中采用了许多新的控制装置和元器件(如 MP(微型计算机)、PC(个人计算机)、晶闸管等),用以实现对复杂生产过程的自动控制。尽管如此,目前在我国工业生产中应用最广泛、最基本的控制仍是电气控制。而任何复杂的控制电路或系统,都是由一些比较简单的基本控制环节、保护环节根据不同要求组合而成的。因此,掌握这些基本控制环节是学习电气控制电路的基础。

1.1 低压电器的基本知识

教学课件
低压电器的基本知识

电器是指根据特定的信号和控制要求,能接通与断开电路,改变电路参数,实现对电路或非电路对象的保护、控制、切换、检测和监视等功能的电气设备。按照工作电压等级,电器分为高压电器和低压电器。高压电器是用于交流电压 1 200 V、直流电压 1 500 V 及以上电路中的电器,如高压断路器、高压隔离开关、高压熔断器等。低压电器是用于交流 50 Hz(或 60 Hz),额定电压为 1 200 V以下,直流额定电压为 1 500 V 以下的电器,如接触器、继电器等。这里主要介绍低压电器。

1.1.1 低压电器的分类

低压电器的定义与分类

低压电器的种类繁多、结构各异、功能多样。常用低压电器的分类方法有以下几种。

1. 按动作方式分类

① 手动电器:用手或依靠机械力进行操作的电器,如手动开关、控制按钮和行程开关等主令电器。

② 自动电器:借助于电磁力或某个物理量的变化自动进行操作的电器,如接触器、各种类型的继电器、电磁阀等。

2. 按用途分类

① 低压配电电器:低压配电电器主要有刀开关、组合开关、负荷开关和自动开关等。

② 低压控制电器:在电力拖动自动控制系统中,低压控制电器主要有接触器、继电器和控制器等。

③ 低压保护电器:低压保护电器主要用于电路与电气设备的安全保护,有断路器、热继电器、熔断器、电压继电器和电流继电器等。

④ 低压主令电器:低压主令电器用于发送控制信号,有按钮、行程开关、主令开关和万能转换开关等。

⑤ 低压执行电器:通常用于传送动力、驱动负载,主要有电磁阀、电磁铁和气动阀等。

3. 按工作原理分类

① 电磁式电器:依据电磁感应原理来工作,如接触器和电磁式继电器等。

② 非电量控制电器:依靠外力或某种非电物理量的变化而动作的电器,如刀开关、行程开关、按钮、速度继电器和温度继电器等。

1.1.2 低压电器的电磁机构与执行机构

电磁式电器在电气控制电路中使用量最大,类型也很多。各类电磁式电器在构造上基本相同,主要由电磁机构和执行机构两部分组成。电磁机构按电源种类可分为交流和直流两种;执行机构则可分为触点系统和灭弧装置。

1. 电磁机构

电磁机构的主要作用是将电磁能量转换成机械能量,带动触点动作,接通或分断电路。

电磁机构由铁心、衔铁和线圈等部分组成。其作用原理是:当线圈中有电流通过时,产生电磁吸力,电磁吸力克服弹簧的反作用力,使衔铁与铁心闭合,衔铁带动连接机构运动,从而带动相应触点动作,完成通、断电路的控制作用。常用的电磁机构如图 1-1 所示。

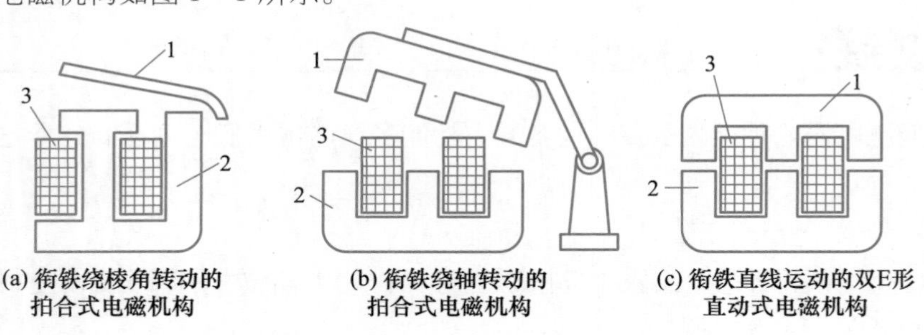

(a) 衔铁绕棱角转动的拍合式电磁机构　(b) 衔铁绕轴转动的拍合式电磁机构　(c) 衔铁直线运动的双E形直动式电磁机构

图 1-1 常用的电磁机构

1—衔铁 2—铁心 3—线圈

① 衔铁绕棱角转动的拍合式电磁机构如图 1－1(a)所示。这种结构广泛应用于直流电器中。

② 衔铁绕轴转动的拍合式电磁机构如图 1－1(b)所示。其铁心形状有 E 形和 U 形两种。这种结构多用于触点容量较大的交流电器中。

③ 衔铁直线运动的双 E 形直动式电磁机构如图 1－1(c)所示。这种结构多用于交流接触器和继电器中。

电磁式电器可分为直流与交流两大类。直流电磁铁的铁心由整块铸铁铸成;交流电磁铁的铁心用硅钢片叠成,以减小铁损(磁滞损耗及涡流损耗)。

图 1－1 中线圈的作用是将电能转换为磁场能。按通过线圈电流性质的不同,分为直流线圈和交流线圈两种。

实际应用中,直流电磁铁仅有线圈发热,线圈的匝数多、导线细,制成细长形,且不设线圈骨架,线圈与铁心直接接触,利于线圈的散热;交流电磁铁的铁心和线圈均发热,线圈匝数少、导线粗,制成短粗形,线圈没有骨架,且铁心与线圈隔离,利于铁心和线圈的散热。

2. 触点系统

(1) 触点系统材料

触点是电器的执行机构,起接通和断开电路的作用。若要使触点具有良好的接触性能,通常采用铜质材料制成;由于在使用中,铜的表面容易氧化而生成一层氧化铜,使触点接触电阻增大,容易引起触点过热,影响电器的使用寿命,因此,对于电流容量较小的电器(如接触器、继电器等),常采用银质材料作为触点材料,因为银的氧化膜电阻率与纯银相似,从而避免触点表面氧化膜电阻率增加而造成触点接触不良。

(2) 触点系统结构形式

触点系统主要有以下几种结构形式:

① 桥式触点:图 1－2(a)、图 1－2(b)所示为桥式触点。其中,图 1－2(a)为点触式桥式触点;图 1－2(b)所示为面触式桥式触点。点触式适用于电流不大且触点压力小的场合;面触式适用于电流较大的场合。

② 指形触点:图 1－2(c)所示为指形触点,其接触区为一直线,触点在接通与分断时产生滚动摩擦,可以去掉氧化膜,故其触点可以用纯铜制造,特别适合于触点分合次数多、电流大的场合。

(a) 点触式桥式触点　(b) 面触式桥式触点　(c) 指形触点

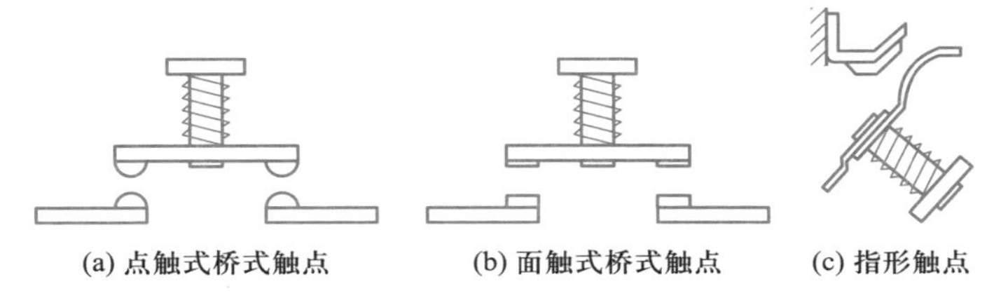

图 1－2　触点的结构形式

3. 灭弧装置

触点在分断电流的瞬间,在触点间的气隙中就会产生电弧,电弧的高温能将触点烧坏,并可能造成其他事故,因此应采取适当的措施迅速熄灭电弧。

低压电器常用的具体灭弧方法有:

① 机械灭弧法:通过机械装置将电弧迅速拉长。这种方法多用于开关电器。

② 磁吹灭弧:在一个与触点串联的磁吹线圈产生的磁场作用下,电弧受电磁力的作用而拉长,被吹入由固体介质构成的灭弧罩内,与固体介质接触,电弧被迅速冷却而熄灭。

③ 窄缝灭弧:在电弧形成的磁场电动力的作用下,可使电弧拉长并进入灭弧罩的窄缝中,几条纵缝可将电弧分割成数段且与固体介质相接触,电弧迅速熄灭。这种结构多用于交流接触器。

④ 栅片灭弧法:当触点分开时,产生的电弧在电动力的作用下被推入一组灭弧栅片中而被分割成数段,彼此绝缘的灭弧栅片的每一片都相当于一个电极,因而就有许多个正负极压降。对交流电弧来说,近负极处,在电弧过零时就会出现一个 150 ~ 250 V 的介质强度,使电弧无法继续维持而熄灭。交流电器常采用栅片灭弧法,如图 1 – 3 所示。

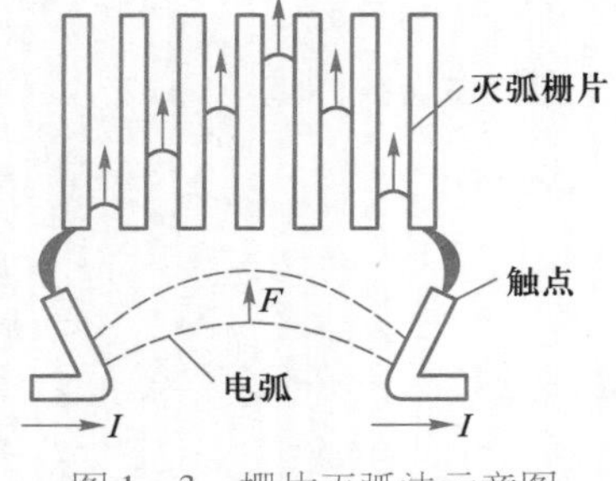

图 1 – 3 栅片灭弧法示意图

1.2 低压开关电器

教学课件
低压开关电器

开关是低压电器中最常用的电器之一,其作用是分合电路、开断电流。常用的低压开关电器有刀开关、组合开关和低压断路器等。

1.2.1 刀开关

刀开关又称闸刀开关或隔离开关。它是手动控制电器中最简单,而使用较广泛的一种低压电器,主要用于隔离电源,分断负载,也可用于不频繁地接通和分断容量不大的低压电路或直接起动小容量电动机。若在刀开关上安装熔丝或熔断器,可组成既有通断电路作用又有保护作用的负荷开关。常用的负荷开关有开启式和封闭式两种类型。

动画
刀开关的外形

1. 开启式负荷开关

(1) 开启式负荷开关的结构

开启式负荷开关俗称胶盖瓷底刀开关,由于它结构简单,价格便宜,使用维修方便,被广泛应用在电气照明和电动机控制等电路中。

开启式负荷开关由刀开关和熔断器组合而成。瓷底板上装有进线座、静触点、熔丝、出线座及刀片式动触点,工作部分用胶盖罩住,以防电弧灼伤人手。

图 1-4 所示为常用的 HK 系列开启式负荷开关的结构示意图。

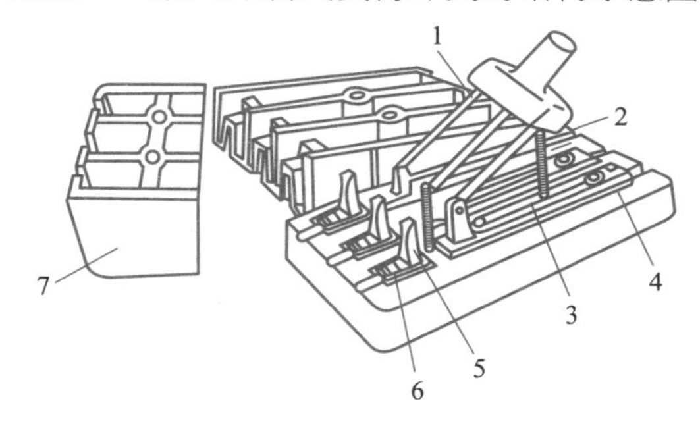

开启式负荷开关的结构

图 1-4 HK 系列开启式负荷开关的结构示意图

1—手柄 2—刀片式动触点 3—出线座 4—瓷底座 5—静触点 6—进线座 7—胶盖

(2) 开启式负荷开关的型号及符号

开启式负荷开关的文字符号为 QS，型号和图形符号如图 1-5 所示。

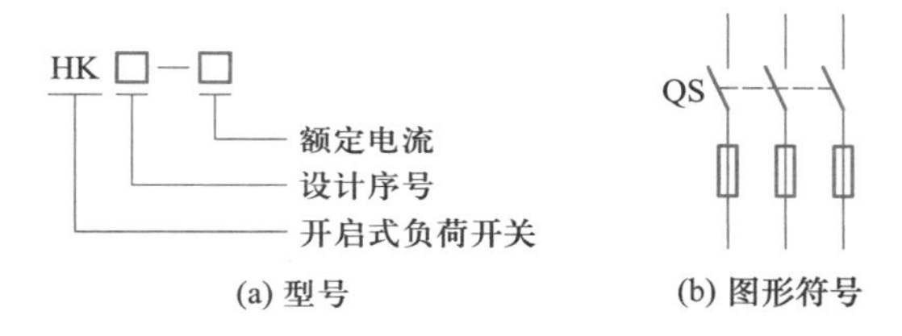

图 1-5 开启式负荷开关的型号及图形符号

(3) 开启式负荷开关的选用

① 额定电流的选择：应根据控制对象的类型和大小，计算出相应负载电流大小，选择相应额定电流的刀开关。一般应等于或大于所分断电路中各个负荷电流的总和。对于电动机负荷，应考虑其起动电流，所以应选择额定电流大一级的刀开关。若考虑电路出现的短路电流，还应选择额定电流更大一级的刀开关。

② 用途和安装位置的选择：选用刀开关时，还要根据刀开关的用途和安装位置选择合适的型号和操作方式；同时根据刀开关的作用和装置的安装形式来选择是否带灭弧装置，及选择是正面、背面还是侧面的操作形式。

(4) 开启式负荷开关使用注意事项

刀开关的类型及图形符号

① 安装时应将开启式负荷开关垂直安装在控制柜的开关板上，且合闸状态时手柄向上，不允许倒装或平装，以防止发生误合闸事故。

② 电源进线应接在静触点一边的进线座，用电设备应接在动触点一边的出线座。当开启式负荷开关控制照明和电热负载时，须安装熔断器作短路和过载保护。在刀开关断开时，闸刀和熔丝均不得通电，以确保更换熔丝时的安全。

③ 当开启式负荷开关用作电动机的控制开关时，应将开关的熔丝部分用铜导线直连，并在出线座加装熔断器作短路保护。在更换熔丝时务必把闸刀断开；

在分闸和合闸操作时，为避免出现电弧，动作应果断迅速。

2．封闭式负荷开关

封闭式负荷开关又称铁壳开关，主要用于手动不频繁地接通和断开带负载的电路，也可用于控制15 kW以下的交流电动机不频繁地直接起动和停止。

（1）封闭式负荷开关的结构

封闭式负荷开关主要由U形开关触刀、熔断器、操作手柄和外壳等组成。图1－6所示为铁壳开关的结构示意图。

铁壳开关在操作机构上有两个优点：一是采用了弹簧储能分合闸，有利于迅速熄灭电弧，从而提高开关的通断能力；二是设有联锁装置，以保证开关在合闸状态下开关盖不能开启，而当开关盖开启时又不能合闸，确保操作安全。

（2）封闭式负荷开关的型号及符号

封闭式负荷开关的文字符号和图形符号与开启式相同，其型号如图1－7所示。

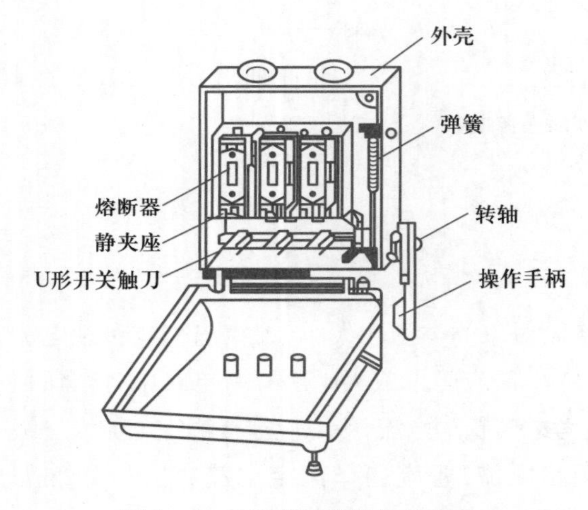

图1－6 铁壳开关的结构示意图

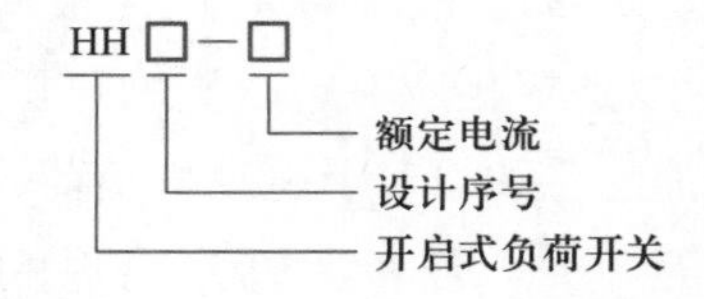

图1－7 封闭式负荷开关的型号

（3）封闭式负荷开关的选用及注意事项

① 封闭式负荷开关的选用。在选择封闭式负荷开关时，应使其额定电压大于或等于电路的额定电压，其额定电流大于或等于电路的额定电流。对于电热器和照明电路，可根据额定电流选择；对于电动机，铁壳开关额定电流可选电动机额定电流的1.5倍。

② 封闭式负荷开关使用注意事项。在使用封闭式负荷开关中，应注意开关的金属外壳须可靠接地或接零，防止因意外漏电而发生触电事故，接线时应将电源线接在静触点的接线端上，负荷接在熔断器一端。

封闭式负荷开关不允许随意放在地上，也不允许面向开关进行操作，以免在开关无法切断短路电流的情况下，铁壳爆炸飞出伤人。

1.2.2 组合开关

组合开关的外形

组合开关又称为转换开关，常用于交流380 V、直流220 V以下的电气控制电路中，供手动不频繁地接通或分断电路，也可控制3 kW以下小容量异步电动机的起动、停止和正反转。它的特点是体积小，灭弧性能比刀开关好，接线方式多，操作方便。

1. 组合开关的结构及工作原理

组合开关的结构

组合开关由动触点（动触片）、静触点（静触片）、转轴、手柄、凸轮（定位机构）及外壳等部分组成，其动、静触点分别叠装在绝缘壳内。图1－8所示为常用HZ10－10/3型组合开关结构示意图。当转动手柄时，每层的动触点随转轴一起转动，从而实现对电路的通、断控制。

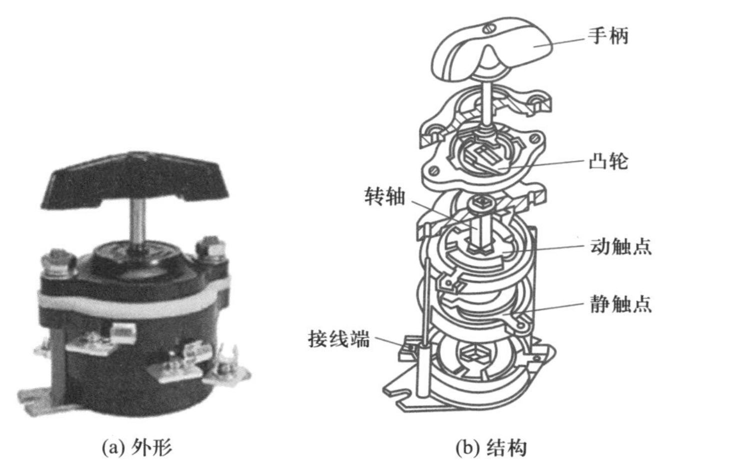

图1－8　HZ10－10/3型组合开关结构示意图

这种组合开关有三对静触点，每一对静触点的一端固定在绝缘垫板上，另一端伸出盒外，并附有接线端，以便和电缆及用电设备的导线相连接。三对动触点由两个铜片和灭弧性能良好的绝缘钢纸板铆接而成，和绝缘垫板一起套在有手柄的绝缘杆上，手柄能沿任意一个方向每次旋转90°，带动三对触点分别与三对静触点接通或断开，顶盖部分由凸轮、弹簧及手柄等构成操作机构，此操作机构由于采用了弹簧储能使开关快速闭合及分断，保证了开关在切断负荷电流时所产生的电弧能迅速熄灭，其分断与闭合的速度和手柄旋转速度无关。

2. 组合开关的型号及符号

组合开关的文字符号为QS，其图形符号和型号如图1－9所示。

3. 组合开关的选用及使用注意事项

(1) 组合开关的选用

选用组合开关主要考虑电源的种类、电压等级、所需触点数及电动机的功

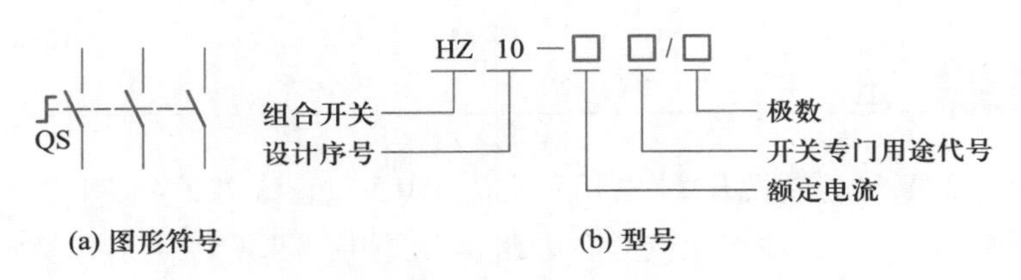

图1-9 组合开关的图形符号和型号

率等因素。用于照明或电热电路时，组合开关的额定电流应等于或大于被控制电路中各负荷电流的总和。用于电动机电路时，组合开关的额定电流应取电动机额定电流的1.5倍。组合开关的通断能力较低，不能用来分断故障电流。用于控制异步电动机的正反转时，必须在电动机停转后才能反向起动，且每小时的接通次数不能超过15~20次。

（2）组合开关的使用注意事项

在安装和使用组合开关时，应把其安装在控制箱或壳体内，操作手柄最好安装在控制箱的前面或侧面。开关为断开状态时手柄应在水平位置。若需在箱内操作，最好将组合开关安装在箱内上方，若附近有其他电器，则需采取隔离措施或者绝缘措施。

1.2.3 低压断路器

动画

低压断路器的外形

低压断路器又称为自动空气开关。它集控制与保护功能于一体，相当于刀开关、熔断器、热继电器和欠电压继电器的组合，用于不频繁地接通和断开电路，以及控制电动机的运行。当电路中发生严重过载、短路及欠电压等故障时，能自动切断故障电路，有效地保护电气设备。低压断路器具有操作安全，使用方便，工作可靠，动作值可调，分断能力较强，兼顾多种保护，动作后不需要更换组件等优点，因此得到广泛应用。

动画

低压断路器的结构

1. 低压断路器的结构

低压断路器按结构不同可分为塑壳式低压断路器（装置式）和框架式低压断路器（万能式）两大类。框架式断路器主要用作配电网络的保护开关，而塑壳式断路器除用作配电网络的保护开关外，还用作电动机、照明电路的控制开关。

常见的几种低压断路器外形如图1-10所示。

低压断路器主要由触点、操作机构、脱扣器和灭弧装置等组成。操作机构有直接手柄操作、杠杆操作、电磁铁操作和电动机驱动4种。脱扣器又分电磁脱扣器、热脱扣器、复式脱扣器、欠电压脱扣器4种。图1-11为低压断路器的内部结构示意图。

2. 低压断路器的工作原理

如图1-11所示，低压断路器处于闭合状态，三个主触点串联在被控制的三

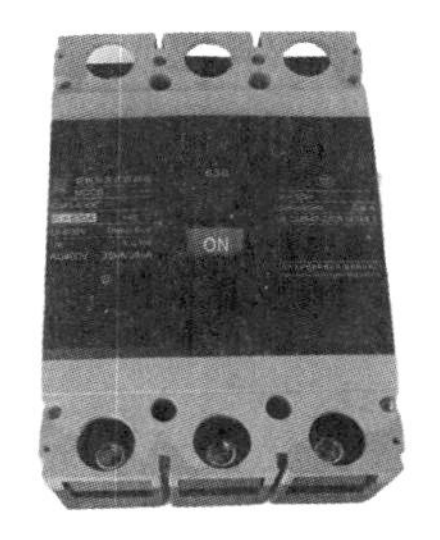

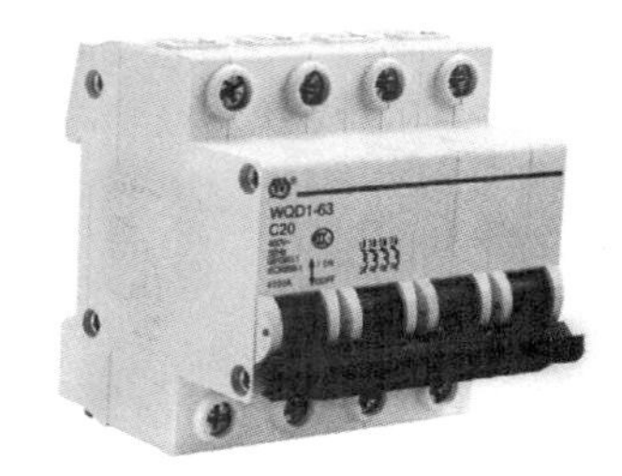

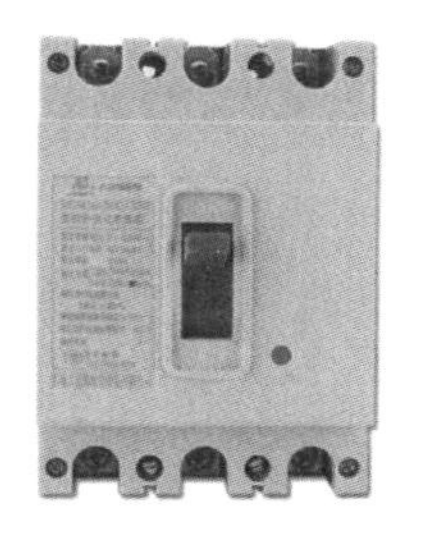

图 1－10 常见的几种低压断路器外形

动画

低压断路器的工作原理

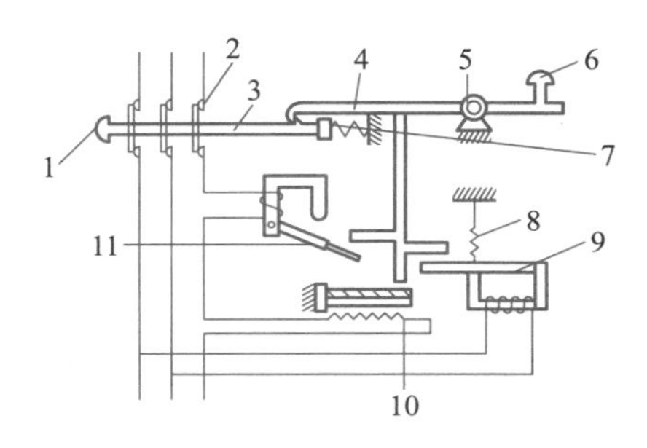

图 1－11 低压断路器的内部结构示意图

1—按钮 2—触点 3—传动杆 4—锁扣 5—轴 6—分断按钮 7—分闸弹簧
8—拉力弹簧 9—欠电压脱扣器 10—热脱扣器 11—电磁脱扣器

相主电路中，按下按钮接通电路时，外力使锁扣克服反作用弹簧的反力，将固定在锁扣上面的动触点与静触点闭合，并由锁扣锁住搭钩使动、静触点保持闭合，开关处于接通状态。在正常工作时，各脱扣器均不动作，而当电路发生过载、短路或欠电压等故障时，分别通过各自的脱扣器使锁扣被杠杆顶开，实现保护作用。

（1）过载保护

当电路发生过载时，过载电流流过热元件产生一定的热量，使图 1－11 中过载脱扣器的双金属片受热向上弯曲，通过杠杆推动搭钩与锁扣脱开，在反作用弹簧的推动下，动、静触点分开，从而切断电路，使用电设备不致因过载而烧毁。

（2）短路保护

当电路发生短路故障时，短路电流流过图 1－11 中的短路电流脱扣器，超过电磁脱扣器的瞬时脱扣整流电流，电磁脱扣器产生足够大的吸力将衔铁吸合，通过杠杆推动搭钩与锁扣分开，从而切断电路，实现短路保护。

（3）欠电压和失电压保护

当电路电压正常时，欠电压脱扣器的衔铁被吸合，衔铁与杠杆脱离，断路器的主触点能够闭合；当电路上的电压消失或下降到某一数值，欠电压脱扣器的吸力消失或减小到不足克服拉力弹簧的拉力时，衔铁在拉力弹簧的作用下撞击杠杆，将搭钩顶开，使触点分断。由此也可看出，具有欠电压脱扣器的断路器在欠电压脱扣器两端无电压或电压过低时，不能接通电路。

3. 低压断路器型号及符号

动画
低压断路器的类型及图形符号

低压断路器型号及其含义如图 1－12(a)所示,低压断路器的文字符号为 QF,其图形符号如图 1－12(b)所示。

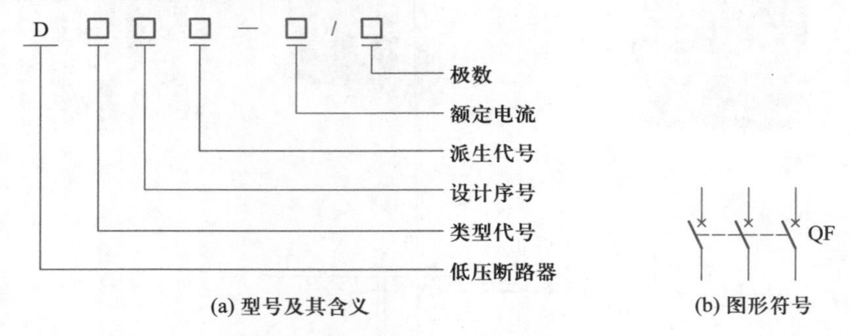

图 1－12 低压断路器的型号及图形符号

4. 低压断路器的选用及使用注意事项

(1) 低压断路器的选用

选用低压断路器时,应主要考虑额定电压、额定电流、脱扣器的整定电流和分励、欠电压脱扣器的电压、电流等参数,具体原则如下:

① 额定电压和额定电流应分别不低于电路设备的额定工作电压和工作电流或计算电流。低压断路器的额定电压与通断能力及使用类别有关,同一台低压断路器产品可以有几个额定电压和相对应的通断能力使用类别。

② 低压断路器的热脱扣器整定电流应等于所控制负荷的额定电流。

③ 低压断路器的过载脱扣器整定电流与所控制的电动机的额定电流或负荷额定电流一致。

④ 低压断路器的额定短路通断能力大于或等于电路中可能出现的最大短路电流。

⑤ 低压断路器的欠电压脱扣器额定电压等于电路额定电压。

⑥ 低压断路器类型的选择,应根据电路的额定电流及保护的要求来选用。

(2) 低压断路器使用注意事项

① 运行中应保证灭弧罩完好无损,严禁无灭弧罩使用或使用破损灭弧罩。

② 低压断路器用电源开关或电动机控制开关时,在电源进线侧必须加装熔断器或刀开关等,以形成明显的断开点。

③ 如果分断的是短路电流,应及时检查触点系统,若发现电灼烧痕,应及时修理或更换。

④ 低压断路器上的积灰应定期清除,并定期检查各脱扣器动作值,给操作机构加合适的润滑剂。

⑤ 框架式低压断路器的结构较复杂,除要求接线正确外,机械传动机构也应灵活可靠。运行中可在转动部分涂少许机油,脱扣器线圈铁心吸合不好时,可

在它的下面垫以薄片，以减小衔铁与铁心的距离而使引力增大。

⑥ 低压断路器的整定电流分为过载和短路两种，运行时应按周期核校整定电流值。

1.3 接触器

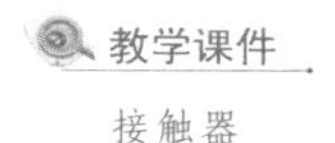
教学课件

接触器

接触器是一种用来频繁地接通和断开中、远距离用电设备主电路及其他大容量用电负荷的电磁式控制电器，主要的控制对象是电动机，也可以用于控制其他电力负荷，如电热设备、照明线路、电容器组等，是电力拖动控制系统中最重要也是最常用的控制电器。

接触器按其控制电路的种类，可分为交流接触器和直流接触器两大类。由于交流接触器应用更为广泛，本节重点介绍。

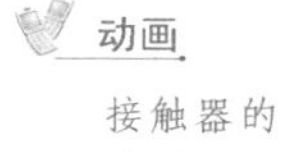
动画

接触器的外形

1.3.1 接触器的结构及工作原理

1. 交流接触器的结构

交流接触器主要由电磁机构、触点系统、灭弧装置及辅助部件构成。图 1－13所示为 CJ20 型交流接触器的外形与结构示意图。

动画

交流接触器的结构

(a) 外形

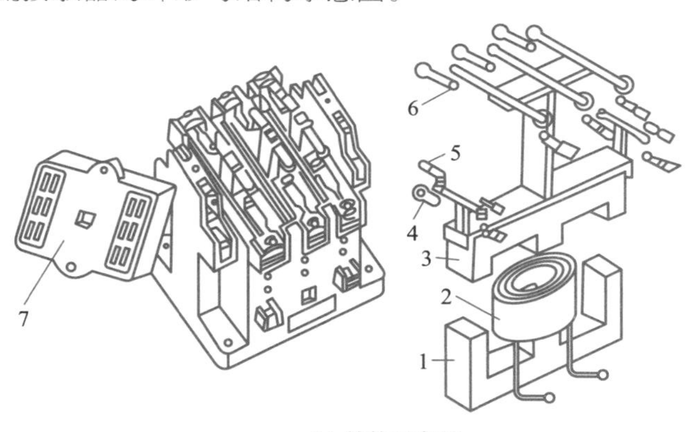

(b) 结构示意图

图 1－13 CJ20 型交流接触器的外形与结构示意图

1—静铁心 2—线圈 3—衔铁 4—常开辅助触点 5—常闭辅助触点 6—主触点 7—灭弧罩

(1) 电磁机构

电磁机构由线圈、静铁心、动铁心(又称为衔铁)和空气隙等组成。线圈通电时产生磁场，动铁心吸引静铁心，带动触点动作，控制电路的接通与分断。为了限制涡流的影响，动、静铁心采用 E 形硅钢片叠压铆接而成。

交流接触器动铁心的运动方式，对于额定电流为 40 A 及以下的采用直动式；对于额定电流为60 A 及以上的，多采用动铁心绕轴转动的拍合式，如图 1－14 所示。

交流接触器的动铁心在吸合过程中，一方面受到线圈产生的电磁吸力的作用，另一方面受到复位弹簧的弹力及其他机械阻力的作用，只有电磁吸力大于这些阻力时，动铁心才能被吸合。由于交流电磁铁线圈中的电流是交变的，所以它产生的电磁吸力也是脉动的。电流为零时，电磁吸力也为零，交流电每变化一个周期，动铁心将释放两次，若交流电源频率为 50 Hz，则电磁吸力为 100 Hz 的脉动吸力，于是在工作时，动铁心将会振动，并产生较大的噪声。为了解决这一问题，在静铁心和动铁心的两个不同端部各开一个槽，在槽内嵌装一个用铜、康铜或镍铬合金制成的短路环，又称减振环或分磁环，如图 1－15 所示。

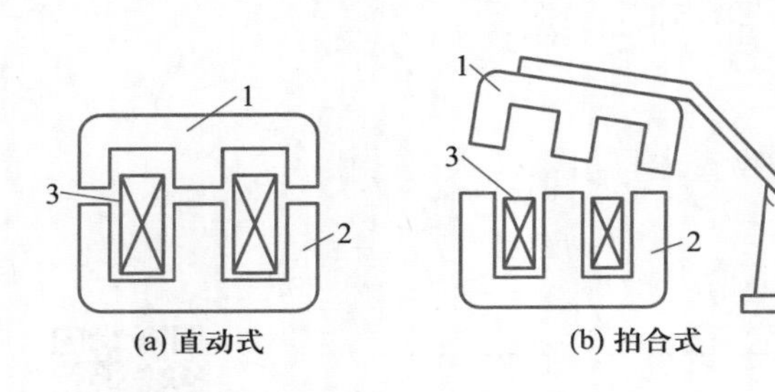

图 1－14 交流接触器动铁心运动方式

1—动铁心 2—静铁心 3—线圈 4—轴

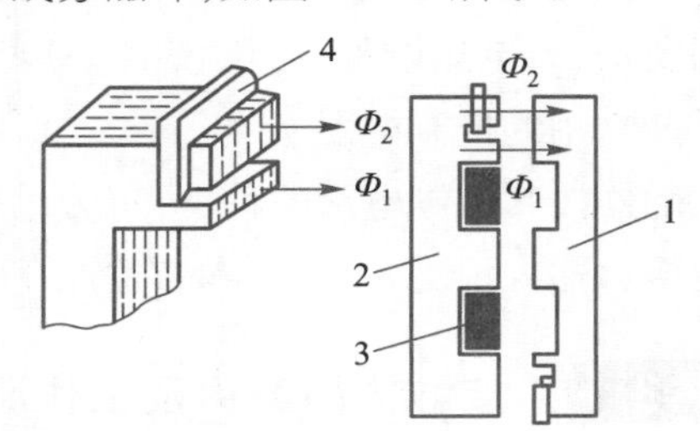

图 1－15 交流接触器的短路环

1—动铁心 2—静铁心 3—线圈 4—短路环

加上短路环后，磁通被分为两部分，一部分为不通过短路环的 Φ_1；另一部分为通过短路环的 Φ_2。由于电磁感应，使 Φ_1 与 Φ_2 间有一个相位差，它们不会同时为零，因此它们产生的电磁吸力也没有同时为零的时刻，如果配合比较合适，则电磁吸力将始终大于反作用力，使动铁心牢牢地吸合，这样就消除了振动和噪声。一般短路环包围静铁心端面的 2/3。

交流接触器的线圈是利用绝缘性能较好的电磁线绕制而成的，是电磁机构动作的能源，一般并接在电源上，为了减少分流作用，降低对原电路的影响，需要阻抗较大，因此线圈匝数多、导线细。对于交流接触器，除了线圈发热外，铁心中有涡流和磁滞损耗，铁心也会发热，并且占主要地位。为了改善线圈和铁心的散热情况，在铁心和线圈之间留有散热间隙，而且把线圈做成有骨架的矮胖型。

（2）触点系统

交流接触器的触点是接触器的执行部件，接触器就是通过触点的动作来分合被控电路的。交流接触器的触点一般采用双断点桥式触点。动触点桥一般用紫铜片冲压而成，并具有一定的刚性，触点块用银或银基合金制成，镶焊在触点桥的两端；静触点桥一般用黄铜板冲压而成，一端镶焊触点块，另一端为接线座。动、静触点的外形结构图如图 1－16 所示。

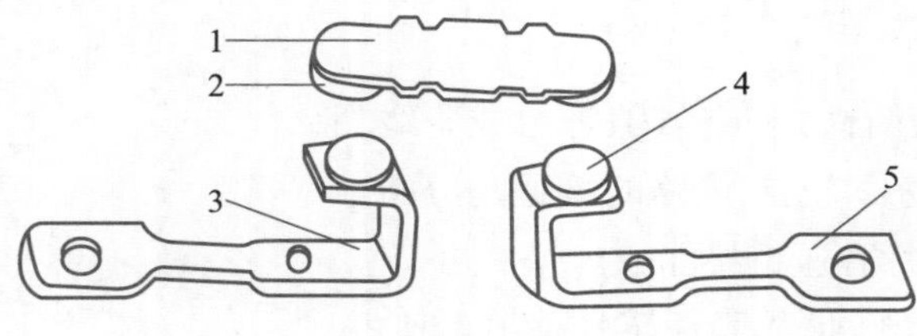

图 1－16 动、静触点的外形结构图

1—动触点桥 2—动触点块 3—静触点桥

4—静触点块 5—接线柱

按通断能力不同，触点可分为主触点和辅助触点。主触点用于通断电流较大的主电路，体积较大，一般由三对动合触点组成；辅助触点用于通断电流较小的控制电路，体积较小，一般由两对动合触点和两对动断触点组成。

（3）灭弧装置

交流接触器在断开大电流电路或高电压电路时，在高热和强电场的作用下，触点表面的自由电子大量溢出形成炽热的电子流，即电弧。电弧的产生一方面会烧蚀接触器触点，缩短其使用寿命；另一方面还使切断电路的时间延长，甚至造成弧光短路或引起火灾。因此，我们希望在断开电路时，触点间的电弧能迅速熄灭。为使电弧迅速熄灭，可采用将电弧拉长、使电弧冷却、把电弧分割成若干短弧等方法，灭弧装置就是基于这些原理来设计的。

容量较小的交流接触器，如 CJ0－10 型，采用的是双断点桥式触点，本身就具有电动灭弧功能，不用任何附加装置，便可使电弧迅速熄灭，其灭弧示意图如图 1－17 所示。

当触点断开电路时，在断口处产生电弧，静触点和动触点在弧区内产生磁场，根据左手定则，电弧电流将受到指向外侧方向的电磁力 F 的作用，从而使电弧向外侧移动，一方面使电弧拉长，另一方面使电弧温度降低，有助于电弧熄灭。

对容量较大的接触器，如 CJ0－20 型，采用灭弧罩灭弧；如 CJ0－40 型，采用金属栅片灭弧装置。

灭弧罩由陶土材料制成，其结构如图 1－18 所示。安装时灭弧罩将触点罩住，当电弧发生时，电弧进入灭弧罩内，依靠灭弧罩对电弧进行降温，因此使电弧容易熄灭，也防止电弧飞出。金属栅片灭弧装置是由镀铜或镀锌的铁片制成，形状一般为人字形，栅片插在灭弧罩内，各片之间相互绝缘。当触点分断产生电弧时，电弧周围产生磁场，电弧在磁场力的作用下进入栅片，被分割成许多串联的短电弧，每个栅片就成了电弧的电极，电弧电压低于燃弧电压，同时栅片将电弧的热量散发，加速了电弧的熄灭，其工作原理示意图如图 1－19 所示。

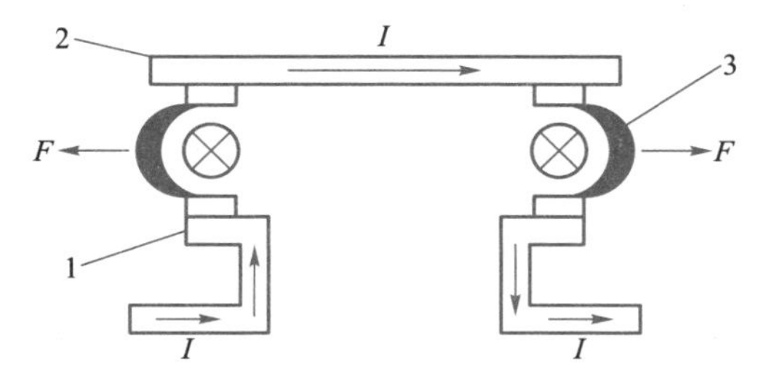

图 1－17　双断点桥式触点的电动力吹弧

1—静触点　2—动触点　3—电弧

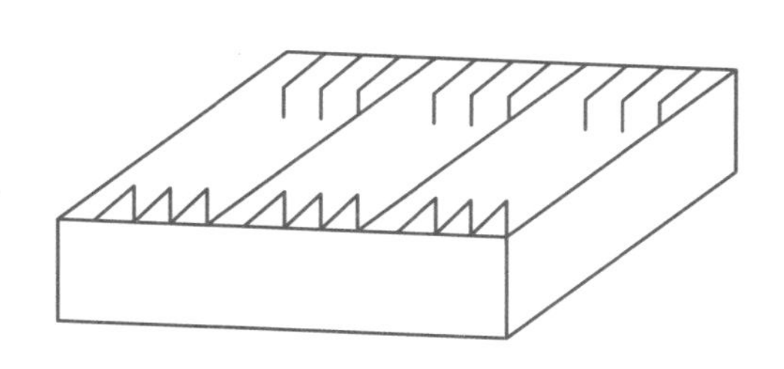

图 1－18　灭弧罩结构图

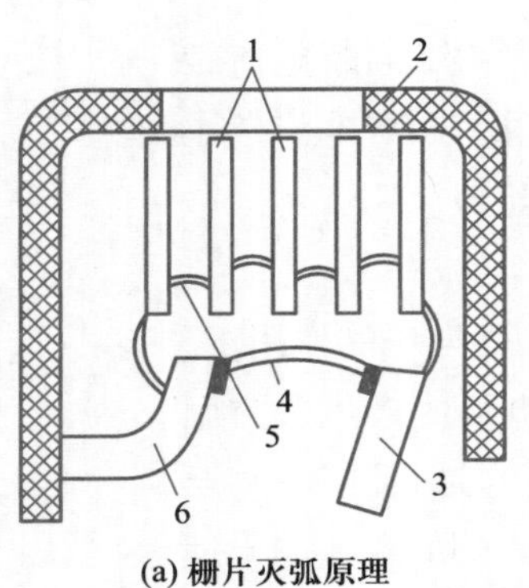

(a) 栅片灭弧原理

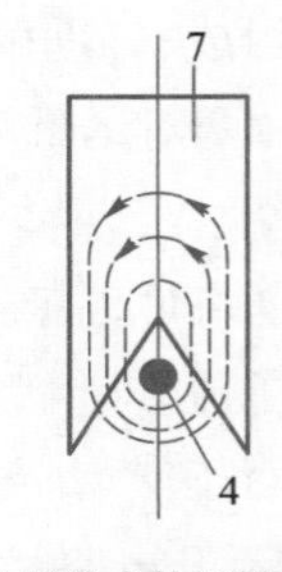

(b) 栅片中的磁场分布

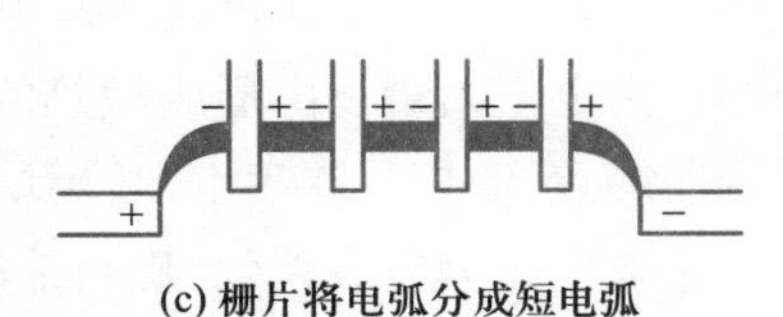

(c) 栅片将电弧分成短电弧

图1－19　金属栅片灭弧装置的原理结构

1—灭弧栅　2—灭弧罩　3—动触点　4—电弧　5—短电弧　6—静触点　7—栅片

（4）辅助部件

交流接触器的辅助部件包括反作用弹簧、缓冲弹簧、动触点固定弹簧、动触点压力弹簧片及传动杠杆等。

① 反作用弹簧安装在动铁心和线圈之间。其作用是在线圈断电后，促使动铁心迅速释放，各触点恢复原始状态。

② 缓冲弹簧安装在静铁心与线圈之间，是一个刚性较强的弹簧，静铁心固定在胶木底盖上。其作用是缓冲动铁心在吸合时对静铁心的冲击力，保护外壳免受冲击，以防损坏。

③ 动触点固定弹簧安装在传动杠杆的空隙间。其作用是通过活动夹并利用弹力将动触点固定在传动杠杆的顶部，有利于触点的维修或更换。

④ 动触点压力弹簧片安装在动触点的上面，有一定的刚性。其作用是增加动、静触点之间的压力，从而增大接触面积，减小接触电阻，防止触点过热。

⑤ 传动杠杆的一端固定动铁心，另一端固定动触点，安装在胶木壳体的导轨上。其作用是在动铁心或反作用弹簧的作用下，带动动触点实现与静触点的接通或分断。

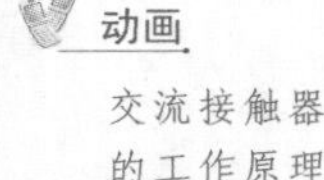

交流接触器的工作原理

2. 交流接触器的工作原理

当电磁线圈通电后，线圈流过的电流产生磁场，使静铁心产生足够的吸力，克服反作用弹簧和动触点压力弹簧片的反作用力，将动铁心吸合，同时带动传动杠杆使动触点和静触点的状态发生改变，其中三对动合主触点闭合，主触点两侧的两对动断辅助触点断开，两对动合辅助触点闭合。当电磁线圈断电后，由于铁心电磁吸力消失，动铁心在反作用弹簧的作用下释放，各触点也随之恢复原始状态。

交流接触器的线圈电压在85%～105%的额定电压时，都能保证可靠工作。电压过高，磁路趋于饱和，线圈电流将显著增大；电压过低，电磁吸力不足，动铁心吸合不上，线圈电流往往达到额定电流的十几倍。因此，线圈电压过高或过低都会造成线圈过热而烧毁。

3. 交流接触器的型号及符号

交流接触器的型号及其含义如图 1－20 所示。交流接触器在电路中的文字符号为 KM，图形符号如图 1－21 所示。

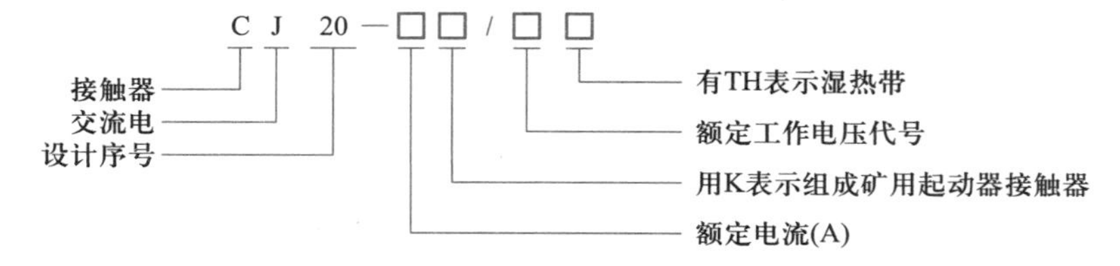

图 1－20　交流接触器的型号及其含义

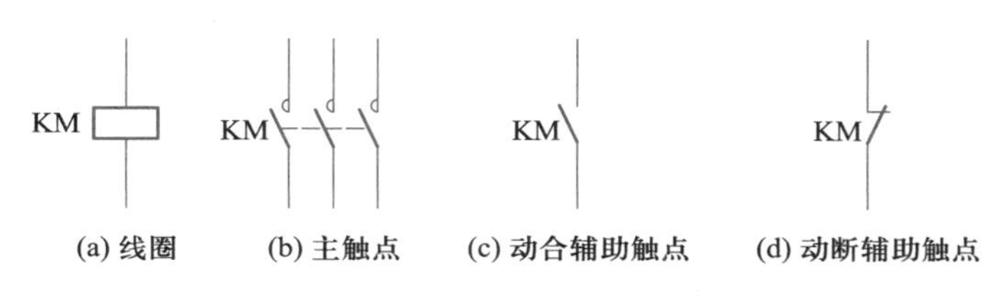

图 1－21　交流接触器的图形符号

4. 直流接触器

直流接触器是一种频繁地操作和控制直流电动机的控制电器，主要用于远距离接通或分断额定电压 440 V、额定电流 600 A 及以下的直流电路。普遍采用的是 CZ0 系列和 CZ18 系列，它们的结构及工作原理与交流接触器基本相同。

（1）铁心与衔铁

由于直流接触器的线圈通过的是直流电，铁心不会产生涡流和磁滞损耗，也不会发热，因此铁心和衔铁采用整块铸钢或软铁制成即可。直流接触器正常工作时，衔铁没有产生振动和噪声的条件，那么铁心的端面也不需要嵌装短路环。但在磁路中为保证衔铁的可靠释放，常垫以非磁性垫片，以减少剩磁影响。

（2）线圈

线圈的绕制与交流接触器相同，但线圈的匝数比交流接触器多，因此线圈的电阻值大，铜耗大，所以线圈发热是主要的。为增大线圈的散热面积，通常把线圈做成高而薄的瘦高形，且不设骨架，使线圈与铁心间隙很小，以借助铁心来散发部分热量。

（3）触点系统

直流接触器的触点系统多制成单极的，只有小电流才制成双极的，触点也有主、辅之分，由于主触点的通断电流较大，多采用滚动线接触的指形触点，如图 1－22 所示。

(4)灭弧装置

直流接触器一般采用磁吹式灭弧装置。磁吹灭弧示意图如图1-23所示。磁吹式灭弧装置中的磁吹线圈利用扁铜线弯成,通过绝缘套套在铁心上,和静触点相串联。该线圈产生的磁场由导磁夹板引向触点周围,其方向由右手螺旋定则确定(为图中×所示),触点间的电弧也产生磁场(其方向为图中⊗和⊙所示)。这两个磁场在电弧下方方向相同(叠加),在电弧上方方向相反(相减),所以电弧下方的磁场强于上方的磁场,电弧将从磁场强的一边被拉向磁场弱的一边,于是电弧向上运动,被吹离触点,经引弧角引进灭弧罩中,使电弧很快熄灭。

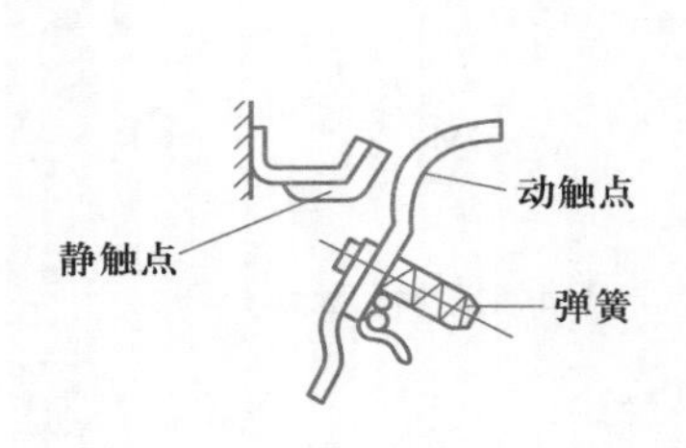

图1-22 指形触点外形

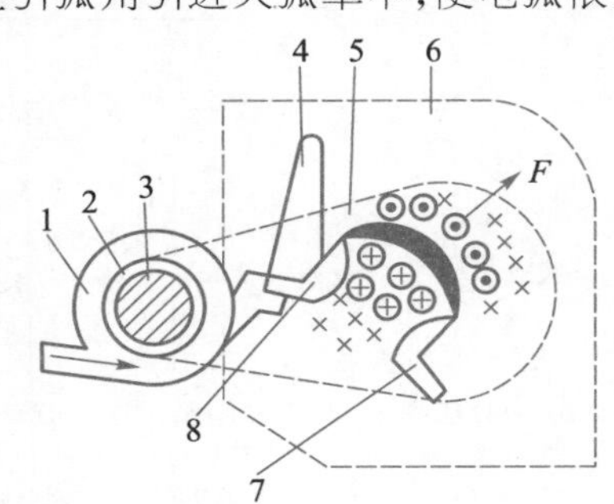

图1-23 磁吹灭弧示意图

1—磁吹线圈 2—绝缘套 3—铁心 4—引弧角 5—导磁夹板 6—灭弧罩 7—动触点 8—静触点

1.3.2 接触器的选用

1. 常用接触器介绍

常用的交流接触器有CJ10、CJl2、CJ10X、CJ20、CJX1、CJX2、B、3TB、3TD、LC1-D、LC2-D等系列。CJ10、CJ12系列为早期全国统一设计系列产品,但目前仍在广泛地使用。CJ10X系列为消弧接触器,是近年发展起来的新产品,适用于条件差、频繁起动和反接制动的电路中。CJ20系列为全国统一设计的新产品。

近年来从国外引进的产品有德国的B系列、3TB系列接触器,法国的LC1-D、LC2-D系列接触器。它们符合国际标准,具有许多特点。例如,B系列具有通用部件多和附件多的特点,这种接触器除触点系统外,其余零部件均可通用;临时装配的附件有辅助触点(高达8对)、气囊式延时器、机械联锁、自锁继电器,以及对主触点进行串、并联改接用的接线板等,其安装方式有螺钉固定式与卡轨式两种。此外,采用“倒装”式结构,即主触点系统在后面,磁系统在前面,其优点是:安装方便,更换线圈容易,并缩短主触点的连接导线。国产的CJX1和CJX2系列交流接触器也具有这些特点。

常用的直流接触器有CZ0、CZ18系列、CZ21、CZ22系列等。

2. 接触器的主要技术参数

① 额定电压：指接触器主触点上的额定电压。电压等级通常有：

交流接触器：127 V，220 V，380 V，500 V 等；

直流接触器：110 V，220 V，440 V，660 V 等。

② 额定电流：指接触器主触点的额定电流。电流等级通常有：

交流接触器：10 A，20 A，40 A，60 A，100 A，150 A，250 A，400 A，600 A；

直流接触器：25 A，40 A，60 A，100 A，250 A，400 A，600 A。

③ 线圈额定电压：指接触器线圈两端所加额定电压。电压等级通常有：

交流线圈：12 V，24 V，36 V，127 V，220 V，380 V；

直流线圈：12 V，24 V，48 V，220 V，440 V。

④ 接通与分断能力：指接触器的主触点在规定的条件下能可靠地接通和分断的电流值，而不应该发生熔焊、飞弧和过分磨损等。

⑤ 额定操作频率：指每小时接通次数。交流接触器最高为 600 次/h；直流接触器可高达 1200 次/h。

⑥ 动作值：指接触器的吸合电压与释放电压。国家标准规定接触器在额定电压 85% 以上时，应可靠吸合，释放电压不高于额定电压的 70%。

3. 接触器的选用

① 根据控制对象所用电源类型选择接触器类型，一般交流负载用交流接触器，直流负载用直流接触器。

② 根据控制对象类型和使用场合，合理选择接触器主触点的额定电流。控制电阻性负荷时，主触点的额定电流应等于负荷的额定电流。控制电动机时，主触点的额定电流应稍大于电动机的额定电流。当接触器使用在频繁起动、制动及正反转场合时，主触点额定电流应选用高一个等级。

③ 所选接触器主触点的额定电压应大于或等于被控制对象线路的额定电压。

④ 接触器线圈电压的选择。当控制线路简单并且使用电器较少时，应根据电源等级选用 380 V 或 220 V 的电压。当线路复杂时，从人身和设备安全角度考虑，可以选择 36 V 或 110 V 电压的线圈，控制回路要增加相应变压器予以降压隔离。

⑤ 根据被控制对象的要求，合理选择接触器类型及触点数量。

1.4 继电器

教学课件
继电器

继电器是一种根据电量（电压、电流等）或非电量（热、时间、转速、压力等）的变化接通或断开电路，主要用于各种控制电路中进行信号传递、放大、转换等，控制主电路和辅助电路中的器件按预定的动作程序进行工作，实现自动控制和保护的目的。

继电器一般由感测机构、中间机构和执行机构三部分组成。感测机构把感测到的电量或非电量传递给中间机构,将它与预定的值(整定值)进行比较,当整定值(过量或欠量)时,中间机构便使执行机构动作,从而接通或断开电路。继电器用于控制小电流的电路,触点额定电流不大于5 A,不加灭弧装置。

继电器的种类很多,按输入信号的性质可分为电压继电器、电流继电器、时间继电器、温度继电器、速度继电器和压力继电器等;按工作原理可分为电磁式继电器、感应式继电器、电动式继电器、热继电器和电子式继电器等;按动作时间可分为瞬时继电器和延时继电器;按用途可分为控制继电器和保护继电器等。本节介绍几种常用的继电器。

1.4.1 电磁式继电器

电磁式继电器结构简单、价格低廉、使用维护方便,广泛地应用于控制系统中。常用的电磁式继电器有电压继电器、电流继电器和中间继电器等。

1. 电磁式继电器的结构与工作原理

电磁式继电器的结构和工作原理与接触器相似,即感测机构是电磁系统,执行机构是触点系统。它主要用于控制电路,触点容量小(一般在5 A以下),触点数量多且无主、辅之分,无灭弧装置,体积小,动作迅速、准确,控制灵敏、可靠等。

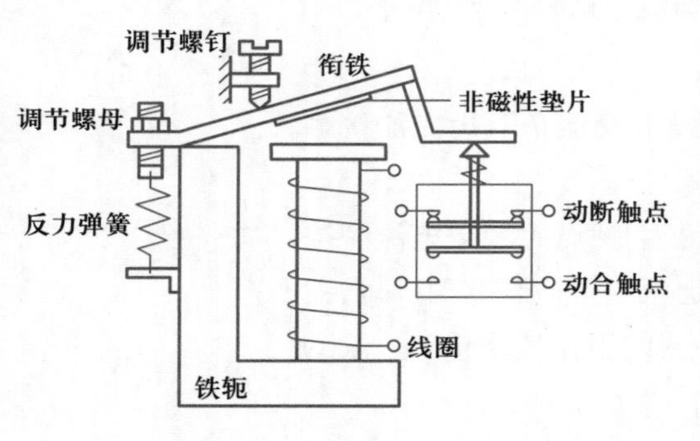

图1-24 直流电磁式继电器结构示意图

图1-24为直流电磁式继电器结构示意图,在线圈两端加上电压或通入电流,产生电磁力,当电磁力大于反力弹簧的反作用力时,吸动衔铁使动合、动断触点动作;当线圈的电压或电流下降或消失时衔铁释放,触点复位。

2. 电磁式继电器的整定

继电器的吸动值和释放值可以根据保护要求在一定范围内调整,现以图1-24所示直流电磁式继电器为例说明。

① 转动调节螺母,调整反力弹簧的松紧程度可以调整动作电流(电压)。反力弹簧反作用力越大,动作电流(电压)就越大;反之就越小。

② 改变非磁性垫片的厚度。非磁性垫片越厚,衔铁吸合后磁路的气隙和磁阻就越大,释放电流(电压)也就越大;反之越小,而吸引值不变。

③ 转动调节螺钉,可以改变初始气隙的大小。在反力弹簧反作用力和非磁性垫片厚度一定时,初始气隙越大,吸引电流(电压)就越大;反之就越小,而释放值不变。

3. 电磁式电流、电压和中间继电器

(1) 电流继电器

电流继电器是根据输入电流大小而动作的继电器。电流继电器的线圈串入电路中,以反映电路电流的变化,其线圈匝数少、导线粗、阻抗小。

按用途不同电流继电器可分为欠电流继电器和过电流继电器。欠电流继电器的吸引线圈吸合电流为线圈额定电流的 30% ~65%,释放电流为额定电流的 10% ~20%。它用于欠电流保护或控制,如电磁吸盘中的欠电流保护。过电流继电器在电路正常工作时不动作,当电流超过某一定值时才动作,整定范围为 110% ~400%的额定电流,其中交流过电流继电器整定电流为(110% ~400%)I_N,直流过电流继电器整定电流为(70% ~300%)I_N。过电流继电器用于过电流保护或控制,如起重机电路中的过电流保护。电流继电器外形如图 1-25 所示,图形符号如图 1-26 所示。常用的电流继电器的型号有 JL12、JL15 等。

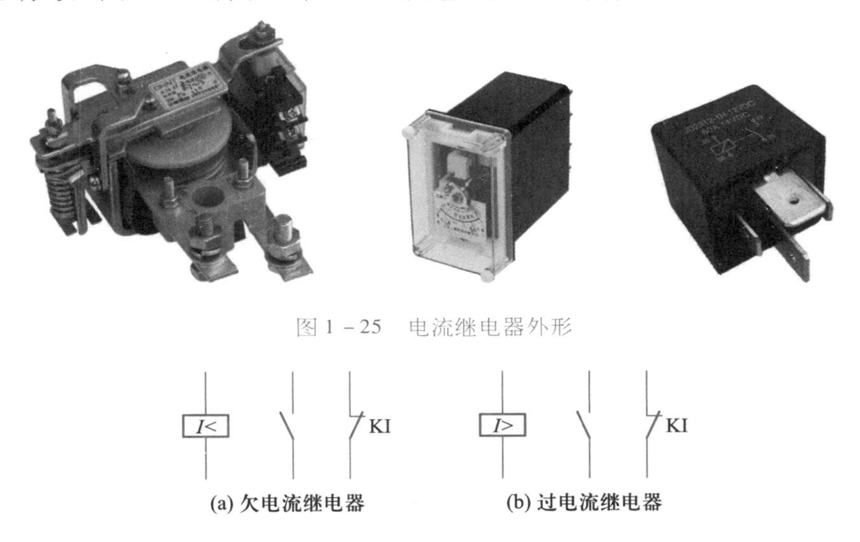

图 1-25 电流继电器外形

图 1-26 电流继电器的图形符号

(2) 电压继电器

电压继电器是根据输入电压大小而动作的继电器。与电流继电器类似,电压继电器可分为欠电压继电器、过电压继电器和零电压继电器。过电压继电器动作电压范围为(105% ~120%)U_N;欠电压继电器吸合电压动作范围为(20% ~50%)U_N,释放电压调整范围为(7% ~20%)U_N;零电压继电器当电压降低至(5% ~25%)U_N 时动作,它们分别起过电压、欠电压、零电压保护。

电压继电器工作时并入电路中,线圈的匝数多,导线细,阻抗大,用于反映电路中电压变化。电压继电器的外形如图 1-27 所示,图形符号如图 1-28 所示。电压继电器常用在电力系统继电保护中,在低压控制电路中使用较少。

图 1－27　电压继电器的外形

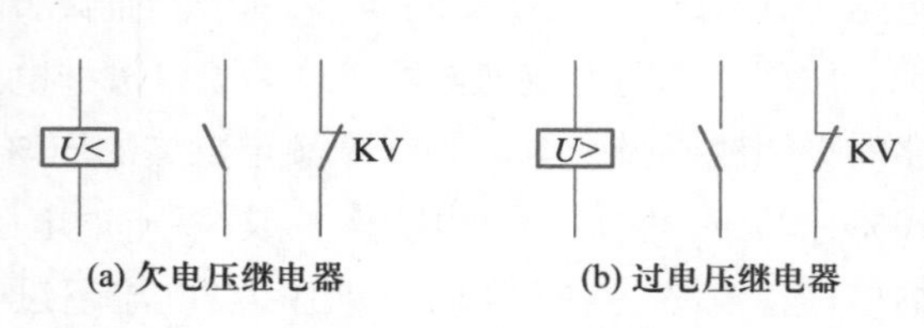

图 1－28　电压继电器的图形符号

（3）中间继电器

中间继电器属于电压继电器，主要用在 500 V 及以下的小电流控制电路中，用来扩大辅助触点数量，进行信号传递、放大、转换等。它具有触点数量多，触点容量不大于 5 A，动作灵敏等特点，得到广泛的应用。

中间继电器的工作原理及结构与接触器基本相似，不同的是中间继电器触点对数多，且没有主辅触点之分，触点允许通过的电流大小相同，且不大于 5 A，无灭弧装置。因此，对于工作电流小于 5 A 的电气控制线路，可用中间继电器代替接触器进行控制，常用的中间继电器型号有 JZ47、JZl4 等。中间继电器的外形如图 1－29 所示，图形符号如图 1－30 所示。

图 1－29　中间继电器的外形

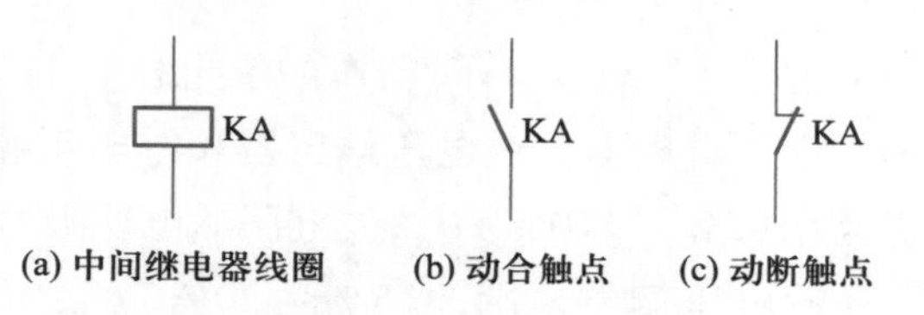

图 1－30　中间继电器的图形符号

动画

热继电器的外形

1.4.2 热继电器

电动机在运行过程中，如果长期过载、欠电压运行或者断相运行等都可能使电动机的电流超过它的额定值。如果超过额定值的量不大，熔断器不会熔断，将会引起电动机过热，损坏绕组的绝缘，缩短电动机的使用寿命，严重时甚至烧坏电动机。因此，电动机必须采取过载保护，最常用的是利用热继电器进行过载保护。

动画
热继电器的选用及图形符号

1. 热继电器的分类和型号

热继电器的种类繁多，按极数划分，热继电器可分为单极、两极和三极。其中，三极热继电器又包括带断相保护装置的和不带断相保护装置的；按复位方式划分，有自动复位式和手动复位式。

热继电器的型号及其含义如图 1－31 所示。热继电器的图形符号如图 1－32所示。常用的热继电器有 JRS1 系列和 JR20 系列。

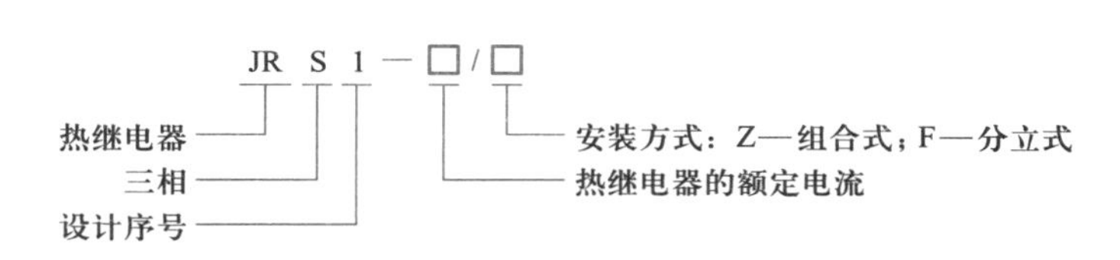

图 1－31 热继电器的型号及其含义

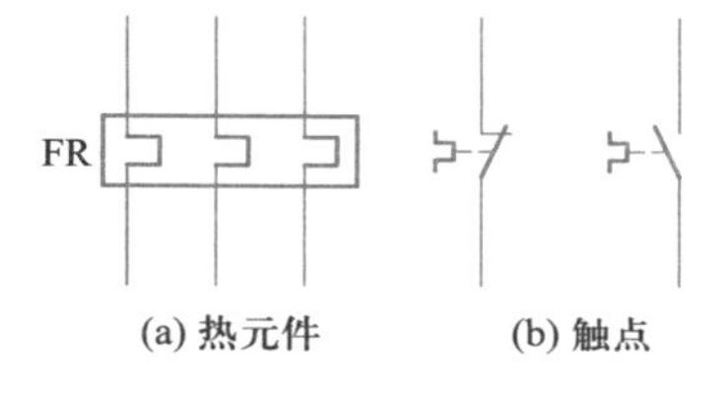

图 1－32 热继电器的图形符号

2. 热继电器结构及工作原理

动画
热继电器的结构

热继电器的结构主要由热元件、动作机构和复位机构三部分组成。动作系统常设有温度补偿装置，保证在一定的温度范围内，热继电器的动作特性基本不变。图 1－33 所示为 JR 系列双金属片式热继电器的外形及内部结构。

(a) 外形

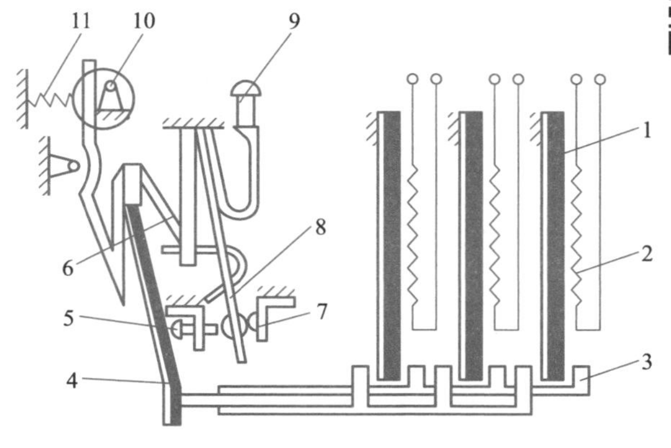

(b) 内部结构

图 1－33 JR 系列双金属片式热继电器的外形及内部结构

1—主双金属片 2—电阻丝 3—导板 4—补偿双金属片 5—螺钉 6—推杆 7—静触点 8—动触点 9—复位按钮 10—调节凸轮 11—弹簧

动画
热继电器的工作原理

热继电器是一种利用电流的热效应来切断电路的保护电器。将加热元件串接在主电路中，当电动机过载时，过大的电流通过主双金属片，在其中产生热量的积累，从而受热弯曲推动导板，并通过补偿双金属片与推杆使动断触点（串接在控制电路）分开，以切断电路保护电动机。通过调节凸轮的半径即可改变补偿双金属片与导板的接触距离，达到调节整定动作电流值的目的。

微课

热继电器测量

3．热继电器的选用

选择热继电器时主要根据所保护电动机的额定电流来确定热继电器的规格和热元件的电流等级。原则上热继电器的额定电流应按照略大于电动机的额定电流来选择。一般情况下，热继电器的整定值为电动机额定电流的 0.95 ~ 1.05 倍。但是如果电动机拖动的负荷是冲击性负荷或起动时间较长及拖动的设备不允许停电的场合，热继电器的整定值可取电动机额定电流的 1.1 ~ 1.5 倍。如果电动机的过载能力较差，热继电器的整定值可取电动机额定电流的 0.6 ~ 0.8 倍。同时，整定电流应留有一定的上、下限调整范围。

在不频繁起动的场合，要保证热继电器在电动机起动过程中不产生误动作。若电动机 $I_s = 6I_e$，起动时间 <6s，很少连续起动，可按电动额定电流配置。

动画

时间继电器的外形

1.4.3 时间继电器

时间继电器是一种从得到输入信号（线圈的通电或断电）起，延时到预先设定的整定值时才有输出信号（触点闭合或断开）的控制电器。它的种类很多，按工作原理与构造不同，时间继电器可分为空气阻尼式、电动式、电子式、电磁式等；按延时方式不同，可分为通电延时型和断电延时型。常用的时间继电器外形如图 1－34 所示。

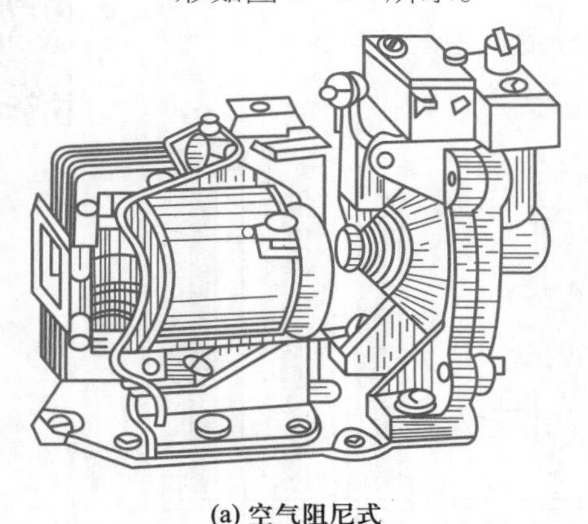

(a) 空气阻尼式

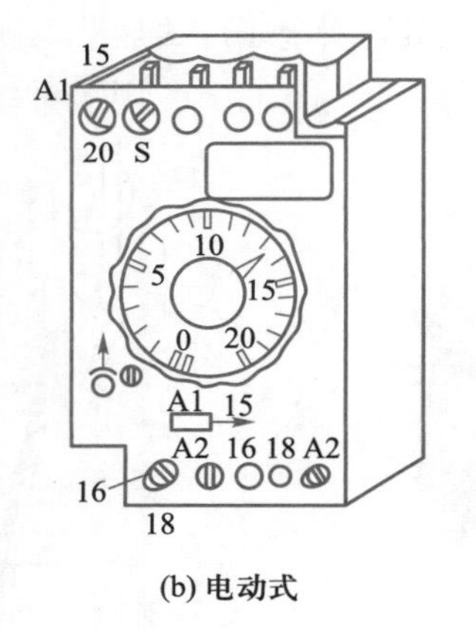

(b) 电动式

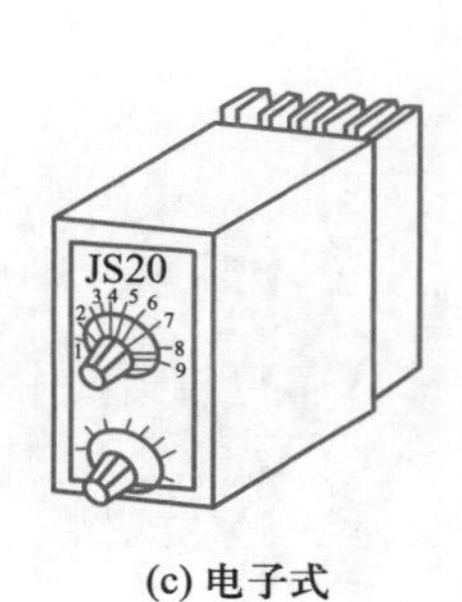

(c) 电子式

图 1－34 常用的时间继电器外形

1．空气阻尼式时间继电器

空气阻尼式时间继电器的结构

空气阻尼式时间继电器是利用空气阻尼作用而达到延时的，可以做成通电延时和断电延时两种。它结构简单，价格低廉，延时范围较大（0.4 ~ 180 s），在控制电路中广泛应用。现以 JS7－A 系列为例介绍其工作原理。

JS7－A 系列空气阻尼式时间继电器由电磁机构、延时机构和工作触点三部分组成。将电磁机构翻转 180°安装后，通电延时型可以改换成断电延时型；同样，断电延时型也可改换成通电延时型。空气阻尼式时间继电器的外形及结构示意图如图 1－35 所示。

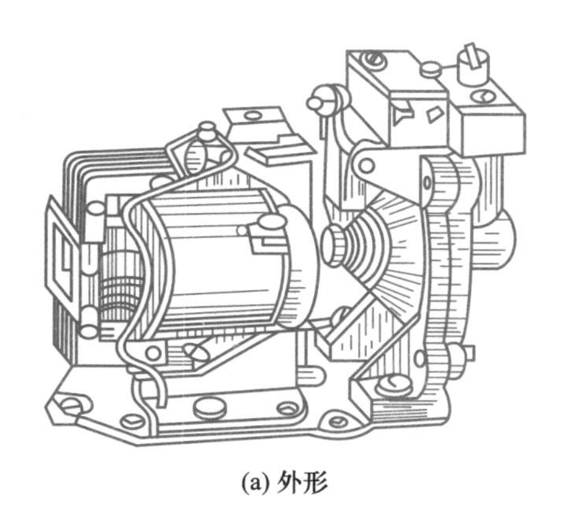

(a) 外形

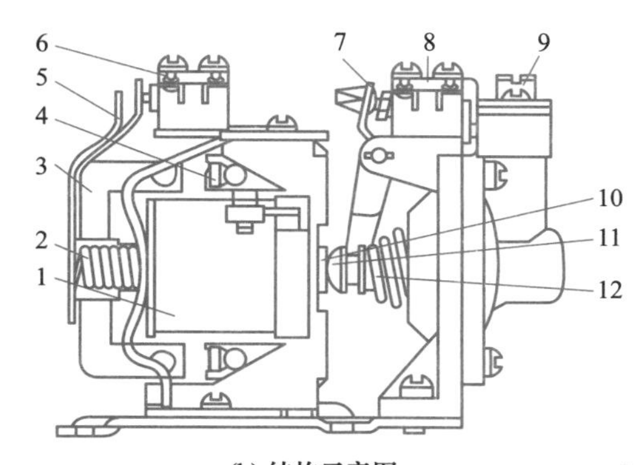

(b) 结构示意图

图 1－35　空气阻尼式时间继电器的外形及结构示意图

1—线圈　2—反力弹簧　3—衔铁　4—静铁心　5—弹簧片　6、8—微动开关　7—杠杆　9—调节螺钉　10—推杆　11—活塞杆　12—塔式弹簧

动画

空气阻尼式时间继电器的工作原理

空气阻尼式时间继电器(JS7－A 系列)的工作原理示意图如图 1－36 所示。其中图 1－36(a)所示为通电延时型,图 1－36(b)所示为断电延时型。

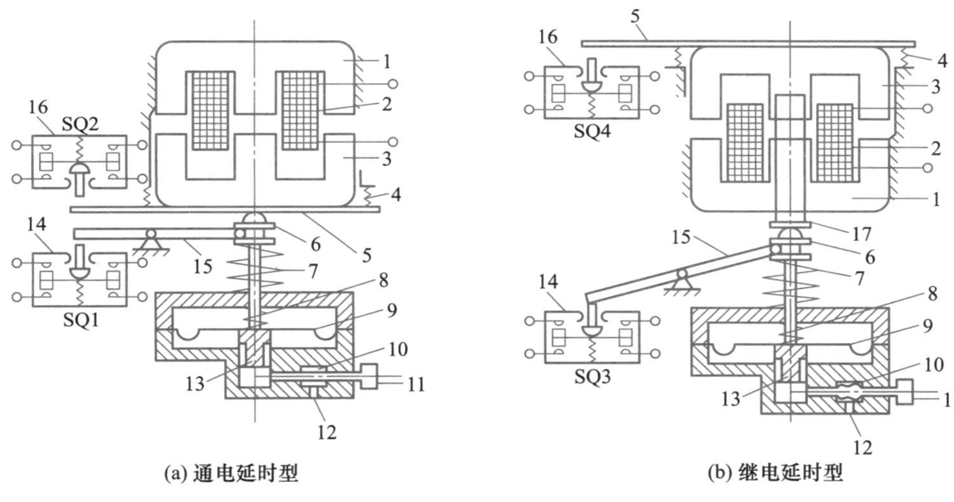

(a) 通电延时型　　(b) 继电延时型

图 1－36　空气阻尼式时间继电器的工作原理示意图

1—铁心　2—线圈　3—衔铁　4—反力弹簧　5—推板　6—活塞杆　7—塔式弹簧　8—弱弹簧　9—橡皮膜　10—节流孔　11—调节螺钉　12—进气孔　13—活塞　14、16—微动开关　15—拉杆　17—推杆

(1) 通电延时型

如图 1－36(a)所示,它的主要功能是线圈通电后,触点不会立即动作,而要延长一段时间才动作;当线圈断电后,触点立即复位。

动作过程如下:当线圈通电时,衔铁克服反力弹簧的阻力,与固定的铁心吸合,活塞杆在宝塔弹簧的作用下向上移动,空气由进气孔进入气室。经过一段时间后,活塞才能完成全部过程,到达最上端,通过杠杆压动延时触点 SQ1,使动断触点延时断开,动合触点延时闭合。延时时间的长短取决于节流孔的节流程度,进气越快,延时就越短。延时时间的调节是通过旋动节流孔的调节螺钉,改变进气孔的大小。瞬动触点 SQ2 在衔铁吸合后，通过推板立即动作，使动断触点瞬时断开，动合触点瞬时闭合。

当线圈断电时，衔铁在弹簧的作用下，通过活塞杆将活塞推向最下端，这时橡皮膜下方气室内的空气通过橡皮膜、弱弹簧和活塞的局部所形成的单向阀，很迅速地从橡皮膜上方气室缝隙中排掉，使延时触点 SQ1 的动断触点瞬时闭合，动合触点瞬时断开，而瞬动触点 SQ2 的触点也瞬时动作，立即复位。

（2）断电延时型

如图 1－36（b）所示，它和通电延时型的组成元件是通用的，只是电磁铁翻转 180°。当线圈通电时，衔铁被吸合，带动推板压合瞬动触点 SQ4，使动断触点瞬时断开，动合触点瞬时闭合，同时衔铁压动推杆，使活塞杆克服弹簧的阻力向下移动，通过拉杆使延时触点 SQ3 也瞬时动作，动断触点断开，动合触点闭合，没有延时作用。

当线圈断电时，衔铁在反力弹簧的作用下瞬时断开，此时推板复位，使瞬动触点 SQ4 的各触点瞬时复位，同时使活塞杆在塔式弹簧及气室各元件作用下延时复位，使延时触点 SQ3 的各触点延时动作。

2．电动式时间继电器

电动式时间继电器是由同步电动机带动减速齿轮以获得延时的时间继电器。目前应用较普遍的为 JS17 系列。它适用于交流 50 Hz、额定电压 500 V 及以下的自动控制线路中。JS17 系列通电延时型电动式时间继电器的结构示意图如图 1－37 所示。

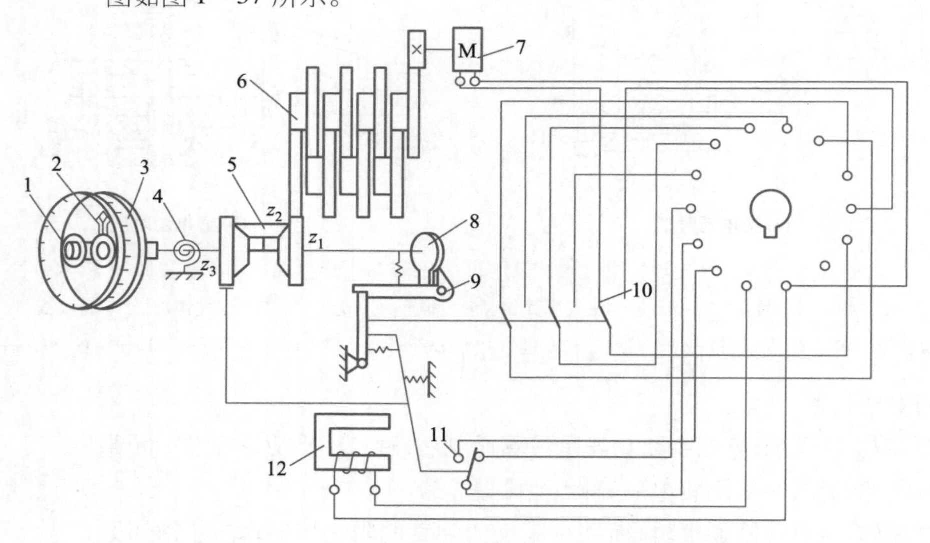

图 1－37　JS17 系列通电延时型电动式时间继电器的结构示意图

1—延时调整处　2—指针　3—刻度盘　4—复位游丝　5—差动轮系　6—减速齿轮　7—同步电动机　8—凸轮　9—脱扣机构　10—延时触点　11—瞬动触点　12—离合电磁铁

当同步电动机接通电源后，经减速齿轮带动齿轮 z_2、z_3 绕轴空转，但轴并不转动。若需延时，接通离合电磁铁的线圈回路，使离合电磁铁动作，将齿轮 z_3 刹住，这样，齿轮 z_2 在继续转动过程中，还同时沿着齿轮 z_3 的伞形齿，以轴为圆心同轴一起做圆周运动，一旦固定在轴上的凸轮随轴转动到适当位置时，即预先延时整定的位置，将推动脱扣机构，使延时触点动作，并用一动断触点来切断同步电动机的电源。当需时间继电器复位时，可将离合电磁铁的线圈电源切断，这时所有机构将在复位游丝的作用下返回到动作前的状态，为下次延时做准备。

延时长短可通过改变整定装置中定位指针的位置，即改变凸轮的初始位置来实现，但定位指针的调整对于通电延时型时间继电器应在离合电磁铁线圈断电情况下进行。

由于电动式时间继电器应用的是机械延时原理，所以延时范围宽，其延时时间可在 0 ~ 72 h 范围内调整，并且延时值不受电源电压波动及环境温度变化的影响，而且延时的整定偏差较小，一般在最大整定值的 ±1% 范围内，这些是它的优点。其主要缺点是：机械机构复杂，成本高，不适宜频繁操作等。

3. 电子式时间继电器

电子式时间继电器也称为晶体管式时间继电器或半导体式时间继电器，除了执行继电器外，均由电子元件组成，具有机械结构简单、延时范围广、精度高、返回时间短、消耗功率小、耐冲击、调节方便和寿命长等优点。

电子式时间继电器的种类很多，常用的是阻容式时间继电器。它利用电容对电压变化的阻尼作用来实现延时，其代表产品为 JS20 系列。JS20 系列有单结晶体管电路及场效应管电路两种。图 1 – 38 为 JS20 系列单结晶体管通电延时型时间继电器电路。

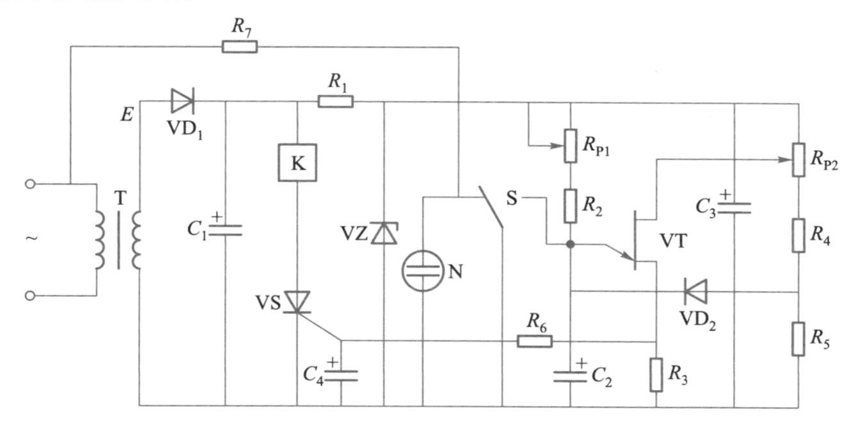

图 1 – 38 JS20 系列单结晶体管通电延时型时间继电器电路

全部电路由延时环节、鉴幅器、输出电路、电源和指示灯五部分组成。电源的稳压部分由 R_1 和稳压管 VZ 构成，供给延时和鉴幅电路；输出电路中的晶闸管 VS 和继电器 K 则由整流电路直接供电。电容 C_2 的充电回路有两条：一条

是通过电阻 R_{P1} 和 R_2；另一条是通过由低阻值电阻 R_{P2}、R_4、R_5 组成的分压器经二极管 VD_2 向电容 C_2 提供的预充电路。

电路的工作原理：当接通电源后，经二极管 VD_1 整流、电容 C_1 滤波以及稳压管 VZ 稳压的直流电压通过 R_{P2}、R_4、VD_2 向电容 C_2 以极低的时间常数快速充电。与此同时，也通过 R_{P1} 和 R_2 向该电容充电。电容上电压按指数规律逐渐上升，当此电压大于单结晶体管的峰点电压 U_P 时，单结晶体管导通，输出电压脉冲触发晶闸管 VS。VS 导通后使继电器 K 吸合，除用其触点来接通或分断外电路外，还利用其另一对动合触点将 C_2 短路，使之迅速放电，为下一次使用做准备。此时氖指示灯 N 起辉，晶闸管仍保持导通，除非切断电源，使电路恢复到原来状态，继电器 K 才释放。

动画
时间继电器的选用及图形符号

由上可知，从时间继电器接通电源，C_2 开始被充电，到继电器 K 动作为止的这段时间就是通电延时动作时间，只要调节 R_{P1} 和 R_{P2} 改变 C_2 的充电速度，就可调整延时时间。

JS20 系列电子式时间继电器产品品种齐全，具有延时时间长（用 100 μF 的电容可获得 1 h 延时）、线路较简单、延时调节方便、性能较稳定、延时误差小、触点容量较大等优点。但也存在延时易受温度与电源波动的影响、抗干扰能力差、修理不便、价格高等缺点。

时间继电器的文字符号为 KT，图形符号如图 1－39 所示。

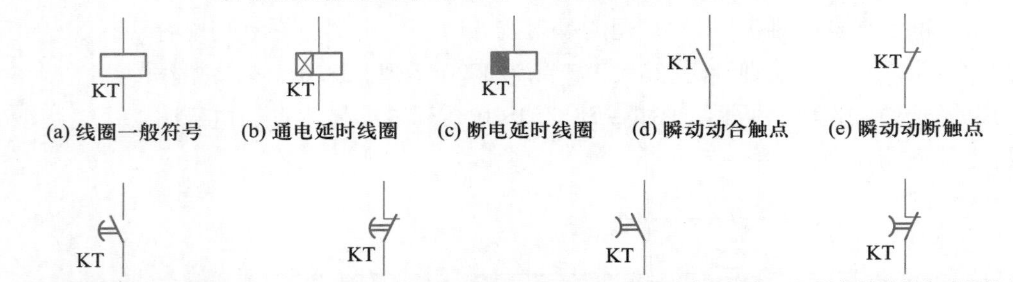

图 1－39 时间继电器的图形符号

1.4.4 速度继电器

动画
速度继电器的结构

速度继电器是用来反映电动机转子转速与转向变化的继电器，主要用于异步电动机的反接制动转速过零时，自动切除反相序电源。常用的速度继电器有 YJ1 型和 JFZ0 型，其外形及结构如图 1－40 所示。

1. 结构及工作原理

速度继电器主要由定子、转子和触点三部分组成。转子是一个圆柱形永久磁铁，定子是一个笼型空心圆环。转子轴与电动机的轴连接，而定子套在转子上。速度继电器的工作原理示意图如图 1－41 所示。

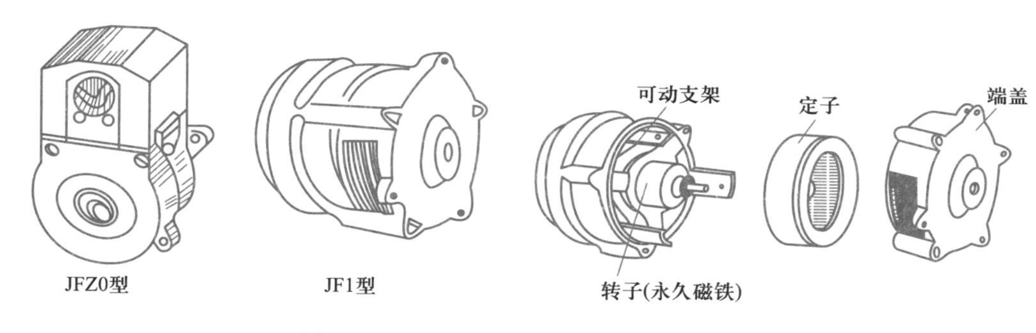

图 1-40 速度继电器的外形及结构

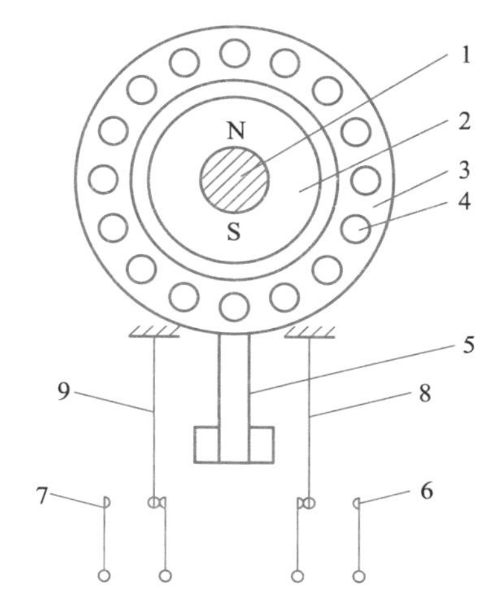

图 1-41 速度继电器的工作原理示意图

1—转轴 2—转子 3—定子 4—绕组 5—摆锤 6、7—静触点 8、9—簧片

速度继电器的工作原理

当电动机转动时,速度继电器的转子随之转动,在空间产生旋转磁场,切割定子绕组,并在定子绕组中产生感应电流。此电流与旋转的转子磁场作用产生转矩,于是定子随转子转动方向而旋转一定的角度,装在定子轴上的摆锤推动簧片动作,使动断触点分断,动合触点闭合。当电动机转速低于某一值时,定子产生的转矩减小,触点在弹簧作用下复位。

2. 速度继电器的符号

速度继电器的文字符号为 KS,在电路图中的图形符号如图 1-42 所示。

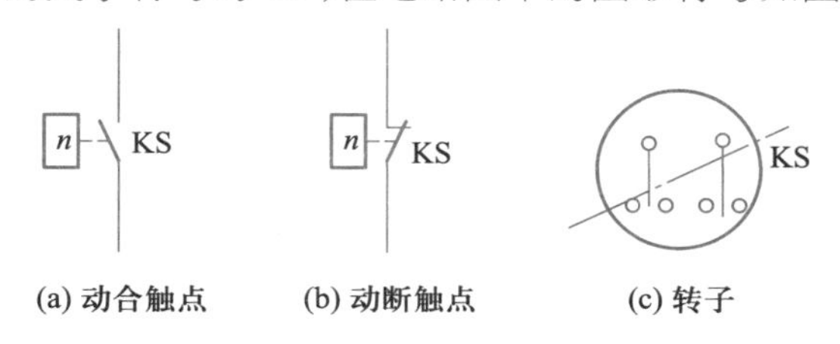

图 1-42 速度继电器的图形符号

速度继电器的选型及图形符号

速度继电器的动作转速一般不低于 120 r/min,复位转速在 100 r/min 以下,工作时允许的转速为 1 000 ~ 3 600 r/min。可通过速度继电器的正转和反转切

换触点的动作，来反映电动机转向和速度的变化。

1.5 熔断器

教学课件
熔断器

动画
熔断器的外形

动画
熔断器的结构

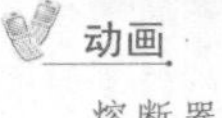

动画
熔断器的工作原理

动画
熔断器的类型及图形符号

熔断器在电气电路中主要是用来作短路保护，使用时串联在被保护的电路中。当电路发生短路故障，流过熔断器的电流达到或超过某一规定值时，使熔体产生热量而熔断，从而自动分断电路，起到保护作用。

1．熔断器的结构及工作原理

熔断器主要由熔体（俗称熔丝）和安装熔体的熔管（或熔座）两部分组成。熔体是熔断器的核心，通常由低熔点的铅、锡、锌、银、铜及其合金制成，常做成丝状、片状或栅状。熔管是装熔体的外壳，由陶瓷、绝缘钢纸制成，在熔体熔断时兼有灭弧作用。

熔断器在工作时，熔断器熔体熔断电流值与熔断时间的关系称为熔断器的保护特性曲线，也称熔断器的安－秒特性，其特性曲线如图 1－43 所示。由安－秒特性曲线可以看出，流过熔体的电流越大，熔断所需时间越短，熔体的额定电流 I_N 是熔体长期工作的电流，呈现反时限工作特性，即电流为额定电流时，长期不会熔断；通过电流（过载或短路）越大，熔断时间越短。

2．熔断器的种类

熔断器按结构形式不同可分为瓷插式、螺旋式、有填料封闭管式和无填料封闭管式。有填料封闭管式熔断器是在熔断管内添加灭弧介质后的一种封闭式管状熔断器，添加的灭弧介质在目前广泛使用的是石英砂。石英砂具有热稳定性好、熔点高、热导率高、化学惰性大和价格低廉等优点。无填料封闭管式熔断器主要应用于经常发生过载和断路故障的电路中，作为低压电力线路或者成套配电装置的连续过载及短路保护。螺旋式熔断器因其有明显的分断指示和不用任何工具就可取下或更换熔体等优点，在电气控制系统中经常被选用。螺旋式熔断器的外形、结构及熔断器的图形符号如图 1－44 所示。

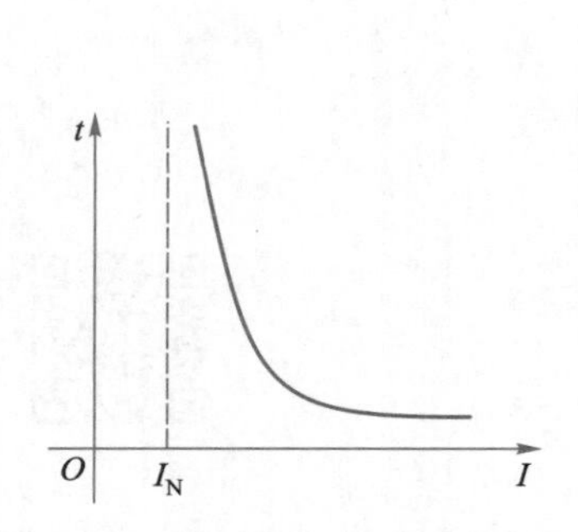

图 1－43　熔断器的安－秒特性曲线

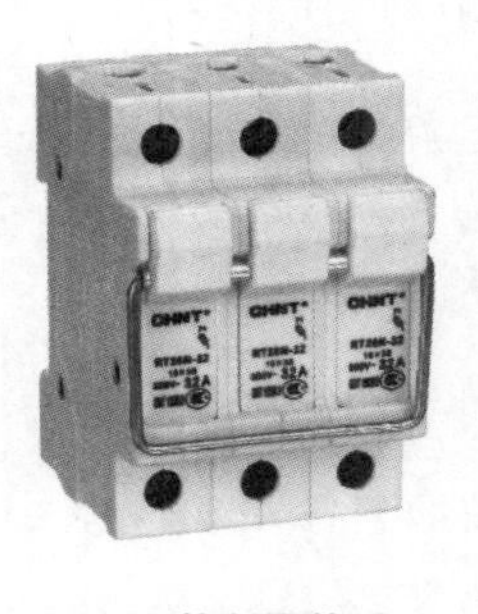

(a) 熔断器外形

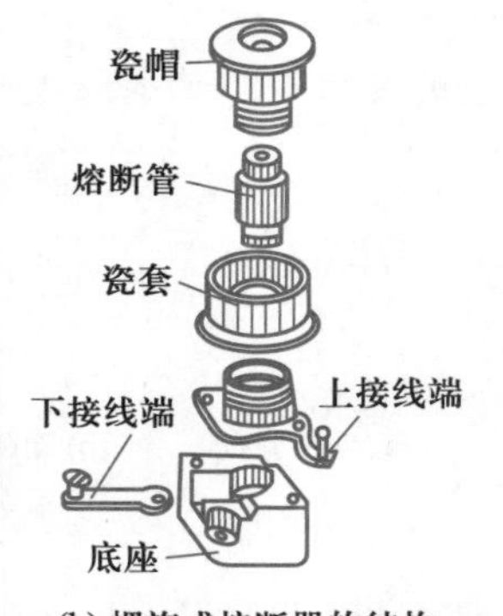

(b) 螺旋式熔断器的结构

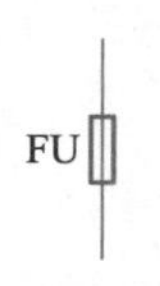

(c) 图形符号

图 1－44　熔断器的外形、结构及熔断器的图形符号

3. 熔断器的主要技术参数

(1) 额定电压

额定电压是能保证熔断器长期正常工作的电压。若熔断器的实际工作电压大于额定电压,则熔体熔断时可能发生电弧不能熄灭的危险。

熔断器测量

(2) 额定电流

额定电流是保证熔断器在长期工作制下,各部件温升不超过极限允许温升所能承载的电流值。它与熔体的额定电流是两个不同的概念。熔体的额定电流:在规定工作条件下,长时间通过熔体而熔体不会熔断的最大电流值。通常熔断器可以配用若干额定电流等级的熔体,但熔体的额定电流不能大于熔断器的额定电流值。

(3) 分断能力

熔断器在规定的使用条件下,能可靠分断的最大短路电流值。通常用极限分断电流值来表示。

(4) 熔断器的保护特性

熔断器的保护特性,表示熔断器的熔断时间与流过熔体电流的关系。熔断器的熔断时间随着电流的增大而减少。

4. 熔断器的选用

选择熔断器的基本原则如下:

① 根据使用场合确定熔断器的类型。

② 熔断器的额定电压必须等于或高于电路的额定电压。额定电流必须等于或大于所装熔体的额定电流。

③ 熔体额定电流的选择应根据实际负载使用情况进行计算。

④ 熔断器的分断能力应大于电路中可能出现的最大短路电流。

1.6 主令电器

教学课件

主令电器

主令电器是一种用于发布命令,直接或通过电磁式电器间接作用于控制电路的电器。它通过机械操作控制,对各种电气电路发出控制指令,使继电器或接触器动作,从而改变拖动装置的工作状态(如电动机的起动、停车、变速等),以获得远距离控制。常用的主令电器有控制按钮、行程开关、接近开关和万能转换开关等。下面简单介绍控制按钮和行程开关。

控制按钮的外形

1.6.1 控制按钮

控制按钮是一种手动且一般可以自动复位的电器,通常用来接通或断开小电流控制电路。它不直接控制主电路的通断,而是在交流 50 Hz 或 60 Hz,电压 500 V 及以下或直流电压 440 V 及以下的控制电路中发出短时操作信号,去控

动画

控制按钮的结构

动画

控制按钮的工作原理

制接触器、继电器,再由它们去控制主电路的一种主令电器。

1. 控制按钮的结构与原理

按钮主要由按钮帽、复位弹簧、动断触点、动合触点、支柱连杆及外壳等部分组成。控制按钮的外形与结构示意图如图 1-45 所示。

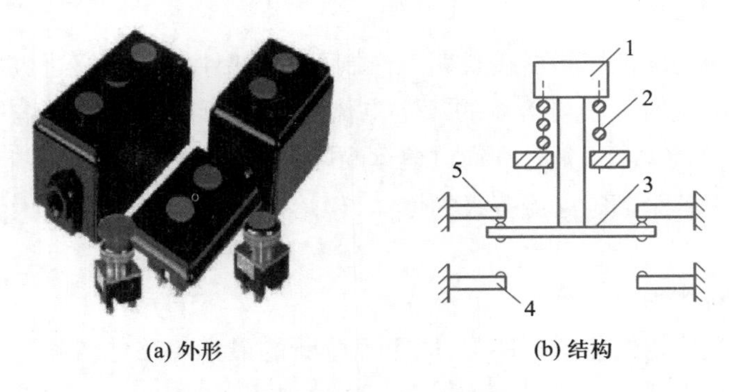

(a) 外形　(b) 结构

图 1-45　控制按钮的外形与结构示意图

1—按钮帽　2—复位弹簧　3—桥式动触点　4、5—静触点

在图 1-45 中,当用手指按下按钮帽 1 时,复位弹簧 2 被压缩,同时桥式动触点 3 由于机械动作先与静触点 5 断开,再与另一对静触点 4 接通;而当手松开时,按钮帽 1 在复位弹簧 2 的作用下,恢复到未受手压的原始状态,此时桥式动触点 3 又由于机械动作而与静触点 4 断开,然后与静触点 5 接通。由此可见,当按下按钮时,其动断触点(由 3 和 5 组成)先断开,动合触点(由 3 和 4 组成)后闭合;当松开按钮时,在复位弹簧的作用下,其动合触点(由 3 和 4 组成)先断开,而动断触点(由 3 和 5 组成)后闭合。

2. 控制按钮的结构形式

控制按钮的结构形式有多种,适用于不同的场合:紧急式控制按钮用来进行紧急操作,按钮上装有蘑菇形钮帽;指示灯式控制按钮用于信号显示,在透明的按钮盒内装有信号灯;钥匙式控制按钮为了安全,需用钥匙插入方可旋转操作等。

为了区分各个按钮的作用,避免误操作,通常按钮帽做成不同颜色,一般有红、绿、黑、黄、蓝、白等,且以红色表示停止按钮,绿色表示起动按钮。

控制按钮的文字符号为 SB,图形符号如图 1-46 所示。

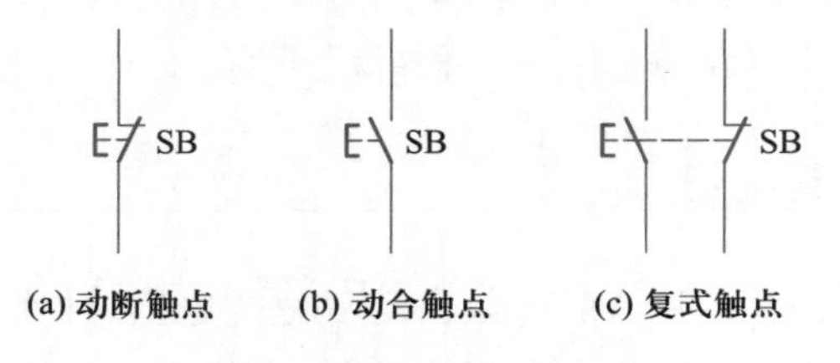

(a) 动断触点　(b) 动合触点　(c) 复式触点

图 1-46　控制按钮的图形符号

3. 按钮的选用

① 根据使用场合和具体用途的不同要求，按照电器产品选用手册来选择不同型号和规格的按钮。

② 根据控制系统的设计方案对工作状态指示和工作情况的要求合理选择按钮或指示灯的颜色，如起动按钮选用绿色，停止按钮选择红色等。

③ 根据控制电路的需要选择按钮的数量，如单联钮、双联钮和三联钮等。

微课

按钮检测

1.6.2 行程开关

动画

行程开关的外形

行程开关又叫限位开关，在机电设备的行程控制中其动作不需要人为操作，而是利用生产机械某些运动部件的碰撞或感应使其触点动作后，发出控制命令，以实现近、远距离行程控制和限位保护。

1. 行程开关的种类

行程开关按其结构可分为直动式、滚轮式及微动式；按其复位方式可分为自动及非自动复位；按其触点性质可分为触点式和无触点式。为了适用于不同的工作环境，行程开关可以做成各种各样的结构外形，如图 1－47 所示。

动画

行程开关的结构

行程开关常用型号有 LX1、JLX1 系列，LX2、JLXK2 系列，LXW－11、JLXK1－11 系列以及 LX19、LXW5、LXK3、LXK32、LXK33 系列等。

2. 行程开关的结构与工作原理

行程开关的结构与控制按钮有些类似，主要结构大体由操作机构、触点系统和外壳三部分组成。行程开关的外形种类很多，但基本结构相同，都是由推杆及弹簧、动合触点、动断触点和外壳组成。

动画

行程开关的工作原理

直动式行程开关的结构原理如图 1－48 所示，其动作原理与按钮开关相同，但其触点的分合速度取决于生产机械的运行速度，不宜用于运行速度低于 0.4 m/min 的场所。

图 1－47 常用行程开关的外形图

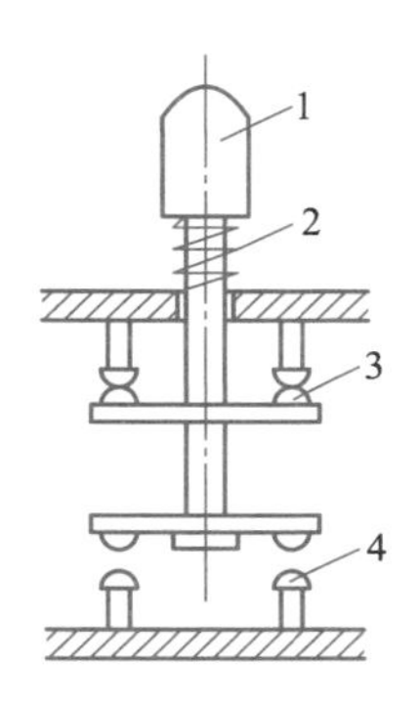

图 1－48 直动式行程开关的结构原理

1—推杆 2—弹簧 3—动断触点 4—动合触点

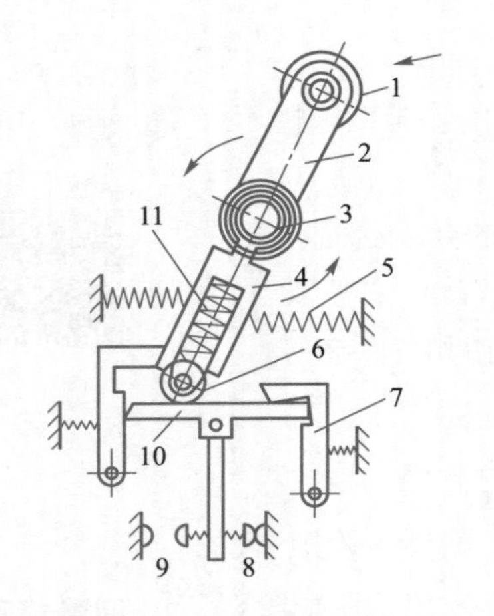

图 1-49 滚轮式行程开关的结构原理

1—滚轮 2—上传臂 3、5、11—弹簧
4—套架 6—滑轮 7—压板
8、9—触点 10—横板

滚轮式行程开关又分为单滚轮自动复位式和双滚轮(羊角式)非自动复位式,由于双滚轮非自动复位式行程开关具有两个稳态位置,有“记忆”作用,在某些情况下可以简化电路。

滚轮式行程开关的结构原理如图 1-49 所示。其动作过程:当被控机械的撞块向左撞击滚轮 1 时,上下转臂绕支点以逆时针方向转动,带动凸轮转动,滑轮 6 自左至右的滚动中,压迫横板 10,待滚过横板 10 的转轴时,横板在弹簧 11 的作用下突然转动,使触点瞬间切换。5 为复位弹簧,撞块离开后,在复位弹簧的作用下带动触点复位。

微动式行程开关是一种施压促动的快速转换开关,因为其开关的触点间距比较小,故名微动开关,又叫灵敏开关。微动式行程开关(LXW-11 系列)的结构原理如图 1-50所示,其工作原理可自行分析。

3. 行程开关的型号及图形、文字符号

行程开关的文字符号为 SQ,图形符号如图 1-51 所示。

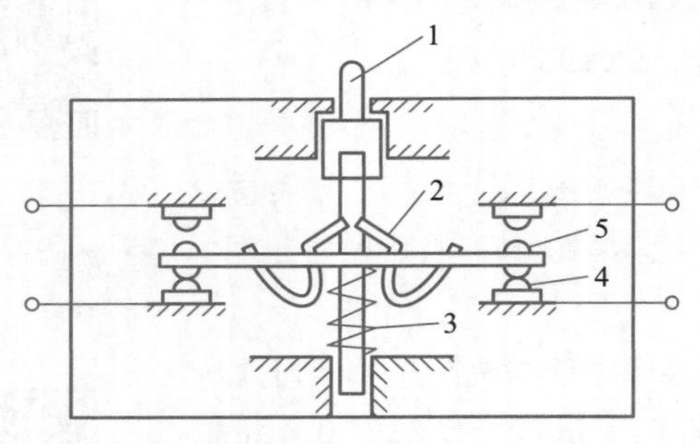

图 1-50 微动式行程开关的结构原理

1—推杆 2—弹簧 3—压缩弹簧 4—动断触点 5—动合触点

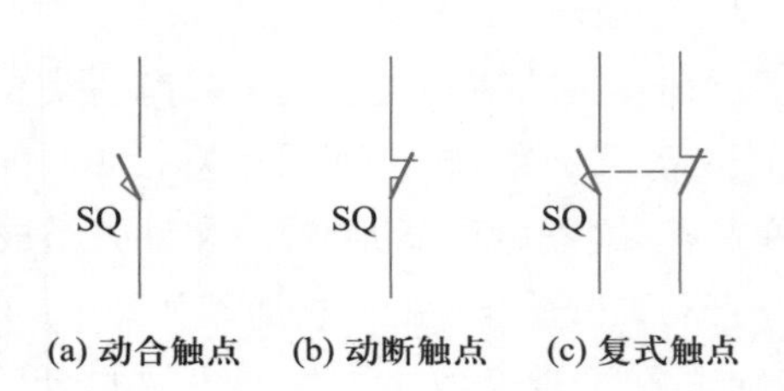

图 1-51 行程开关的图形符号

动画

行程开关的选用及图形符号

4. 行程开关的选用

① 根据使用场合和具体用途的不同要求,按照电器产品选用手册来选择不同型号和规格的行程开关。

② 根据控制系统的设计方案对工作状态和工作情况要求合理选择行程开关的数量。

1.7 电气制图及电路图

教学课件

电气制图及电路图

电气控制系统由各种电气控制设备及电器元件按照一定的控制要求连接而成。为了表达电气控制系统的组成结构、工作原理及安装、调试、维修等技术要求，需要用统一的工程语言即工程图的形式来表达，这种工程图即是电气图。常用于机械设备的电气工程图有三种：电气原理图、电器元件布置图和电气安装接线图。

1.7.1 电器元件的图形符号和文字符号

1. 图形符号

图形符号是用于表示电气工程图中电气设备、装置、元器件的一种图形和符号，是电气制图中不可缺少的要素。图形符号通常由一般符号、符号要素、限定符号等组成。

电器的图形符号目前执行国家标准 GB 4728—2018《电气图用图形符号》，这个标准是根据 IEC 国际标准而制定的。该标准给出了大量的常用电器图形符号，表示产品特征。通常用比较简单的电器作为一般符号。对于一些组合电器，不必考虑其内部细节时可用方框符号表示，如整流器、逆变器、滤波器等。

国家标准 GB 4728—2018 的一个显著特点就是图形符号可以根据需要进行组合，在该标准中除了提供了大量的一般符号之外，还提供了大量的限定符号和符号要素，限定符号和符号要素不能单独使用，它相当于一般符号的配件。将某些限定符号或符号要素与一般符号进行组合就可组成各种电气图形符号，如图 1－52 所示。

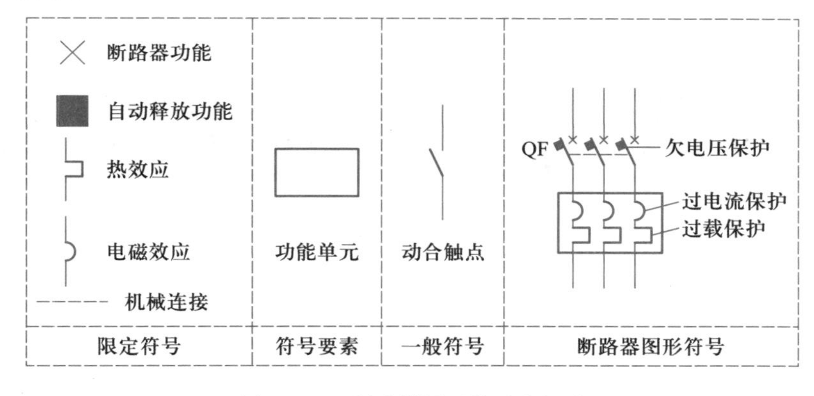

图 1－52 断路器图形符号的组成

2. 文字符号

文字符号适用于电气技术领域中文件的编制，也可表示在电气设备、装置和元器件上或其近旁，以标明电气设备、装置和元器件的名称、功能和特征。

电器的文字符号目前执行国家标准 GB 5094—1985《电气技术中的项目代号》和 GB 7159—1987《电气技术中的文字符号制定通则》。这两个标准都是根据 IEC 国际标准而制定的。

《电气技术中的文字符号制定通则》中将所有的电气设备、装置和元件分成 23 个大类，每个大类用一个大写字母表示。文字符号分为基本文字符号和辅助文字符号。

基本文字符号分为单字母符号和双字母符号两种，单字母符号应优先采用，每个单字母符号表示一个电器大类，如 C 表示电容器类、R 表示电阻器类等。

双字母符号由一个表示种类的单字母符号和另一个字母组成，第一个字母表示电器的大类，第二个字母表示对某电器大类的进一步划分，例如 G 表示电源大类，GB 表示蓄电池；S 表示控制电路开关，SB 表示按钮，SP 表示压力传感器（继电器）。

文字符号用于标明电器的名称、功能、状态和特征。同一电器如果功能不同，其文字符号也不同，例如照明灯的文字符号为 EL，信号灯的文字符号为 HL。

辅助文字符号用来进一步表示电器的名称、功能、状态和特征，由 1 ~ 3 位英文名称缩写的大写字母表示，例如辅助文字符号 BW（Backward 的缩写）表示向后，P（Pressure 的缩写）表示压力。辅助文字符号可以和单字母符号组合成双字母符号，例如单字母符号 K（表示继电器、接触器大类）和辅助文字符号 AC（交流）组合成双字母符号 KA，表示交流继电器；单字母符号 M（表示电动机大类）和辅助文字符号 SYN（同步）组合成双字母符号 MS，表示同步电动机，辅助文字符号可以单独使用。

3. 常用电气图形符号和文字符号

常用电气图形符号和文字符号如表 1 - 1 所示。

表 1 - 1 常用电气图形符号和文字符号

名称		图形符号	文字符号
一般三极电源开关			QS
低压断路器			QF
位置开关	动合触点		SQ
	动断触点		
	复合触点		

名称		图形符号	文字符号
转换开关			SA
按钮	起动		SB
	停止		
	复合		
接触器	线圈		KM

名称		图形符号	文字符号
接触器	主触点		KM
	动合辅助触点		
	动断辅助触点		
速度继电器	动合触点		KS
	动断触点		

续表

名称		图形符号	文字符号
时间继电器	线圈		KT
	动合延时闭合触点		
	动断延时打开触点		
	动断延时闭合触点		
	动合延时打开触点		

名称		图形符号	文字符号
热继电器	热元件		FR
	动断触点		
继电器	中间继电器线圈		KM
	欠电压继电器线圈		KV
	过电流继电器线圈		KI

名称		图形符号	文字符号
继电器	动合触点		相应继电器符号
	动断触点		
	欠电流继电器线圈		KI
熔断器			FU
熔断器式刀开关			QS
熔断器式隔离开关			QS
熔断器式负荷开关			QM

1.7.2 常用电气工程图

1. 电气原理图

电气原理图是依据简单、清晰的原则,采用图形符号和文字符号表示电路中电器元件连接关系和电气工作原理的图。它包括所有电器元件的导电部件和接线端点,但并不按照电器元件的实际布置的位置来绘制,也不反映电器元件的大小。其作用是便于阅读与分析控制电路,详细了解工作原理,指导系统或设备的安装、调试与维修。

电气原理图一般包括主电路、控制电路和辅助电路。主电路是设备的驱动电路,是指从电源到电动机大电流所通过的路径;控制电路是由继电器和接触器的线圈、继电器的触点、接触器的辅助触点、按钮、控制变压器等电器元件组成的逻辑电路,实现所要求的控制功能;辅助电路包括照明电路、信号电路及保护电路等。图 1 – 53 所示为三相异步电动机可逆运行的电气原理图。

电气原理图的绘制原则如下:

① 主电路、控制电路及辅助电路应分开绘制,一般主电路在左侧,控制电路在图的右侧。复杂的控制系统也可以分图绘制。

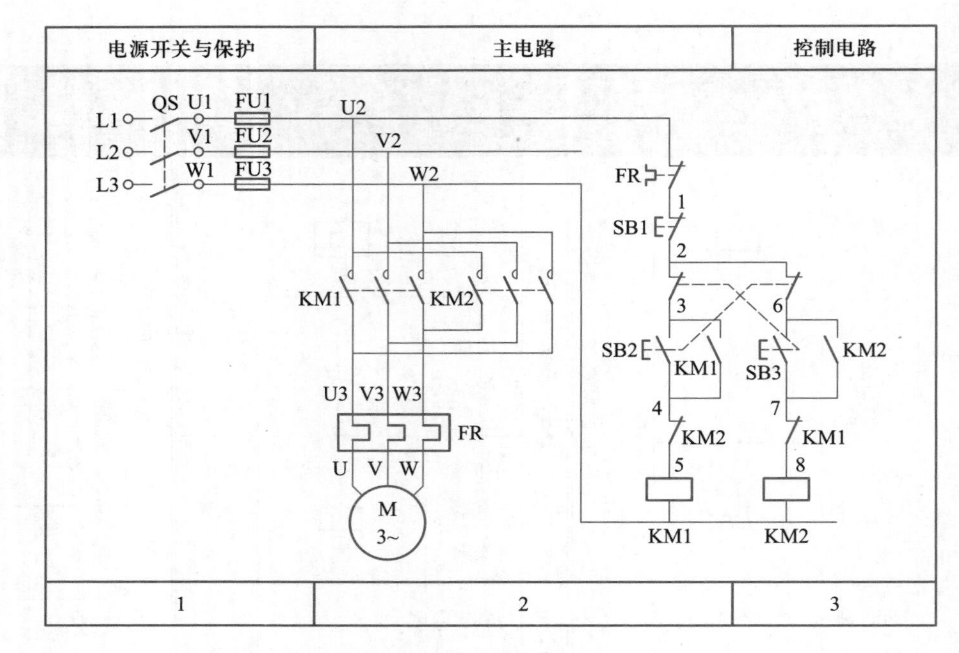

图 1－53　三相异步电动机可逆运行的电气原理图

② 在电气原理图中,各电器元件不画实际的外形图,而采用国家规定的统一标准图形符号和文字符号绘制。

③ 在电气原理图中,各电器元件和部件在控制电路中的位置,应根据便于阅读的原则安排。同一电器元件的各个部件可以不画在一起。例如,接触器、继电器的线圈和触点可以不画在一起。

④ 电气原理图中的电器元件和设备的可动部分,都按未通电和没有外力作用时的开闭状态绘制。例如,继电器、接触器的触点按吸引线圈不通电状态绘制;按钮、行程开关的触点按不受外力作用时的状态绘制等。

⑤ 电气原理图的绘制应布局合理、排列均匀,为了便于看图,可以水平布置,也可以垂直布置,并尽可能地减少线条和避免线条交叉。

⑥ 电器元件应按功能布置,并尽可能按工作顺序排列,其布局顺序应该是从上到下,从左到右。电路垂直布置时,类似电器元件或部件应横向对齐;水平布置时,类似电器元件或部件应纵向对齐。

⑦ 在电气原理图中,有直接联系的交叉导线的连接点(即导线交叉处)要用黑圆点表示;无直接联系的交叉导线,连接点或交叉点不能画黑圆点。

⑧ 可以在电气原理图上方或者右方将图分成若干图区,并标明该用途与作用。

2. 电器元件布置图

电器元件布置图主要表明电气设备上所有电器元件的实际位置,为电气设备的安装及维修提供必要的资料。电器元件布置图可根据电气设备的复杂程度集中绘制,也可分开绘制。图中各电器代号应与有关图纸和电器清单上的电器元件代号一致,但不需标注尺寸。通常电器元件布置图与电气安装接线图组合在一起,既可起到电气安装接线图的作用,又能清晰表示出各电器元件的布置情况。三相异步电动机可逆运行的电器元件布置图如图 1-54 所示。

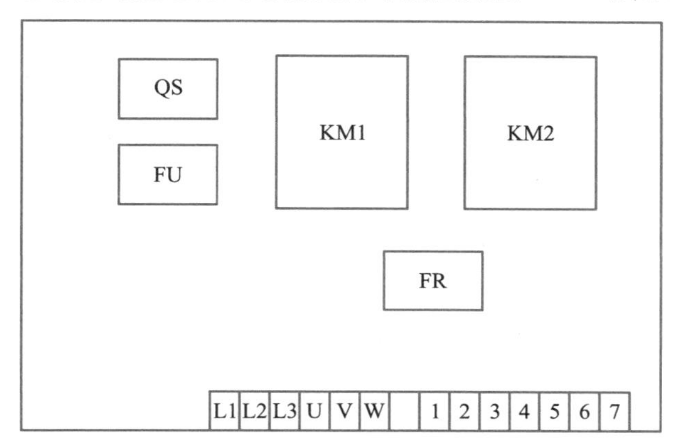

图 1-54 三相异步电动机可逆运行的电器元件布置图

电器元件布置图的绘制原则如下:

① 图中各电器代号与有关电路图和电器元件清单上所列电器元件代号相同。

② 体积大的和较重的电器元件安装在电路板的下部,以降低柜体重心;发热元件安装在电路板的上部。

③ 需要经常维护、检修、调整的电器元件安装的位置不宜过高或过低。

④ 电器元件的布置应考虑整齐、美观、对称。结构和外形尺寸类似的电器元件应安装在一起,以利于加工、安装和配线。

⑤ 电器元件布置不宜过密,要留有一定的间距。若采用板前走线配线方法,应适当加大各排电器元件的间距,以利布线和维护。

⑥ 强电与弱电分开走线,应注意弱电屏蔽和防止外界干扰。

⑦ 将散热器件及发热元件置于风道中,以保证得到良好的散热条件。而熔断器应置于风道外,以避免改变其工作特性。

⑧ 在电器元件布置图中,还要根据该部件进出线的数量和采用导线的规格,选择进出线方式及适当的接线端子板或接插件,按一定顺序在电器元件布置图中标出进出线的接线号。为便于施工和以后的扩容,在电器元件的布置图中往往应留 10% 以上的备用面积及线槽位置。

3. 电气安装接线图

电气安装接线图是根据电气原理图和电器元件布置图进行绘制的。按照电器元件布置最合理、导线连接经济等原则来绘制。为安装电气设备、电器元件间的配线及电气故障的检修等提供依据。三相异步电动机可逆运行的电气安装接线图如图 1 - 55 所示。

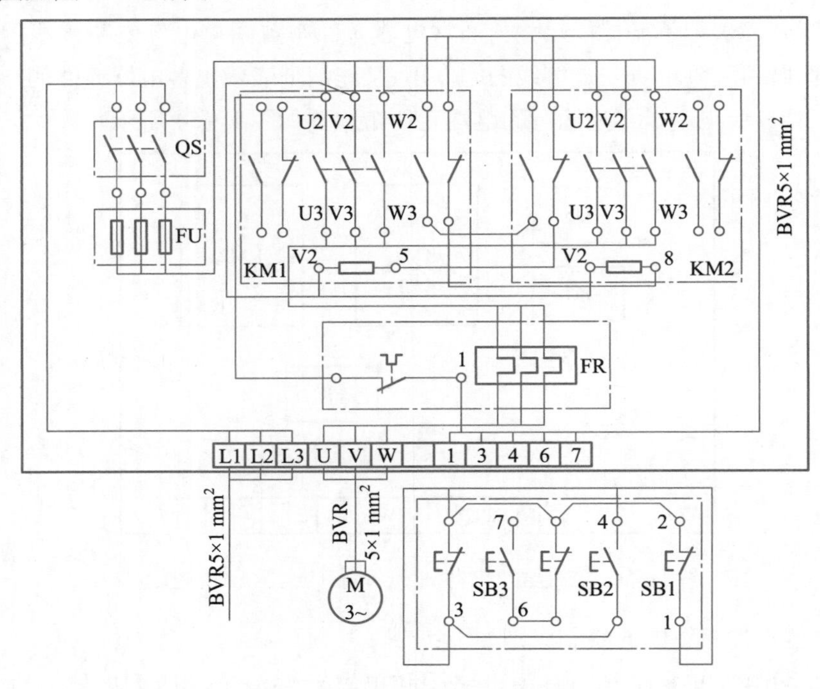

图 1 - 55　三相异步电动机可逆运行的电气安装接线图

在绘制电气安装接线图时,应遵循以下原则:

① 在电气安装接线图中,各电器元件均按其在安装底板中的实际位置绘出。各电器元件按实际外形尺寸以统一比例绘制。

② 电器元件按外形绘制,并与电器元件布置图一致,偏差不能太大。绘制电气安装接线图时,一个元件的所有部件绘在一起,并用点画线框起来,表示它们是安装在同一安装底板上的。

③ 所有电器元件及其引线标注与电气原理图相一致的文字符号及接线回路标号。

④ 电气安装接线图中标出配线用的各种导线的型号、规格、截面积、连接导线根数及穿管的种类、规格等,并标明电源引入点。

⑤ 安装在电气板内外的电器元件之间需通过接线端子板连线。

在图 1 - 55 中,电源进线、按钮板、电动机需通过接线端子板接入电器安装板。按钮板有 SB1、SB2、SB3 等 3 个按钮,按原理图 SB1 与 SB2、SB3 有一端相连为“2”,SB2 与 SB3 有两端相连为“3”和“6”,其引出端 1、3、4、6、7 通过 5×1 mm^2 导线接到安装板上相应的接线端。图中还标注了所采用的连接导线的型号、根数、截面积,如 BVR5×1 mm^2 为聚氯乙烯绝缘软电线、5 根导线、导线截面积为 1 mm^2。

1.8 三相异步电动机直接起动控制线路

教学课件

三相异步电动机直接起动控制线路

电气控制系统中的控制对象，大多是三相异步电动机。三相异步电动机的起动、停止控制电路应用最为广泛，也是最基本的控制电路。三相异步电动机的起动方式可以分为直接起动和减压起动。

直接起动就是将三相笼型异步电动机的定子绕组加上额定电压的起动方式，也称为全压起动。直接起动电路结构比较简单，易于安装与维修；但直接起动时的起动电流为电动机额定电流的 4 ~7 倍，过大的起动电流将会造成电网电压明显下降，会影响在同一电网工作的其他负载的正常工作，所以直接起动电动机的容量受到一定的限制，一般用于空载或轻载起动。

1.8.1 三相异步电动机起停控制线路

三相异步电动机点动控制线路

1. 电动机点动控制线路

电气设备工作时常常需要进行点动调整，如车刀与工件位置的调整，因此需要用到点动控制电路。

点动控制是指按下按钮，电动机得电运转；松开按钮，电动机失电停转的控制方式。图 1 –56 所示的点动控制电路是由按钮、接触器来控制电动机运转的最简单的控制电路。

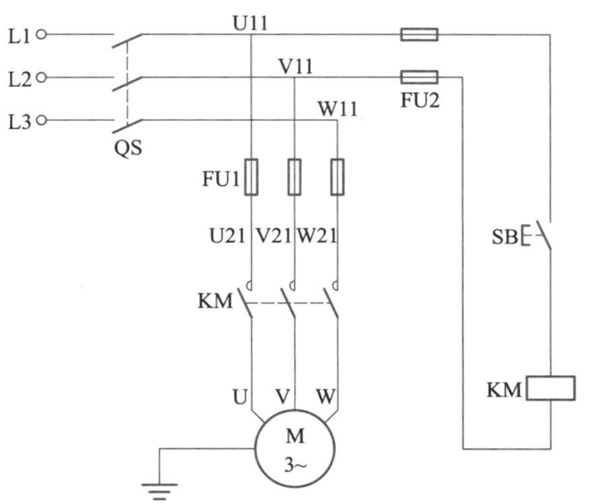

图 1 –56 点动控制线路

三相异步电动机点动控制检测

（1）电路结构分析

在图 1 –56 所示的点动控制线路中，组合开关 QS 做电源隔离开关；熔断器 FU1、FU2 分别为主电路、控制电路的短路保护；由于电动机只有点动控制，运行时间较短，主电路不需要接热继电器，起动按钮 SB 控制接触器 KM 的线圈得

微课
三相异步电动机点动控制上电

电、失电；接触器 KM 的主触点控制电动机 M 的起动与停止。

（2）工作原理分析

起动：合上开关 QS，按下起动按钮 SB，接触器 KM 线圈得电，KM 主触点闭合时电动机 M 起动运行。

停止：松开按钮 SB，接触器 KM 线圈失电，KM 主触点断开，这时电动机 M 失电停转。

注意：在电动机停止使用时，应断开电源开关 QS。

微课
三相异步电动机连续控制

2. 电动机单向连续运行控制线路

电动机单向连续运行控制又称接触器自锁控制，在要求电动机起动后能连续运转时，为实现连续运转，可采用如图 1－57 所示的接触器自锁控制电路。

微课
三相异步电动机连续控制检测

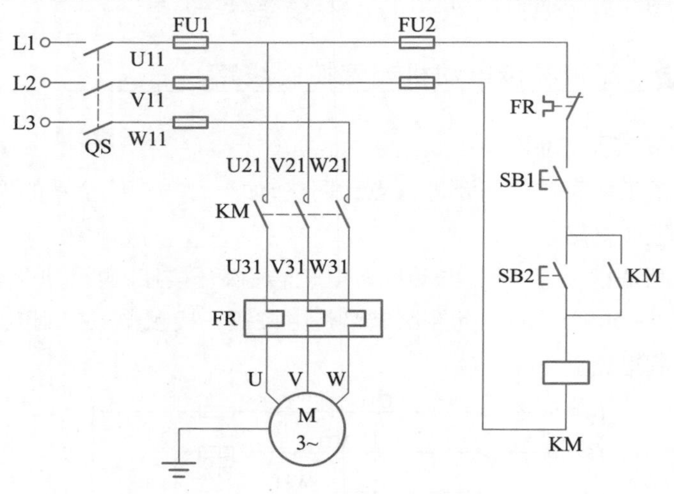

图 1－57 接触器自锁控制线路

微课
三相异步电动机连续控制上电

（1）电路结构分析

自锁控制线路与点动控制线路相比较，主电路由于电动机连续运行，所以要添加热继电器 FR 进行过载保护，而在控制电路中又多串接了一个停止按钮 SB1，并在起动按钮 SB2 的两端并接了接触器 KM 的一对动合辅助触点。

（2）工作原理分析

起动：先合上电源开关 QS，按下起动按钮 SB2，KM 线圈得电，KM 主触点闭合，使电动机通电起动运行；KM 动合辅助触点也闭合。

当松开 SB2 时，由于 KM 的动合辅助触点闭合，控制电路仍然保持接通，所以线圈继续得电，电动机 M 实现连续运转。这种利用接触器 KM 本身动合辅助触点而使线圈保持得电的控制方式称为自锁。与起动按钮 SB2 并联起自锁作用的动合辅助触点称为自锁触点。

停止：按下 SB1，SB1 动断触点断开，KM 线圈断电，KM 主触点和自锁触点都断开，电动机 M 失电而后停止。松开 SB1 时，动断闭触点恢复闭合，但由于此时 KM 的自锁触点已经断开，故 KM 线圈保持失电，电动机不会得电。

（3）电路的保护功能分析

① 短路保护：主电路和控制电路分别由熔断器 FU1 和 FU2 实现短路保护。当控制电路和主电路出现短路故障时，能迅速有效地断开电源，实现对电器和电动机的保护。

② 过载保护：由热继电器 FR 实现对电动机的过载保护。当电动机出现过载且超过规定时间时，热继电器双金属片发热变形，推动导板，经过传动机构，能使串在控制电路中的 FR 动断触点断开，从而使接触器线圈失电，电动机停转，实现过载保护。

③ 欠电压保护：当电源电压由于某种原因而下降时，电动机的转矩显著下降，将使电动机无法正常运转，甚至引起电动机堵转而烧毁。采用带自锁的控制线路可避免出现这种事故。因为当电源电压低于接触器线圈额定电压 85% 左右时，接触器因电磁吸力不足而释放，自锁触点断开，接触器线圈断电，同时主触点也断开，使电动机断电，起到保护作用。

④ 失电压保护：电动机正常运转时，电源可能停电，当恢复供电时，如果电动机自行起动，很容易造成设备和人身事故。采用带自锁的控制线路后，断电时由于自锁触点已经打开，当恢复供电时，电动机不能自行起动，从而避免了事故的发生。

注意：欠电压和失电压保护作用是接触器自锁控制连续运行的一个重要特点。

1.8.2 三相异步电动机正、反转控制线路

微课

三相异步电动机正反转通电前测量

许多生产机械的运动部件，根据工艺要求经常需要进行正、反方向两种运动。例如，起重机吊钩上升和下降，运煤小车的来回运动，工作台的前进和后退等，都可以通过电动机的正转和反转来实现。从电动机原理可知，改变电动机三相电源的相序即可以改变电动机的旋转方向。而改变三相电源的相序只需任意调换电源的两根进线即可。常见的正、反转控制电路有倒顺开关正、反转控制电路，接触器实现正、反转控制电路，接触器互锁正、反转控制电路，接触器、按钮双重互锁的正、反转电路。

1. 倒顺开关正、反转控制线路

（1）工作原理

倒顺开关正、反转控制线路如图 1－58 所示。倒顺开关可以直接控制电动机的正、反转，它是通过手动完成正、反转操作的，有“正转”“反转”和“停止”三种操作位置。倒顺开关处于“正转”和“反转”两种位置时，电动机的电源接入线

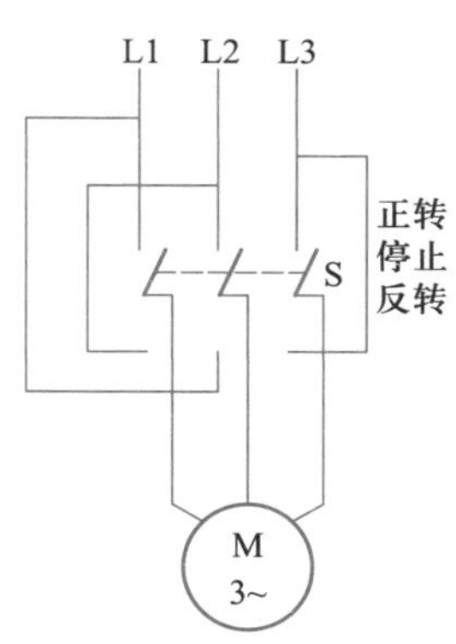

图 1－58 倒顺开关正、反转控制线路

相反，电源相序相反，分别对应了电动机的正转和反转。

(2) 工作特点

此控制线路的优点是电路较简单，电器元件少；缺点是改变电动机的运转方向必须先把手柄扳到停止位置，然后再扳到反转位置，导致频繁换向时，操作不方便；同时，因电路中没有欠电压和零电压保护，因此这种方式只在被控电动机的容量小于 5 kW 的场合使用。

2. 接触器实现正、反转控制线路

利用两个接触器的主触点在主电路中构成正反转相序接线，如图 1－59 所示。

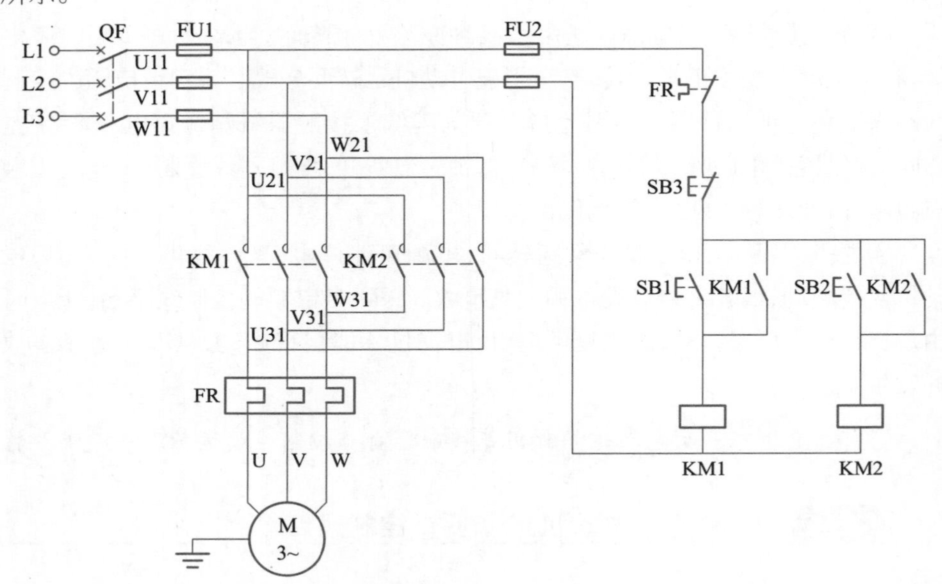

图 1－59　接触器控制三相异步电动机正、反转控制线路

(1) 电路结构分析

在图 1－59 中，KM1 为正转接触器，KM2 为反转接触器，它们分别由 SB1 和 SB2 控制。从主电路中可以看出，这两个接触器的主触点所接通电源的相序不同，KM1 按 U－V－W 相序接线，KM2 按 W－V－U 相序接线。相应的控制线路有两条，分别控制两个接触器的线圈。

(2) 工作原理分析

先合上电源开关 QS。

① 正转起动。按下起动按钮 SB1，KM1 线圈得电，KM1 主触点和自锁触点闭合，电动机正转起动运行。

② 反转起动

当电动机原来处于正转运行时，必须先按下停止按钮 SB3 使 KM1 失电，然后按下反转起动按钮 SB2，则 KM2 线圈得电，KM2 主触点和自锁触点闭合，电动机反转起动运行。

此种电路的控制是很不安全的，必须保证在切换电动机运行方向之前要先按下停止按钮，然后再按下相应的起动按钮，否则将会发生主电路侧电源短路的故障。为克服这一不足，提高电路的安全性，需采用互锁（联锁）控制的电路。

互锁控制就是在同一时间里两个接触器只允许一个工作的控制方式。互锁控制就是将本身控制电路元件的动断触点串联到对方控制电路之中。实现互锁控制的常用方法有接触器联锁、按钮联锁和复合联锁等。

3. 接触器互锁正、反转控制线路

（1）电路结构分析

如图 1－60 所示，在控制电路中将 KM1 的动断触点串接在 KM2 的线圈支路中，KM2 的动断触点串接在 KM1 的线圈支路。当 KM1 线圈得电时，KM1 的动断触点断开，保证 KM2 线圈不得电；同样，当 KM2 线圈得电时，KM2 的动断触点断开，保证 KM1 线圈不得电，从而实现互锁关系。

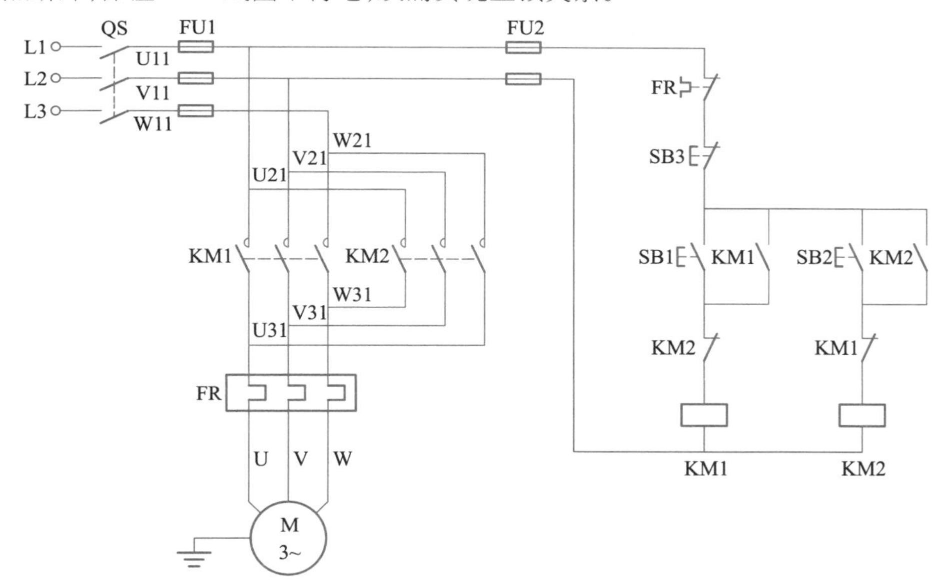

图 1－60 接触器联锁的正、反转控制电路

（2）工作原理分析

首先闭合开关 QS，按下正转按钮 SB1，正转接触器 KM1 线圈通电吸合，一方面使主触点 KM1 闭合和自锁触点闭合，使电动机 M 通电正转；另一方面，KM1 动断辅助触点断开，切断反转接触器 KM2 线圈支路，使得它无法通电，实现互锁。此时，即使按下反转起动按钮 SB2，反转接触器 KM2 线圈因 KM1 互锁触点断开也不能通电。

要实现反转控制，必须先按下停止按钮 SB3 切断正转控制电路，然后才能起动反转控制电路。

同理可知，按下反转起动按钮 SB2（正转停止）时，反转接触器 KM2 线圈通电。一方面接通主电路反转主触点和控制电路反转自锁触点，另一方面反转互锁触点断开，使正转接触器 KM1 线圈支路无法接通，进行互锁。

4．接触器、按钮双重互锁的正、反转控制线路

图 1－60 所示电路可以实现电动机正向和反向起动、运转，但是当电动机正转后，需要反转时，必须按停止按钮 SB3，不能直接按反向按钮 SB2 实现反转，故操作不太方便。原因是按 SB2 时，不能断开 KM1 的电路，故 KM1 的动断触点会继续互锁。图 1－61 所示是利用按钮和接触器双重互锁的正、反转电路。

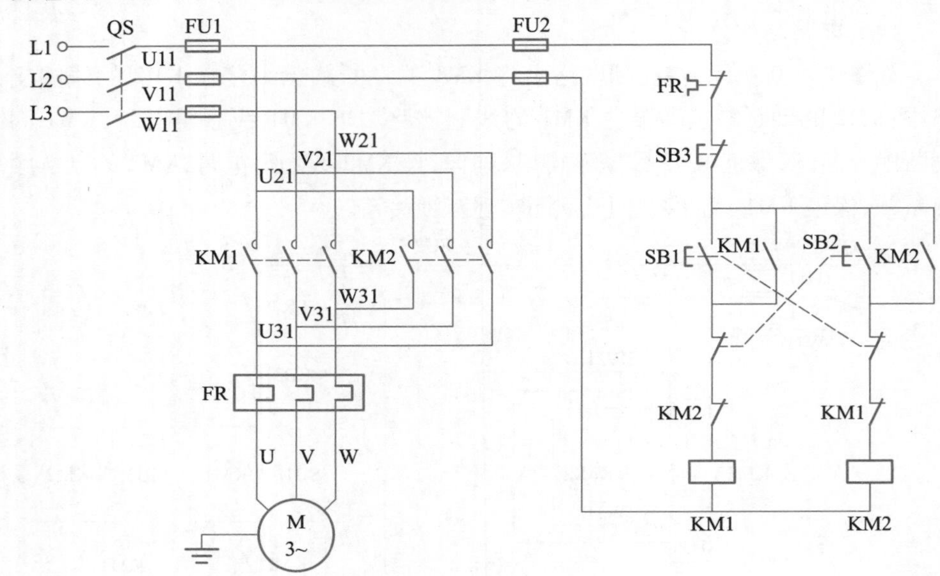

图 1－61 按钮和接触器双重互锁的正、反转控制电路

电路的工作原理如下：

合上开关 QS，接通交流电源。

① 正转控制：

起动：按 SB1→KM1 线圈得电
- KM1 动断触点打开→使 KM2 线圈无法得电（联锁）
- KM1 主触点闭合→电动机 M 通电起动正转
- KM1 动合触点闭合→自锁

停止：按 SB3→KM1 线圈失电
- KM1 动断触点闭合→解除对 KM2 的联锁
- KM1 主触点打开→电动机 M 停止正转
- KM1 动合触点打开→解除自锁

② 反转控制：

起动：按 SB2→KM2 线圈得电
- KM2 动断触点打开→使 KM1 线圈无法得电（联锁）
- KM2 主触点闭合→电动机 M 通电起动反转
- KM2 动合触点闭合→自锁

停止:按 SB3→KM2 线圈失电 { KM2 动断触点闭合→解除对 KM1 的联锁
KM2 主触点打开→电动机 M 停止反转
KM2 动合触点打开→解除自锁 }

由此可见,通过 SB1、SB2 控制 KM1、KM2 动作,改变接入电动机的交流电三相的顺序,就改变了电动机的旋转方向。

电动机直接从正转变为反转的控制如下。

当电动机在正转时,直接按下 SB2,SB2 动断触点先断,KM1 线圈失电解除自锁,互锁触点复位(闭合)。KM1 主触点断开,电动机断开电源。SB2 动合触点后闭合,KM2 线圈,KM2 主触点和自锁触点闭合,电动机反向起动运行,KM2 动断辅助触点断开,切断 KM1 线圈支路,实现互锁。

注意:由于电动机直接从正转变为反转时,将产生比较大的制动电流,因此这种直接正、反转控制线路只适用于小容量电动机,且正、反向转换不频繁,拖动的机械装置惯量较小的场合。

1.8.3 工作台自动往返控制线路

在生产中,有些生产机械设备中,如组合机床、铣床的工作台、高炉的加料设备等,都需要在一定距离内能自动往返,以使工件能连续加工,即利用被控对象的位置行程去控制电动机的起动与停止。

工作台自动往返控制电路中设有两只带有动合、动断触点的行程开关 SQ1 和 SQ2,分别装置在设备运动部件的两个规定位置上,以发出返回信号,控制电动机换向。为保证机械设备的安全,在运动部件的极限位置还设有限位保护用的行程开关 SQ3 和 SQ4。工作台自动往返控制电路如图 1-62 所示。

工作台上装有挡铁 1 和 2,机床床身上装有行程开关 SQ1 和 SQ2。当挡铁碰撞行程开关后,接触器通电自动换接,电动机改变转向。SQ3 和 SQ4 用于限位保护,即限制工作台的极限位置。

其工作过程为:合上 QF,按下起动按钮 SB1,KM1 线圈通电而吸合,电动机正转起动,通过机械传动装置拖动工作台向左移动,当工作台运动到一定位置时,挡铁 1 碰撞行程开关 SQ1,使其动断触点断开,接触器 KM1 线圈断电而释放,电动机停转,同时 SQ1 的动合触点闭合,KM2 线圈得电,拖动工作台向右移动。同时,行程开关 SQ1 复位,为下次正转做准备。由于此时 KM2 的动合辅助触点已经闭合自锁,使电动机继续拖动工作台向右移动。当挡铁 2 碰到 SQ2 时,情况与上述过程类似。如此工作台在预定的行程内自动往返运动。

SQ3 和 SQ4 用于限位保护,即当工作台向左或向右运动到 SQ1 或 SQ2 换向位置时,若 SQ1 或 SQ2 出现问题,并没有起作用,工作台就会继续运动,超出了规定工作位置,但当它运动到极限位置 SQ3 或 SQ4 位置时,SQ3 或 SQ4 的动断触点就要断开,切断控制电路,从而使电动机停转,起到了限位保护的作用。

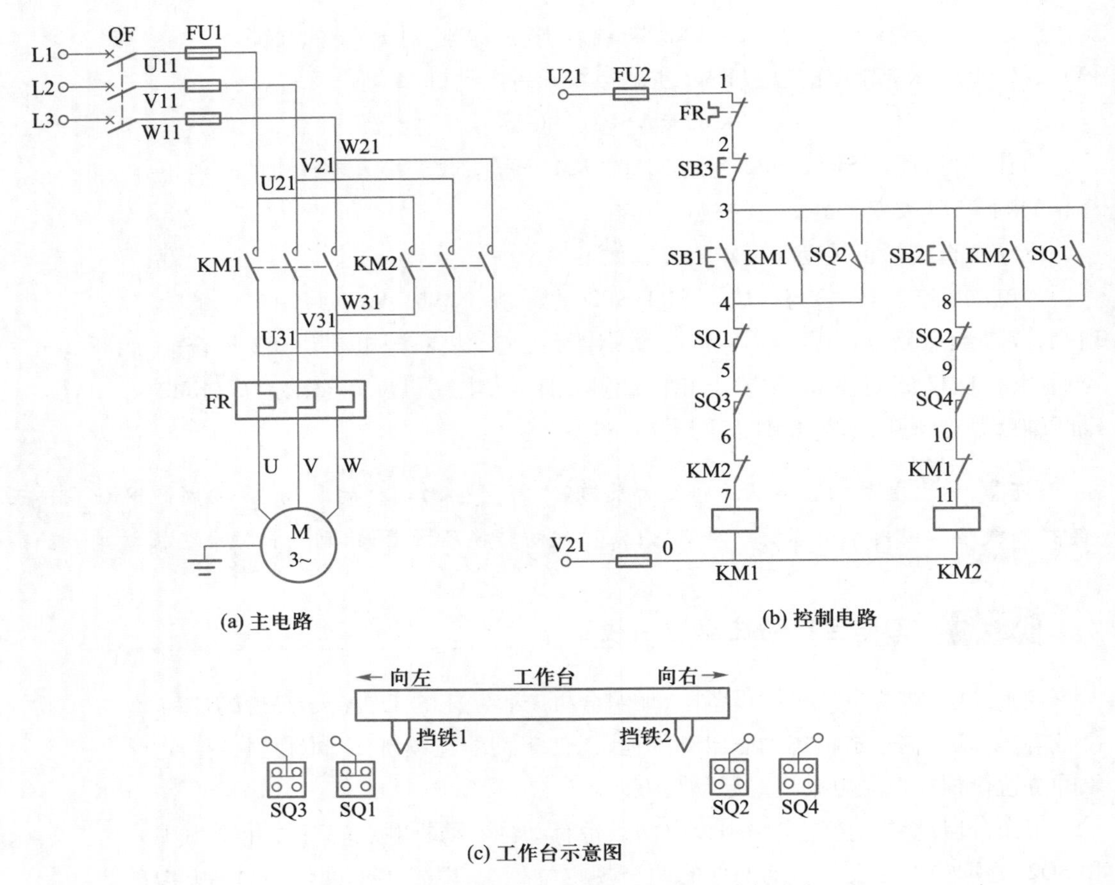

(a) 主电路

(b) 控制电路

(c) 工作台示意图

图 1－62　工作台自动往返控制线路

1.8.4 其他控制线路

1. 电动机的两地控制电路

对于多数机床，因工作需要，为方便加工人员在机床正面和侧面均能进行操作，需要具有多地控制功能，如图 1－63 所示。

图中 SB2、SB3 为机床上正、侧面两地停止按钮；SB1、SB4 为电动机两地正转起动控制按钮；SB1、SB2 构成正面起停控制，SB3、SB4 构成侧面起停控制。控制原理可自行分析。

2. 顺序控制线路

微课

三相异步电动机顺序起停

在实际的多电动机控制中，根据各电动机的作用不同，有时需要按照一定的顺序起动或者停车，才能保证操作过程合理和工作的安全可靠。例如在车床控制线路中，要求冷却泵电动机先工作，主轴电动机才能工作，停止时刚好相反，依次完成起停。下面以两台电动机的顺序控制为例，说明其控制原理。

设有两台电动机 M1 和 M2，要求 M1 起动后 M2 才允许起动，如果 M1 没起动，M2 不能起动。用两个接触器 KM1 和 KM2 分别控制两台电动机 M1 和 M2，

三相异步电动机顺序起停检测

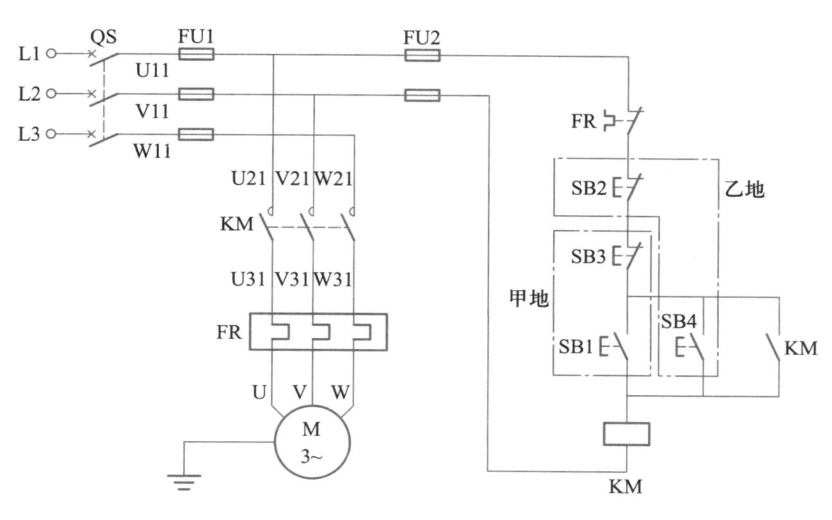

图 1－63　电动机的两地控制线路

这样对电动机的起动顺序控制要求实质上是对接触器的通电顺序控制要求。图 1－64 所示电路能够实现上述要求。

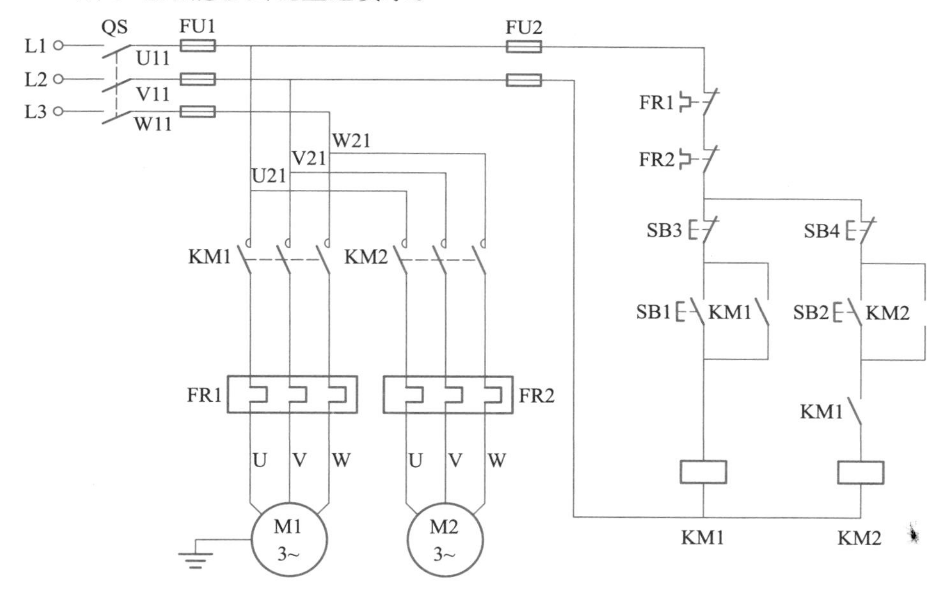

图 1－64　顺序起动、停止控制电路

在图示控制电路中，KM1 的动合辅助触点串接在 KM2 的线圈控制回路中，这样就保证了只有 KM1 通电后，KM2 才能通电，即 M1 起动后，M2 才允许起动的控制要求。该电路对停车的要求是，允许 M2 单独停车，但如果 M1 停车，则 M2 也会同时停车。

图 1－65 所示控制电路实现顺序起动逆序停止控制，起动顺序与图 1－64 相同；停车顺序是只有先使 KM2 断电，KM1 才能够断电。

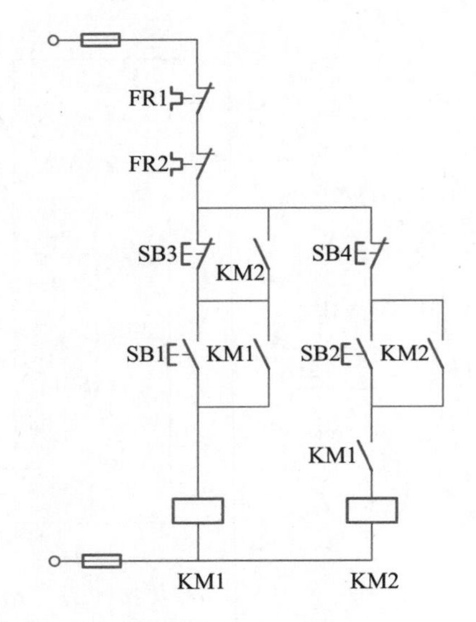

图1-65 顺序起动、逆序停止控制电路

1.9 三相异步电动机减压起动控制线路

教学课件
三相异步电动机减压起动控制线路

减压起动是指在起动时，通过某种方法，降低加在电动机定子绕组上的电压，待电动机起动后，再将电压恢复到额定值。减压起动的目的是限制起动电流，因为电动机在起动时的电流为电动机额定电流的4～7倍，过大的起动电流将会造成电网电压明显下降，直接影响在同一电网工作的其他负载的正常工作。因此对大容量的电动机，尤其是容量在10 kW以上的笼型三相异步电动机常采用减压动起动。减压起动虽然限制了起动电流，但是由于起动转矩和电压的二次方成正比，因此减压起动时，电动机的起动转矩也随之减小了，所以减压起动多用于空载或轻载起动。

减压起动的方法很多，常用的有定子串电阻减压起动、Y-Δ减压起动、自耦变压器减压起动等。无论哪种方法，对控制的要求是相同的，即给出起动信号后，先降压，当电动机转速接近额定转速时再加至额定电压，在起动过程中，转速、电流、时间等参量都发生变化，原则上这些变化参量都可以作为起动的控制信号。由于以转速和电流为变化参量控制电动机起动时，受负载变化、电网电压波动的影响较大，常造成起动失败，而采用以时间为变化参量控制电动机起动，换接是靠时间继电器的动作，负载变化或电网电压波动都不会影响时间继电器的整定时间，因此常用时间的变化控制减压起动的转换。

1.9.1 定子串电阻减压起动控制线路

电动机定子串电阻减压起动是电动机起动时，在三相定子绕组中串接电阻分压，使定子绕组上的电压降低，起动后再将电阻短接，电动机即可在全压下运行。

1. 电路结构

定子串电阻减压起动控制线路由主电路和控制电路构成。图 1－66 给出了笼型三相异步电动机定子串电阻减压起动的控制线路。图中主电路由 KM1 和 KM2 两接触器主触点构成串电阻接线和短接电阻接线，并由控制电路按时间原则，实现从起动状态到正常工作状态的自动切换。电动机起动时在三相定子绕组中串接电阻，使定子绕组上电压降低，起动结束后再将电阻短接，使电动机在额定电压下运行。

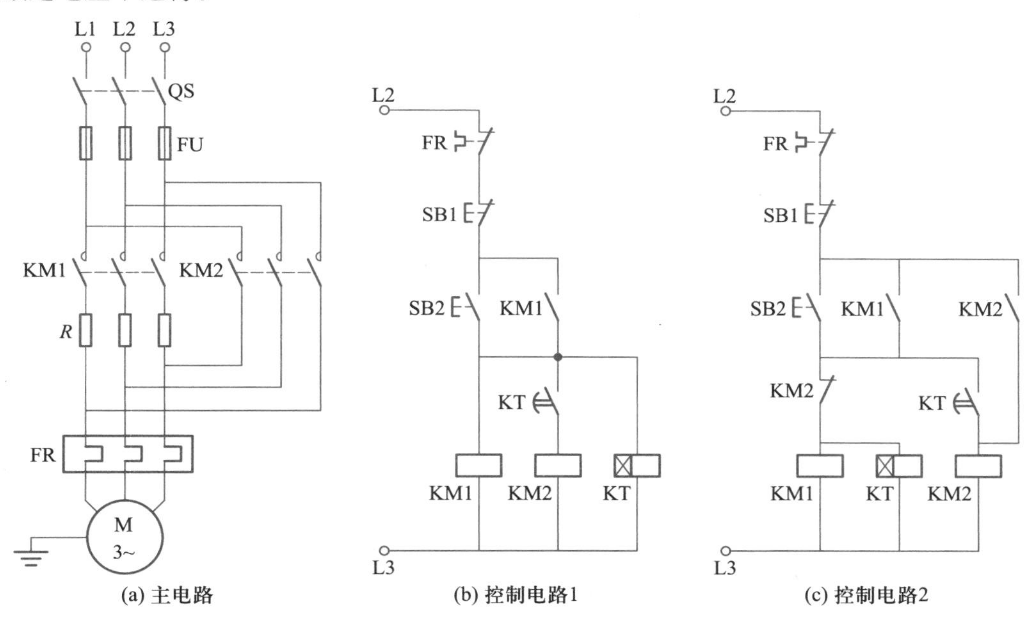

图 1－66 笼型三相异步电动机定子串电阻减压起动的控制线路

2. 工作原理

合上电源开关 QS，按下图 1－66(b)中的起动按钮 SB2，接触器 KM1 通电并自锁，同时时间继电器 KT 通电开始计时，电动机定子绕组在串入电阻的情况下起动，当达到时间继电器 KT 的整定值时，其延时闭合的动合触点闭合，使接触器 KM2 通电吸合，KM2 的三对主触点闭合，将起动电阻 R 短接，在额定电压下进入稳定正常运转。

图 1－66(b)所示电路中 KM1、KT 只是在电动机起动过程中起作用，在电动机正常运行时已没有作用，但在该图中一直通电，这样不但消耗了电能，而且增加了出现故障的可能性。为此常采用如图 1－66(c)所示的控制电路，在接触器 KM1 和时间继电器 KT 的线圈电路中串入接触器 KM2 的动断触点。这样，当 KM2 线圈通电时，其动断触点断开，使 KM1、KT 线圈断电，以达到减少能量损耗，延长接触器、继电器的使用寿命和减少故障的目的。同时注意接触器 KM2

要有自锁环节。

1.9.2 Y－△减压起动控制线路

当笼型三相异步电动机定子绕组为△联结且不允许直接起动时，可以采用Y－△减压起动方式，即起动时，电动机定子绕组接成星形联结，接入三相电源；起动结束时，电动机定子换接成△联结运行。

1. 电路结构分析

图1－67所示为时间继电器控制的Y－△减压起动电路，图中使用了三个接触器KM1、KM2、KM3和一个通电延时型的时间继电器KT，当接触器KM1、KM3主触点闭合时，电动机成星形联结；当接触器KM1、KM2主触点闭合时，电动机成△联结。由于接触器KM2和KM3分别将电动机接成Y和△联结，故不能同时接通。

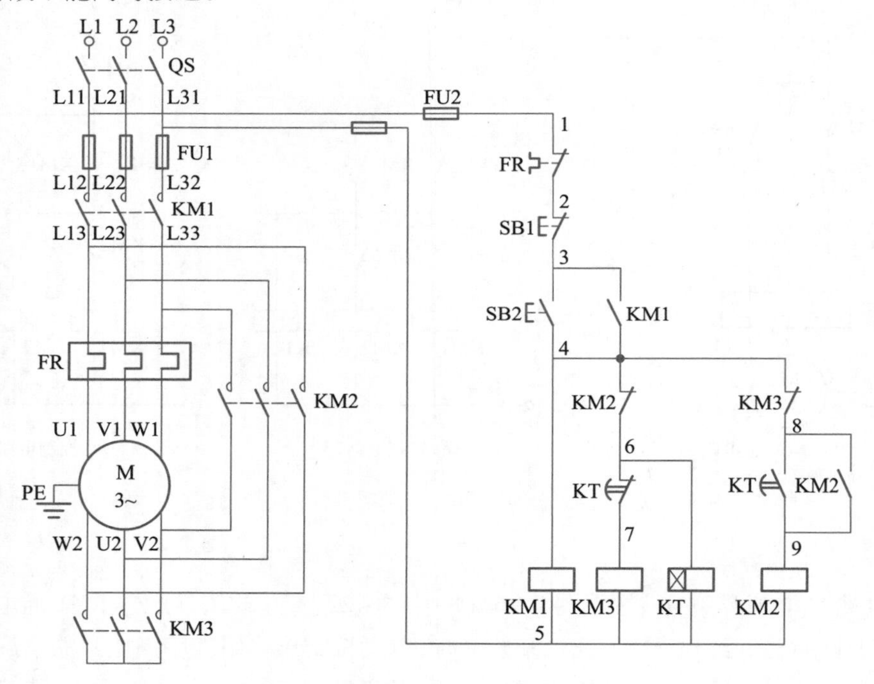

图1－67 时间继电器控制的Y－△减压起动控制线路（三接触器）

2. 工作原理分析

合上电源开关QS，按下起动按钮SB2，接触器KM1和KM3以及时间继电器KT的线圈均通电，且利用KM1的动合辅助触点自锁。其中，KM3的主触点闭合将电动机接成Y联结，使电动机在接入三相电源的情况下进行减压起动，其互锁的动断触点KM3（4—8）断开，切断KM2线圈回路；而时间继电器KT延时时间到后，其动断触点KT（6—7）断开，接触器KM3线圈断电，主触点断开，电动机中性点断开；KT动合触点KT（8—9）闭合，接触器KM2线圈通电并自锁，电动机接成△联结,并进入正常运行,同时 KM2 动断触点 KM2(4—6)断开,断开 KM3、KT 线圈电路,使电动机在△联结下运行时,接触器 KM3、时间继电器 KT 均处于断电状态,以减少电路故障和延长触点的使用寿命。

上述电路适用于较大容量的电动机减压起动,对容量较小电动机起动,可使用图 1-68 所示的控制电路,用两个接触器实现Y-△减压起动。

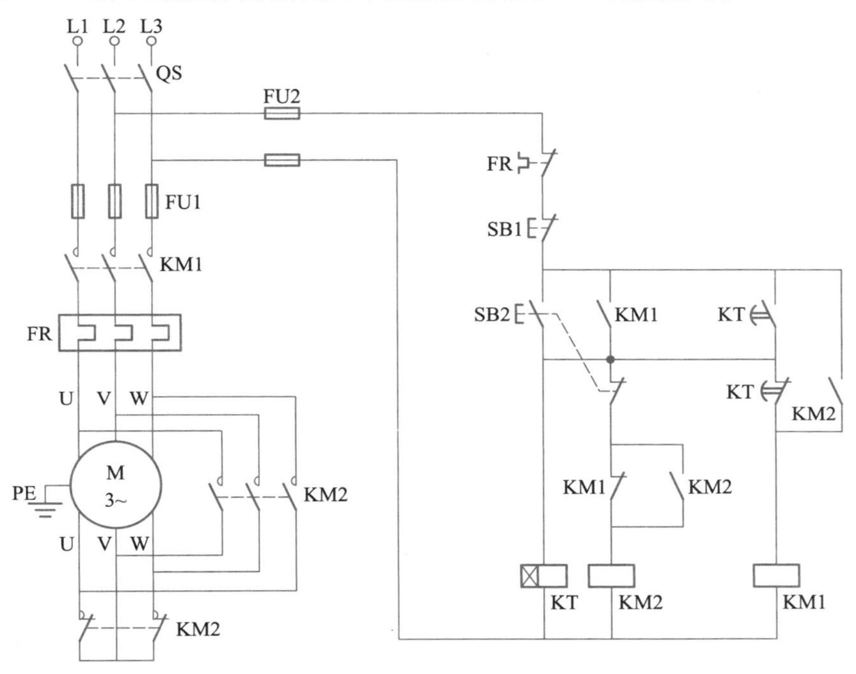

图 1-68 Y-△减压起动控制电路(两接触器)

本控制电路的主要特点如下:

① 主电路中使用了接触器 KM2 的动断辅助触点;如果工作电流过大就会烧坏触点;因此这种控制线路只适用于功率较小的电动机。

② 由于该线路使用了两个接触器和一个时间继电器,因此线路简单。另外,在由Y联结转换为△联结时,KM2 是在不带负载的情况下吸合的,这样可以延长其使用寿命。

1.9.3 自耦变压器减压起动控制线路

自耦变压器减压起动方法适用于正常工作时电动机定子绕组接成Y或△联结、电动机容量较大、起动转矩可以通过改变变压器抽头的连接位置得到改变的情况。它的缺点是不允许频繁起动,价格较贵,而且只用于 10 kW 以上的三相异步电动机。

1. 电路结构分析

自耦变压器减压起动是利用自耦变压器来降低起动时的电压,达到限制起动电流的目的。起动时,电源电压加在自耦变压器的高压绕组上,电动机的定子绕组与自耦变压器的低压绕组连接,当电动机的转速达到一定值时,将自耦变压器切除,电动机直接与电源相接,在正常电压下运行。图 1-69 所示为用三个接触器控制的自耦变压器减压起动控制电路,其中 KM2、KM3 为减压接触器,KM1 为正常运行时的接触器,KT 为通电延时型时间继电器,双抽头自耦变压器 TM 有两种抽头电压,可根据负载大小选择。

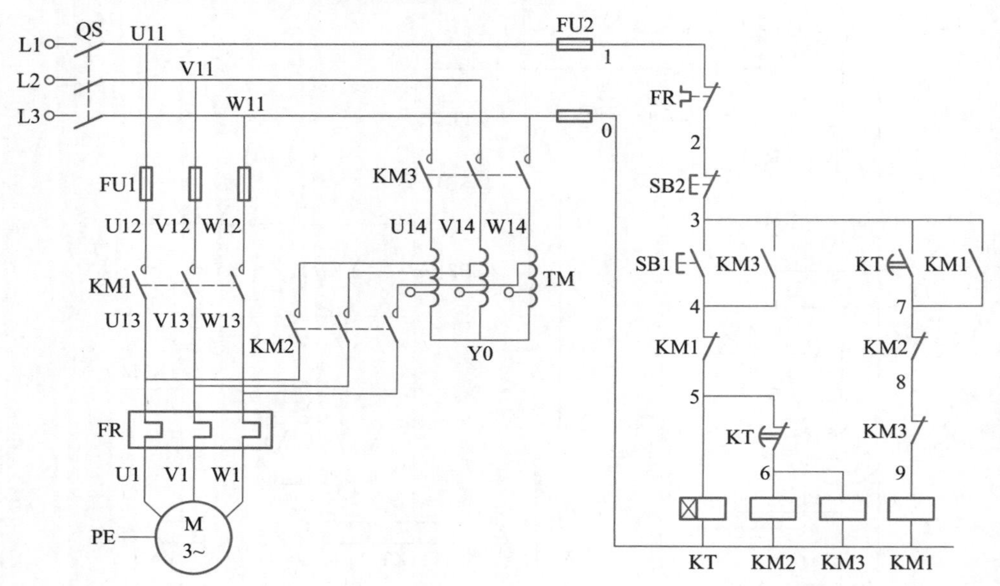

图 1-69 自耦变压器减压起动控制电路

2. 工作原理分析

自耦变压器减压起动是通过自耦变压器把电压降低后,再加到电动机的定子绕组上,以达到减小起动电流的目的。起动时电源电压接到自耦变压器的一次侧,改变自耦变压器抽头的位置可以获得不同的二次电压,自耦变压器常有 85%、80%、65%、60% 和 40% 等抽头,起动时将自耦变压器二次侧接到电动机定子绕组上,由此,电动机定子绕组得到的电压即为自耦变压器不同抽头所对应的二次电压。当起动完毕时,自耦变压器被切除,额定电压直接加到电动机定子绕组上,使电动机在额定电压下正常运行。

控制电路工作过程如下:合上电源开关 QS,按下起动按钮 SB1,接触器 KM2、KM3、KT 的线圈通电并通过 KM3 的动合辅助触点自锁,KM2、KM3 的主触点闭合将自耦变压器接入电源和电动机之间,电动机定子绕组从自耦变压器的二次侧获得不同抽头所对应的电压使电动机起动,同时,时间继电器 KT 开始延时。当电动机转速上升到接近额定转速时,对应的时间继电器 KT 延时结束,其延时动合触点闭合,使 KM1 线圈通电,KM1 动合触点闭合并自锁,KM1 动断触点断开使 KM2、KM3、KT 的线圈均断电,将自耦变压器从电源和电动机间切除，KM1 主触点闭合接通电动机主电路，使电动机在额定电压下运行。

1.10 三相异步电动机的制动控制线路

教学课件
三相异步电动机的制动控制线路

在有些生产过程中要求电动机能迅速而准确地停车，但三相异步电动机切断电源后，由于惯性作用，总要经过一段时间才能完全停止，这就要求对电动机进行强迫制动，这种使电动机在切断电源后能迅速停车的措施，称为电动机的制动。电动机的制动方法有电磁机械制动和电气制动两种。电磁机械制动是用电磁铁操纵机械进行制动的，如电磁抱闸制动器和电磁铁离合制动器等。电气制动是用电气的方法，使电动机在切断电源后，产生一个与原来转动方向相反的制动转矩来迫使电动机迅速停止转动。笼型三相异步电动机常用的电气制动方法有反接制动和能耗制动。

1.10.1 电磁机械制动控制线路

切断电源以后，利用机械装置使电动机迅速停转的方法称为机械制动。电磁抱闸和电磁离合器两种机械制动装置应用较普遍。下面以电磁抱闸制动为例，说明电磁机械制动原理。电磁抱闸制动控制线路有断电制动和通电制动两种。

1. 断电制动控制线路

电磁抱闸断电制动控制线路如图 1－70 所示，其工作原理如下：

① 合上电源开关 QS。

② 按下起动按钮 SB1，接触器 KM 得电吸合，电磁抱闸线圈 YA 得电，使抱闸的闸瓦与闸轮分开，电动机起动。

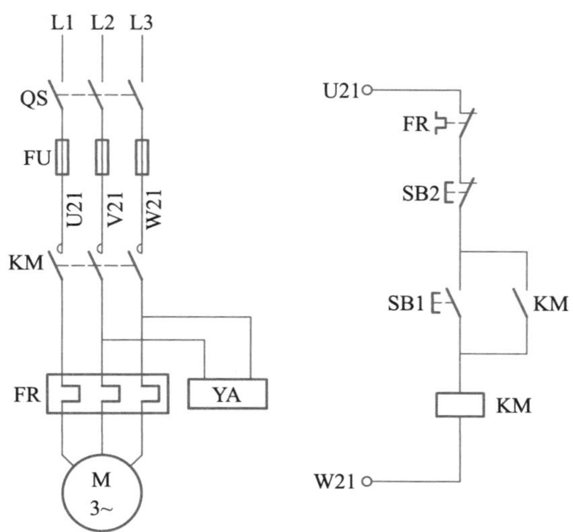

图 1－70 电磁抱闸断电制动控制线路

③ 需制动时，按下停止按钮 SB2，接触器 KM 线圈失电，电动机的电源被切断，电磁抱闸线圈 YA 失电，在弹簧的作用下，闸瓦与闸轮紧紧抱住，电动机被迅速制动而停转。

工作特点如下：

采用电磁抱闸断电制动，不会因中途断电或电气故障的影响而造成事故，比较安全可靠。缺点是电源切断后，电动机的轴就被制动刹住不能转动，不便调整。因此，在电梯、起重、卷扬机等一类升降机械上应用较多。

2. 通电制动控制电路

电磁抱闸通电制动控制电路如图 1－71 所示，该控制电路与断电制动控制电路不同，制动装置的结构也有所不同。

在主电路有电流流过时，电磁抱闸线圈两端没有电压，闸瓦与闸轮松开。其工作原理如下：

① 合上电源开关 QS。

② 需制动时，按下停止按钮 SB2，主电路断电，复合按钮 SB2 动合触点闭合，接触器 KM2 得电，电磁抱闸线圈 YA 得电，闸瓦与闸轮抱紧制动。

③ 松开复合按钮 SB2，接触器 KM2 失电释放，电动机的电源被切断，电磁抱闸线圈 YA 失电，抱闸松开。

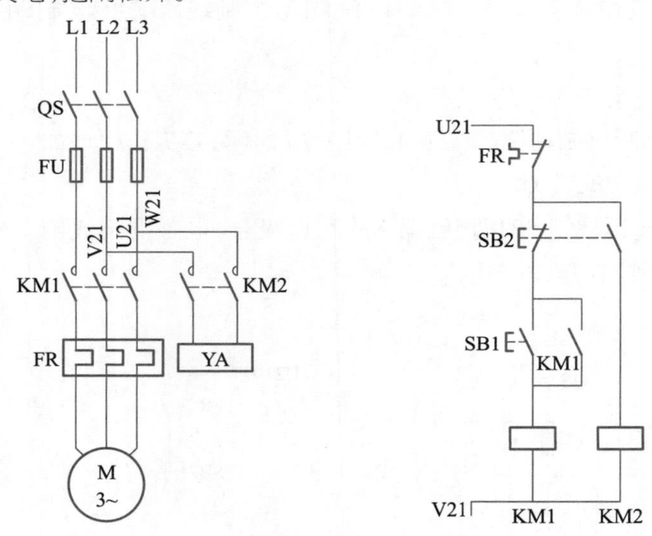

图 1－71 电磁抱闸通电制动控制电路

工作特点如下：

采用电磁抱闸通电制动，在电动机不运转的情况下，电磁抱闸处于“松开”状态，在电动机未通电时，便于用手扳动主轴进行调整和对刀。因此，像机床一类经常需要调整加工工件位置的机械设备，多采用这种制动方式。

1.10.2 反接制动控制线路

反接制动是将运动中的电动机电源两相反接，以改变电动机定子绕组中的电源相序，从而使旋转磁场的方向变为和转子的旋转方向相反，使转子绕组中的感应电动势、感应电流和电磁转矩的方向都发生改变，使电磁转矩变成制动转矩。制动过程结束，如需停车，应立即切断电源，否则电动机将反向起动。一般的反接制动控制线路中常利用速度继电器来反映速度，以实现自动控制。

1. 电路结构分析

图 1－72 所示为电动机单向运行反接制动的控制线路。在控制线路中停止按钮 SB1 采用复合按钮，按下 SB1 时切断电动机正常运转的电源，同时接通反接电源；交流接触器 KM2 控制电动机正常运转，KM1 控制电动机接入反向电源；速度继电器 KS 用来自动控制电动机切除反接电源。

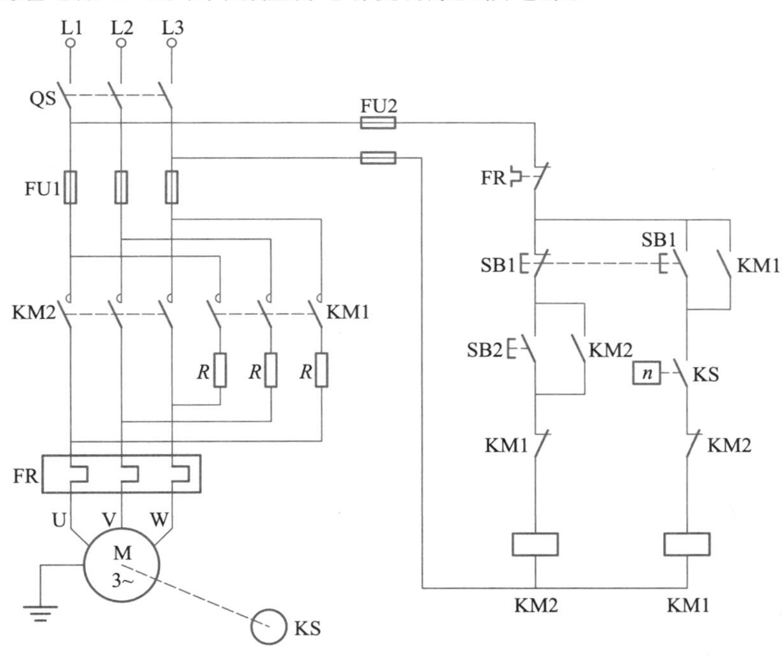

图 1－72 电动机单向运行反接制动的控制线路

2. 电路的工作过程

合上电源开关 QS，按下起动按钮 SB2，接触器 KM2 线圈通电并自锁，主触点闭合，电动机起动单向运行；动断辅助触点 KM2 断开，实现互锁。当电动机的转速大于 120 r/min 时，速度继电器 KS 的动合触点 KS 闭合，为反接制动做好准备。

停车时，按下停止按钮 SB1，则动断触点 SB1 先断开，接触器 KM2 线圈断电；KM2 主触点断开，使电动机脱离电源；KM2 自锁触点断开，切除自锁；KM2

动断触点闭合，为反接制动做准备。此时电动机虽脱离电源，但由于机械惯性，电动机仍以很高的转速旋转，因此速度继电器的动合触点 KS 仍处于闭合状态。将 SB1 按到底，其动合触点 SB1 闭合，从而接通反接制动接触器 KM1 的线圈；动合触点 KM1 闭合自锁；动断触点 KM1 断开，实现互锁；KM1 主触点闭合，使电动机定子绕组 U、W 两相交流电源反接，电动机进入反接制动的运行状态，电动机的转速迅速下降。当转速小于 100 r/min 时速度继电器的触点复位，KS 断开，接触器 KM1 线圈断电，反接制动结束，之后电动机自由停车。

反接制动时，由于反向旋转磁场的方向和电动机转子做惯性旋转的方向相反，因而转子和反向旋转磁场的相对转速接近于两倍同步转速，定子绕组中流过的反接制动电流相当于起动时电流的 2 倍，冲击很大。因此，反接制动虽然具有制动快、制动转矩大等优点，但同时也具有制动电流冲击过大、能量消耗大、适用范围小等缺点，故仅适用于 10 kW 以下的小容量电动机。通常会在笼型异步电动机的定子回路中串接电阻以限制反接制动电流。

1.10.3 能耗制动控制线路

所谓能耗制动，就是在电动机脱离三相电源之后，在定子绕组上加一个直流电压，通入直流电流，产生一个恒定的磁场，转子因惯性继续旋转而切割该恒定的磁场，转子导条中便产生感应电动势和感应电流，同时将运动过程中存储在转子中的机械能转变为电能，又消耗在转子电阻上的一种制动方法。

能耗制动的特点是制动电流较小，能量损耗小，制动准确，但它需要直流电源，制动速度较慢，所以适用于要求平稳制动的场合。能耗制动有如下两种方式。

1．按时间原则控制的能耗制动控制线路

按时间原则控制的笼型异步电动机能耗制动控制线路如图 1－73 所示。

电路工作过程：合上电源开关 QS，按下起动按钮 SB2，接触器 KM1 线圈通电动作并自锁，主触点接通电动机主电路，电动机在额定电压下起动运行。

停车时，按下停止按钮 SB1，其动断触点断开使接触器 KM1 线圈断电，主触点断开，切断电动机电源，SB1 的动合触点闭合，接触器 KM2、时间继电器 KT 线圈均通电，并经 KM2 的动合辅助触点和 KT 的瞬时动合触点实现自锁；同时，KM2 的主触点闭合，给电动机两相定子绕组通入直流电流，进行能耗制动。经过一定时间后，KT 延时时间到，其动断延时触点断开，接触器 KM2 线圈断电释放，主触点断开，切断直流电源，并且时间继电器 KT 线圈断电，为下次制动做好准备。在该控制线路中，时间继电器 KT 的整定值即为制动过程的时间。线路中利用 KM1 和 KM2 的动断触点进行互锁，目的是防止交流电和直流电同时进入电动机定子绕组，造成事故。

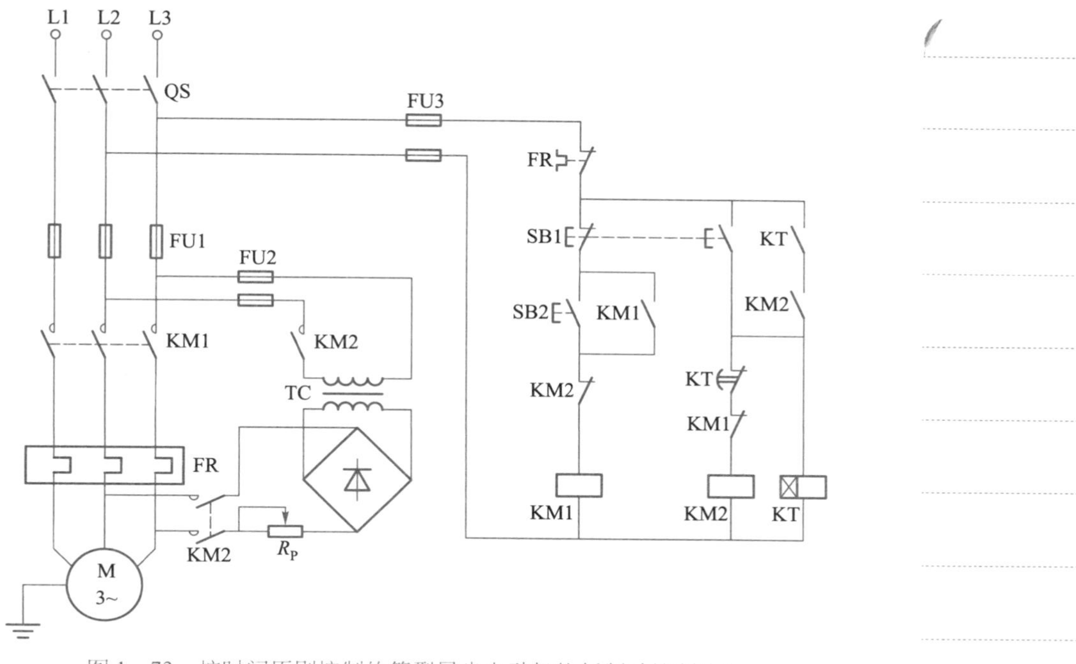

图 1－73　按时间原则控制的笼型异步电动机能耗制动控制线路

2. 按速度原则控制的能耗制动控制线路

按速度原则控制的能耗制动控制线路如图 1－74 所示。图中接触器 KM1 和 KM2 分别为正、反接触器，KM3 为制动接触器，KS 为速度继电器，KS1、KS2 分别为正、反转时速度继电器对应的动合触点。

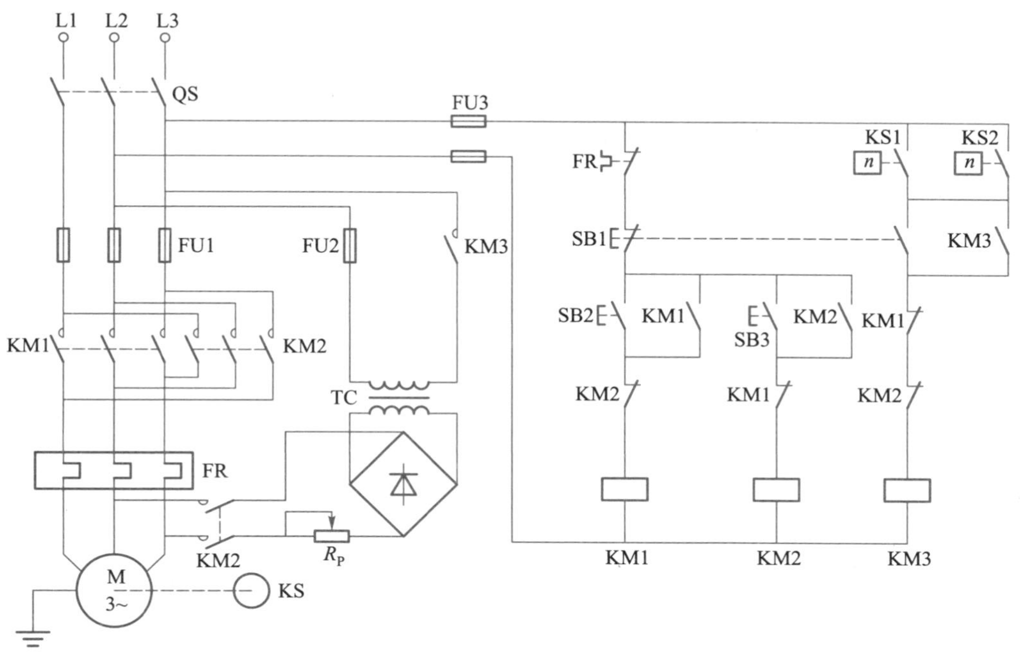

图 1－74　按速度原则控制的能耗制动控制线路

电路的工作过程以正转过程为例进行分析：起动时，合上电源开关 QS，按下正转起动按钮 SB2，接触器 KM1 线圈通电并自锁，电动机正转，当电动机转速上升到 120 r/min 时，速度继电器动合触点 KS1 闭合，为能耗制动做好准备。

停车时，按下停止按钮 SB1，接触器 KM1 线圈断电，SB1 的动合触点闭合，接触器 KM3 线圈通电动作并自锁，主触点闭合，将直流电源接入电动机定子绕组中进行能耗制动，电动机转速迅速下降。当转速下降到 100 r/min 时，速度继电器 KS 的动合触点 KS1 断开，KM3 线圈断电，能耗制动结束，之后电动机自由停车。

注意：试车中尽量避免过于频繁起动及制动，以免电动机过载及由半导体器件组成的整流器过热而损坏。能耗制动控制线路中使用了整流器，如果主电路接线错误，除了会造成熔断器 FU1 动作，接触器 KM1 和 KM2 主触点烧伤以外，还可能烧毁过载能力差的整流器。因此试车前应反复核对和检查主电路接线，且必须进行空操作试车，确定线路动作正确、可靠后，才可进行空载试车和带载试车，避免造成事故。

能耗制动时制动转矩随电动机的惯性转速下降而减小，因而制动平稳。

教学课件
三相异步电动机的调速控制线路

1.11 三相异步电动机的调速控制线路

采取一定的方法，使电动机转动速度改变的过程称为调速。在实际生产中，对机械设备常有多种速度输出的要求，根据电工学中所学知识，交流电动机转速公式为

$$n = \frac{60f}{p}(1 - s) \qquad (1-1)$$

式中，n 为电动机的转速，单位是 r/min；p 为电动机磁极对数；f 为供电电源频率，单位是 Hz；s 为异步电动机的转差率。

由式(1－1)可知，通过改变磁极对数 p、转差率 s 以及供电电源频率 f 都可以实现交流异步电动机的速度调节，具体可以归纳为变极调速、变转差率调速以及变频调速三大类，其中变转差率调速又包括调压调速、转子串电阻调速和串级调速等，它们都属于转差功率消耗型的调速方法。

1.11.1 变极调速

1. 电动机磁极对数

改变异步电动机定子绕组磁极对数从而改变同步转速进行调速的方式称为变极调速。其转速只能按阶跃方式变化，不能连续变化。变极调速的基本原理：在电网频率不变的情况下，电动机的同步转速与它的磁极对数成反比。因此，改变电动机定子绕组的接线方式，使其在不同的磁极对数下运行，其同步转速便会

随之改变。异步电动机的磁极对数是由定子绕组的联结方式决定的，这样就可以通过改换定子绕组的联结方式来改变异步电动机的磁极对数。对笼型异步电动机一般采用改变磁极对数的调速方法。双速电动机、三速电动机是变极调速中最常用的两种形式。

双速电动机定子绕组的联结方式常有两种：一种是绕组从三角形联结改成双星形联结（△/YY），如图 1－75(a)所示；另一种是绕组从单星形联结改成双星形联结（Y/YY），如图 1－75(b)所示。这两种接法都能使电动机产生的磁极对数减少一半，即使电动机的转速提高一倍。

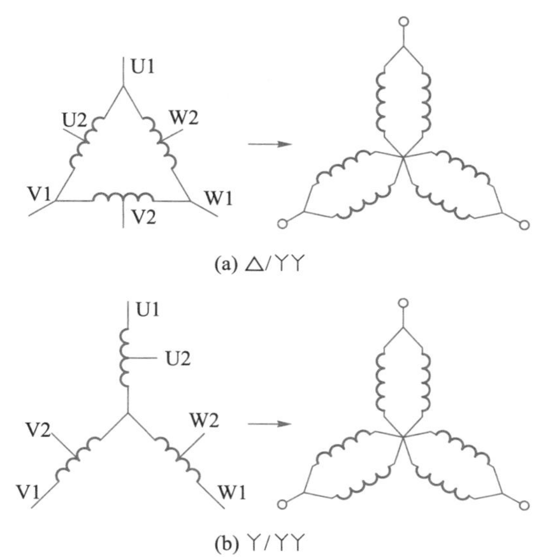

图 1－75 双速电动机的定子绕组的接线图

2. 双速电动机的控制线路

图 1－76 所示为双速电动机三角形变双星形的控制线路，当按下起动按钮 SB2 时，主电路接触器 KM1 主触点闭合，电动机定子绕组三角形联结，电动机以低速运转；同时 KA 的动合触点闭合使时间继电器线圈带电，经过一段时间，KM1 的主触点断开，KM2、KM3 的主触点闭合，电动机定子绕组由三角形联结变为双星形联结，电动机以高速运转。

变极调速的优点是设备简单，运行可靠，既可适用于恒转矩调速（Y/YY），也可适用于近似恒功率调速（△/YY）。其缺点是转速只能成倍变化，为有级调速。Y/YY变极调速应用于起重电葫芦、运输传送带等，△/YY变极调速应用于各种机床的粗加工和精加工。

1.11.2 变转差率调速

1. 变压调速

变压调速是异步电动机调速系统中比较简便的一种。由电气传动原理可

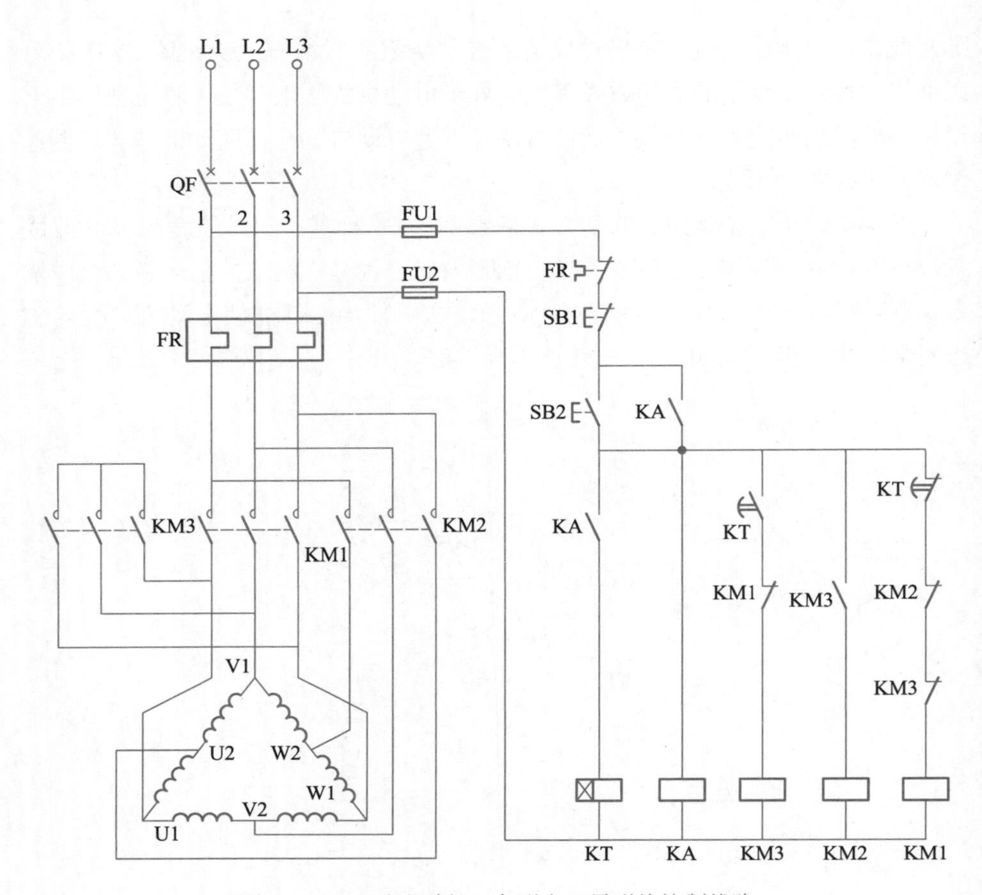

图 1－76 双速电动机三角形变双星形的控制线路

知，当异步电动机的等效电路参数不变时，在相同的转速下，电磁转矩与定子电压的二次方成正比，因此，改变定子外加电压就可以改变机械特性的函数关系，从而改变电动机在一定输出转矩下的转速。目前主要采用的晶闸管交流调压器变压调速，是通过调整晶闸管的控制角来改变异步电动机端电压进行调速的一种方式。这种调速方式在调速过程中的转差功率损耗在转子里或其外接电阻上，效率较低，仅用于小容量电动机。

2. 转子串电阻调速

转子串电阻调速是在绕线转子异步电动机转子外电路上接入可变电阻（有级可调），通过对可变电阻的调节，改变电动机机械特性斜率来实现调速的一种方式。电动机转速可以按阶跃方式变化，即有级调速。其结构简单，价格便宜，但转差功率损耗在电阻上，效率随转差率增加等比下降，故这种方法目前较少采用。

3. 串级调速

绕线转子异步电动机的转子绕组能通过集电环与外部电气设备相连接，可在其转子侧引入控制变量如附加电动势进行调速。可在绕线转子异步电动机的转子回路串入不同数值的可调电阻，从而获得电动机的不同机械特性，以实现转速调节。

串级调速的基本原理是在绕线转子异步电动机转子侧通过二极管或晶闸管整流桥，将转差频率交流电变为直流电，再经可控逆变器获得可调的直流电压作为调速所需的附加直流电动势，将转差功率变换为机械能加以利用或使其反馈回电源而进行调速的一种方式。这是一种节能型调速方式，在大功率风机、泵类等传动电动机上得到应用。

1.11.3 变频调速

变频调速是利用电动机的同步转速随频率变化的特性，通过改变电动机的供电频率进行调速的方法。在异步电动机诸多的调速方法中，变频调速的性能最好，调速范围广，效率高，稳定性好。采用通用变频器对笼型异步电动机进行调速控制，通常分基频(电源额定频率)以下调速和基频以上调速。

1. 基频以下调速

在基频以下调速时，速度调低。在调节过程中，必须配合电源电压的调节，否则电动机无法正常运行。下面分析具体原因。

电动机电动势电压平衡方程为

$$U \approx E = 4.44fNK\Phi_m \qquad (1-2)$$

式中，N 为每相绕组的匝数；Φ_m 为电动机气隙磁通的最大值；K 为电动机的结构系数。根据式(1－2)，当 f 下降时，若 U 不变，则必使 Φ_m 增加，而在电动机设计制造时，磁路磁通 Φ_m 已设计得接近饱和，Φ_m 的上升必然使磁路饱和，励磁电流剧增，使电动机无法正常工作，为此，在调节中应使 Φ_m 恒定不变，则必须使 $U/f=$常数，可见，在基频以下调速时，为恒磁通调速，相当于直流电动机的调压调速，此时应使定子电压随频率成正比例变化。

2. 基频以上调速

在基频以上调速时，速度调高。但此时也按比例升高电压是不行的，如果电压超过电动机额定电压，进而超过电动机绝缘耐压限度，将危及电动机绕组的绝缘。因此，频率上调时应保持电压不变，即 $U=$常数(即为额定电压)，此时，f 升高，Φ_m 应下降，相当于直流电动机弱磁调速。

由上面的讨论可知，异步电动机的变频调速必须按照一定的规律同时改变其定子电压和频率，根据 U_1 和 f_1 的不同比例关系，将有不同的变频调速方式。保持 U_1/f_1 为常数的比例控制方式适用于调速范围不太大或转矩随转速下降而减小的负载，例如风机、水泵等；保持 T 为常数的恒磁通控制方式适用于调速范围较大的恒转矩性质的负载，例如升降机械、搅拌机、传送带等；保持 P 为常数的恒功率控制方式适用于负载随转速的增高而变轻的地方，例如主轴传动、卷绕机等。

教学课件

直流电动机的控制线路

1.12 直流电动机的控制线路

直流电动机的突出优点是有很大的起动转矩和能在很大的范围内平滑地调速。直流电动机的控制包括直流电动机的起动、正反转、调速及制动的控制。按励磁方式直流电动机可分为他励、并励、串励和复励四种。并励及他励直流电动机的性能及控制线路相近，多用在机床等设备中；在牵引设备中，则以串励直流电动机应用较多。

1.12.1 直流电动机的起动控制线路

直流电动机在起动最初的一瞬间，因为转速等于零，则反电动势为零，所以电源电压全部施加在电枢绕组的电阻及线路电阻上。通常这些电阻都是极小的，所以这时流过电枢的电流很大，起动电流可达额定电流的 10～20 倍。这样大的起动电流将导致电动机换向器和电枢绕组的损坏，同时大电流产生的转矩和加速度对其他传动部件也将产生强烈的冲击。若外加的是恒定电压，则必须在电枢回路中串入附加电阻来起动，以限制起动电流。

1. 并励直流电动机的起动控制线路

(1) 工作原理

图 1－77 所示为并励直流电动机的起动控制线路。图中电枢回路的电阻 *R* 为减压起动电阻，其工作原理如下：

① 合上电源开关 QS。

② 按下起动按钮 SB1，接触器 KM 得电吸合并自锁，直流电动机电枢回路串入电阻 *R* 起动。随着转速逐渐上升，通过电动机的电流减小，电阻 *R* 上电压下降，接在电枢两端的电压继电器 KV 线圈两端电压逐渐上升。当 KV 线圈的电压上升到一定值时，KV 动合触点闭合，短接电阻 *R*，电动机在额定电压下运行。

③ 按下停止按钮 SB2，接触器 KM 断电释放，电动机 M 停止转动。

(2) 工作特点

并励直流电动机在起动时需在施加电枢电压之前，先接上额定励磁电压，以保证起动过程中产生足够大的反电动势，迅速减小起动电流和保证足够大的起动转矩，加速起动过程，因此常被转速需要保持恒定或需要在广泛范围内进行调速的生产机械所采用。

2. 他励直流电动机的起动控制线路

(1) 工作原理

他励直流电动机起动控制线路如图 1－78 所示，这是一个用时间继电器控制二级电阻起动的电路。其工作原理如下：

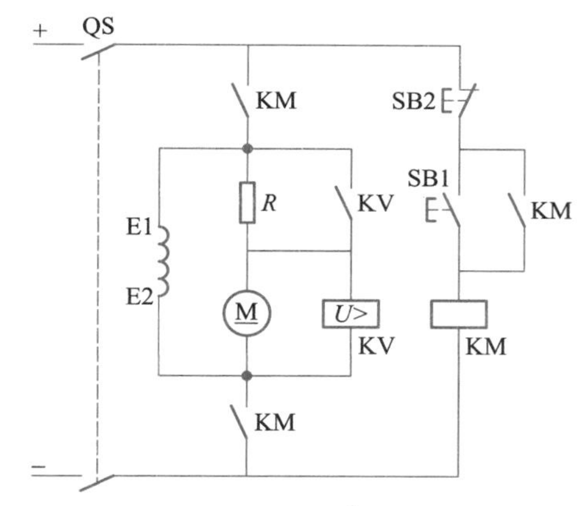

图 1－77 并励直流电动机的起动控制线路

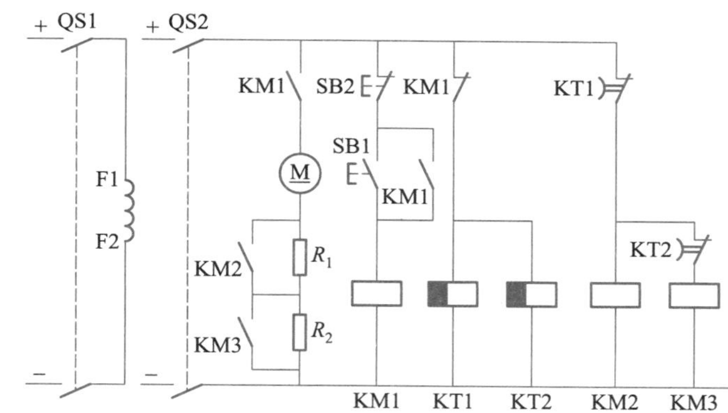

图 1－78 他励直流电动机起动控制线路

① 合上开关 QS1 和 QS2，励磁绕组 F1、F2 首先得到励磁电流；同时，时间继电器 KT1 和 KT2 的线圈也得电，其动断触点断开，接触器 KM2 和 KM3 线圈断电，并联在起动电阻 R_1 和 R_2 上的接触器动合触点 KM2 和 KM3 处于断开状态，从而保证了电动机在起动时电阻全部串入电枢回路中。

② 按下起动按钮 SB1，接触器 KM1 线圈得电吸合并自锁，电动机在串入全部起动电阻的情况下减压起动。同时，由于接触器 KM1 的动断触点断开，时间继电器 KT1 和 KT2 线圈断电。KT1 延时闭合的动断触点首先延时闭合，接触器 KM2 线圈通电，其动合触点闭合，将起动电阻 R_1 短接，电动机继续加速。然后，KT2 延时闭合的动断触点延时闭合，接触器 KM3 通电吸合，将电阻 R_2 短接，电动机起动完毕，正常运行。

(2) 工作特点

他励直流电动机控制线路的工作特点与并励直流电动机控制线路的工作特点相近。

3. 串励直流电动机的起动控制线路

(1) 工作原理

串励直流电动机起动控制线路如图 1－79 所示，这也是一个用时间继电器控制二级电阻起动的电路。其工作原理如下：

① 合上电源开关 QS，时间继电器 KT1 线圈得电，KT1 动合触点立即断开。

② 按下起动按钮 SB1，接触器 KM1 通电吸合并自锁，KM1 主触点接通主电路，电动机串电阻 R_1 和 R_2 减压起动。R_1 两端的电压开始时较高，时间继电器 KT2 动作，KT2 动断触点断开。同时，由于 KM1 动断触点断开，

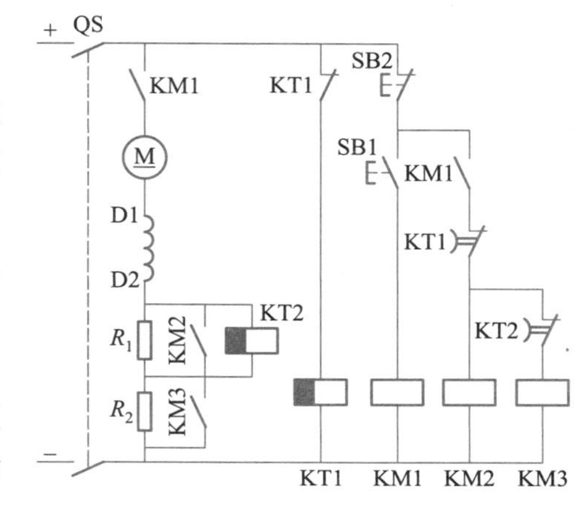

图 1－79 串励直流电动机起动控制线路

KT1 线圈断电，KT1 延时闭合的动断触点延时闭合，接触器 KM2 通电吸合，其动合触点闭合，起动电阻 R_1 短接。这时，时间继电器 KT2 线圈断电，KT2 延时闭合的动断触点延时闭合，接触器 KM3 通电吸合，将电阻 R_2 短接，电动机全压运行。

（2）工作特点

并励、他励直流电动机的电磁转矩与电枢电流成正比，而串励电动机的电磁转矩与电枢电流的二次方成正比。也就是说，在同样大的起动电流下，串励电动机的起动转矩要比并励或他励电动机的起动转矩大得多。所以，在带大负载起动或起动很困难的场合，如电力机车、起重机等宜采用串励直流电动机拖动。串励电动机不能在空载或轻载的情况下起动，应在至少带有 20% ~30% 负载的情况下起动。否则，电动机的转速极高，会使电枢受到极大的离心力而损坏。

1.12.2 直流电动机的正、反转控制线路

要改变直流电动机的旋转方向，只要改变它的电磁转矩方向即可。直流电动机电磁转矩的方向取决于主磁通和电枢电流的方向，所以，使电动机励磁绕组端电压的极性不变，改变电枢绕组端电压的极性；或使电枢绕组端电压的极性不变，改变励磁绕组端电压的极性，都可以改变电动机的旋转方向。因此，改变直流电动机的旋转方向有以下两种方法：一是改变电枢电流的方向，二是改变励磁电流的方向，但是不能同时改变这两个电流的方向。

1. 改变电枢电流的方向

这种方法常用于并励和他励直流电动机中。因为并励和他励直流电动机励磁绕组的电感量大，若要改变励磁电流方向，一方面，将励磁绕组从电源上断开时会产生较大的自感电动势，很容易把励磁绕组的绝缘层击穿；另一方面，改变电流方向的过程中会有一段时间励磁电流为零，容易出现“飞车”现象，使电动机的转速超过允许的程度，为此，通常还需要用接触器在改变励磁电流方向的同时切断电枢回路电流。由于以上两方面原因，一般情况下，并励和他励直流电动机多通过改变电枢电流的方向来改变电动机的旋转方向。

并励直流电动机正、反转控制线路如图 1 – 80 所示。控制电路部分与交流异步电动机正、反转控制线路相同，工作原理可自行分析。

2. 改变励磁电流的方向

这种方法常用于串励直流电动机。因为串励直流电动机励磁绕组两端的电压较低，反接较容易，因此电力机车等的反转都采用这种方法。其控制线路如图 1 – 81 所示，其余部分与图 1 – 80 完全相同。

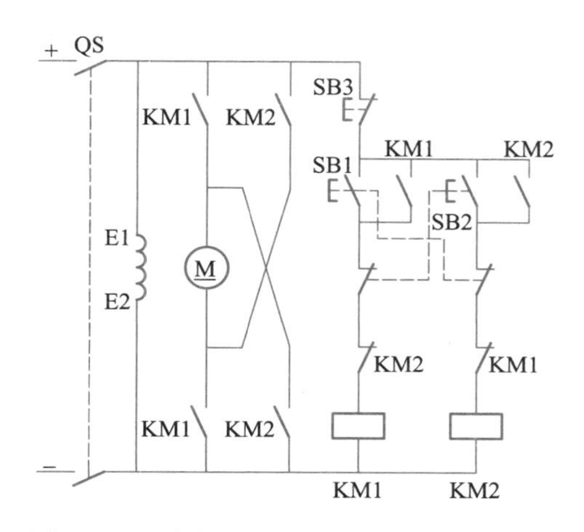

图 1-80 并励直流电动机正、反转控制线路

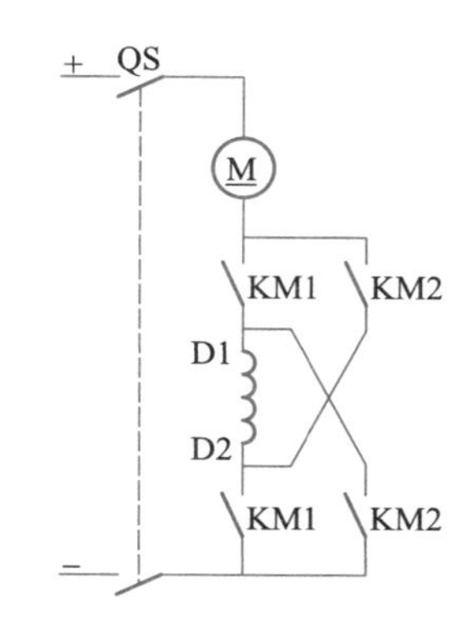

图 1-81 串励直流电动机正、反转控制线路

1.12.3 直流电动机的制动控制线路

直流电动机的制动方法也有机械制动和电气制动两种。由于电气制动的制动转矩大，操作方便，无噪声，所以应用较广。直流电动机的电气制动有能耗制动和反接制动等。

1. 能耗制动

能耗制动是把正在运转的直流电动机的电枢从电源上断开，接上一个外加电阻 R_z 组成回路，将机械动能变为热能消耗在电枢和 R_z 上。

（1）他励直流电动机的能耗制动

他励直流电动机能耗制动原理图如图 1-82 所示。图中虚线箭头表示电动机处于电动状态时的电枢电流 I 和电磁转矩 T 的方向。电动机制动时，其励磁的大小和方向维持不变，接触器 KM 释放，KM 的动合主触点断开，使电枢脱离直流电源；同时，KM 的动断触点闭合，把电枢接到外加制动电阻 R_z 上去。这时，电动机由于惯性仍按原方向继续旋转，因而反电动势 E_a 的方向不变，并成为电枢回路的电源，所以制动电流 I_z 的方向与原来的方向相反。电磁转矩的方向也随着电流的反向而改变方向，即与转子旋转方向相反，成为制动转矩 T_z，这就促使电动机迅速减速直至停止转动。

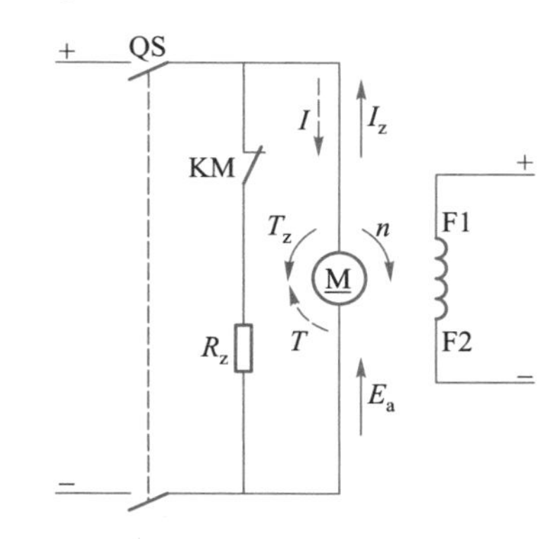

图 1-82 他励直流电动机能耗制动原理图

应注意选择大小适当的制动电阻 R_z，R_z 过大，制动缓慢；R_z 过小，电枢中的电流将超过电枢电流允许值。一般可按最大制动电流不大于二倍电枢额定电流来计算。

（2）串励直流电动机的能耗制动

串励直流电动机能耗制动有他励式和自励式两种。他励式能耗制动原理图如图 1－83 所示，与他励交流电动机能耗制动原理类似。自励式能耗制动在制动时必须将励磁绕组与电枢绕组反向串联，否则无法产生制动转矩（仅电枢电流与励磁电流同时反向，转矩方向将不变），其原理如图 1－84所示。

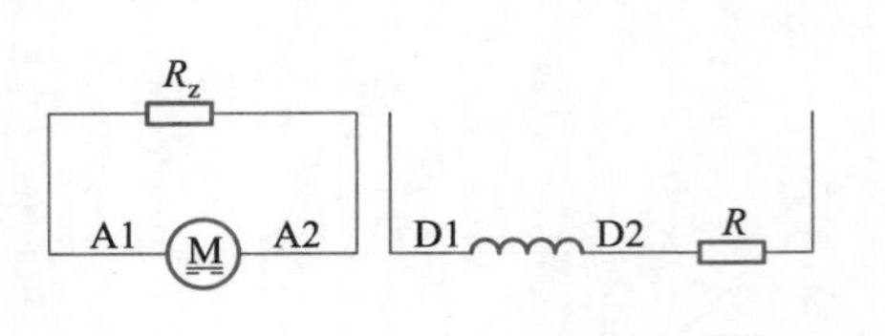

图 1－83　他励式能耗制动原理图

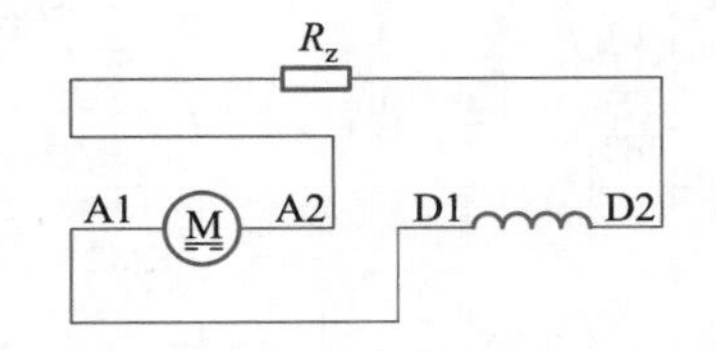

图 1－84　自励式能耗制动原理图

2. 反接制动

反接制动是把正在运转的直流电动机的电枢两端突然反接，并维持其励磁电流方向不变的制动方法。

（1）他励直流电动机的反接制动

图 1－85 所示为他励直流电动机反接制动原理图。在反接制动时，断开正转接触器 KM1 的主触点，闭合反转接触器 KM2 的主触点，直流电源反接到电枢两端。由于电枢电流的方向发生了变化，转矩也随之反向，电动机因惯性仍按原方向旋转，转矩与转向相反而成为制动转矩，使电动机处于制动状态。

（2）串励直流电动机的反接制动

串励直流电动机的反接制动原理图如图 1－86 所示。对于串励直流电动机，由于励磁电流就是它的电枢电流，在采用电枢反接的方法来实现反接制动时必须注意，通过电枢绕组的电枢电流和励磁绕组中的励磁电流不能同时反向。如果直接将电源极性反接，则由于电枢电流和励磁电流同时反向，由它们建立的电磁转矩 T 的方向却不改变，不能实现反接制动。所以，一般只将电枢反接。

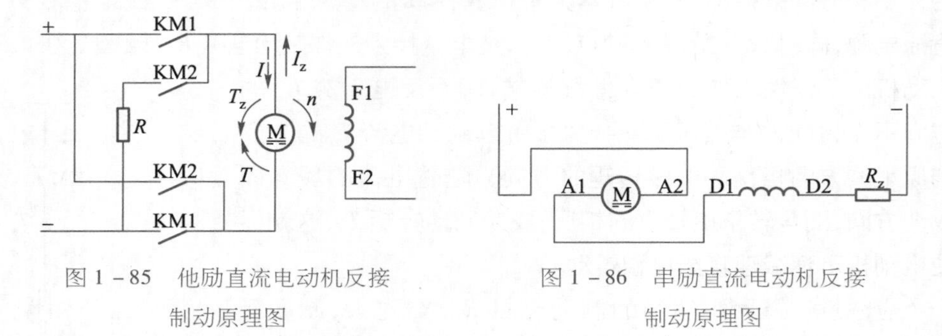

图 1－85　他励直流电动机反接制动原理图

图 1－86　串励直流电动机反接制动原理图

与异步电动机反接制动时相似，直流电动机反接制动应注意两个问题：一是因为反接制动时电枢电流值由电枢电压与反电动势共同作用，因此反接制动的电流极大。这时为了限制反接制动电流，必须在制动回路中串入限流电阻。二是反接制动时要防止电动机反向起动。在手动操作按钮时，要及时松开制动按钮;在自动操作时,则可采用速度继电器来自动断开反极性电源。

1.13 实训

1.13.1 低压开关的拆装与维修

教学课件

实训

一、任务目标

1. 熟悉常用低压开关的外形和基本结构。

2. 能正确拆卸、组装及排除常见故障。

二、实训设备

1. 工具:尖嘴钳、螺钉旋具、活络扳手、镊子等。

2. 仪表:万用表、兆欧表。

3. 器材:刀开关、转换开关和低压断路器。

三、实训内容和步骤

1. 卸下手柄紧固螺钉,取下手柄。

2. 卸下支架上紧固螺母,取下顶盖、转轴弹簧和凸轮等操作机构。

3. 抽出绝缘杆,取下绝缘垫板上盖。

4. 拆卸三对动、静触点。

5. 检查触点有无烧毛、损坏,视损坏程度的大小进行修理或更换。

6. 检查转轴弹簧是否松脱和消弧垫是否有严重磨损,根据实际情况确定是否调换。

7. 将任一相的动触点旋转 90°,然后按拆卸的逆序进行装配。

8. 装配时,应注意动、静触点的相互位置是否符合改装要求及与叠片连接是否紧密。

9. 装配结束后,用万用表测量各对触点的通断情况。

四、注意事项

1. 拆卸时,应备有盛放零件的容器,以防丢失零件。

2. 拆卸过程中,不允许硬撬,以防损坏电器。

1.13.2 交流接触器的拆装与检修

一、任务目标

1. 认识交流接触器,熟悉其工作原理。

2. 熟悉交流接触器的组成和其中零件的作用。

3. 学会交流接触器的安装方法。

4. 学会交流接触器的检修与校验的方法。

二、实训设备

1. 工具:测试笔、螺钉旋具、斜口钳、尖嘴钳、剥线钳、电工刀等。

2. 仪表:兆欧表、钳形电流表、5 A 电流表、600 V 电压表、万用表。

3. 器材:控制板 1 块、调压变压器 1 台、交流接触器 1 个,指示灯(220 V、25 W)3 个,待检交流接触器若干;截面为 1 mm^2 的铜芯导线(BV)若干。

三、实训内容和步骤

1. 交流接触器的安装练习

(1) 安装前的操作要求

① 交流接触器铭牌和线圈技术数据应符合使用要求。

② 交流接触器外观检查应无损伤,并且动作灵活,无卡阻现象。

③ 对新购或放置日久的交流接触器,在安装前要清理铁心极面上的防锈油脂和污垢。

④ 测量线圈的绝缘电阻应不低于 15 MΩ,并测量线圈的直流电阻。

⑤ 用万用表检查线圈有无断线,并检查辅助触点是否良好。

⑥ 检查和调整触点的开距、超程、初始力、终压力,并要求各触点的动作同步,接触良好。

⑦ 交流接触器在 85% 额定电压时应能正常工作;在失电压或欠电压时应能释放,噪声正常。

⑧ 交流接触器的灭弧罩不应破损或脱落。

(2) 安装时的操作要求

① 安装时,按规定留有适当的飞弧空间,防止飞弧烧坏相邻元件。

② 交流接触器的安装多为垂直安装,其倾斜角不应超过 5°,否则会影响接触器的动作特性;安装带散热孔的交流接触器时,应将散热孔放在上下位置,以降低线圈的温升。

③ 接线时,严禁将零件、杂物掉入电器内部。紧固螺钉应装有弹簧垫圈和平垫圈,将其紧固好,防止松脱。

(3) 安装后的质量要求

① 灭弧室应完整无缺,并固定牢靠。

② 接线要正确,应在主触点不带电的情况下试操作数次,动作正常后才能投入运行。

2. 交流接触器的运行检查练习

① 交流接触器通过电流应在额定电流值内。

② 交流接触器的分、合信号指示,应与电路所处的状态一致。

③ 灭弧室内接触应良好,无放电,灭弧室无松动或损坏现象。

④ 电磁线圈无过热现象,电磁铁上的短路环无松动或损坏现象。

⑤ 导线各个连接点无过热现象。

⑥ 辅助触点无烧蚀现象。

⑦ 铁心吸合良好,无异常噪声,返回位置正常。

⑧ 绝缘杆无损伤或断裂。

⑨ 周围环境没有不利于交流接触器正常运行的情况。

3. 交流接触器的解体和调试

① 松开灭弧罩的固定螺钉,取下灭弧罩进行检查,如有碳化层,可用锉刀锉掉,并将内部清理干净。

② 用尖嘴钳拔出主触点及主触点压力弹簧,查看触点的磨损情况。

③ 松开底盖的紧固螺钉,取下盖板。

④ 取出静铁心、铁皮支架、缓冲弹簧,拔出线圈与接线柱之间的连接线。

⑤ 从静铁心上取出线圈、反作用弹簧、动铁心和支架。

⑥ 检查动、静铁心接触是否紧密,短路环是否良好。

⑦ 维护完成后,应将其擦拭干净。

⑧ 按拆卸的逆顺序进行装配,

⑨ 装配后检查接线,正确无误后在主触点不带电的情况下,通断数次,检查动作是否可靠,触点接触是否紧密。

⑩ 交流接触器吸合后,铁心不应发出噪声,若铁心接触不良,则应将铁心找正,并检查短路环及弹簧松紧适应度。

⑪ 最后应进行数次通断试验,检查动作和接触情况。

四、注意事项

1. 拆卸交流接触器时,应备有盛放零件的容器,以免丢失零件。

2. 拆装过程中不允许硬撬元件,以免损坏电器。装配辅助触点的静触点时,要防止卡住动触点。

3. 交流接触器通电校验时,应把交流接触器固定在控制板上。通电校验过程中,要均匀、缓慢地改变调压变压器的输出电压,以使测量结果尽量准确,并应有教师监护,以确保安全。

4. 调整触点压力时,注意不要损坏交流接触器的主触点。

1.13.3 常用继电器的拆装和维修

一、任务目标

1. 认识中间继电器、时间继电器、热继电器和速度继电器,熟悉其工作原理。

2. 熟悉中间继电器、时间继电器、热继电器和速度继电器的组成和其中零件的作用。

3. 学会中间继电器、时间继电器、热继电器和速度继电器的检修和安装方法。

二、实训设备

尖嘴钳、螺钉旋具、扳手、镊子、万用表、各种型号的热继电器。

三、实训内容和步骤

1. 在教师指导下，仔细观察不同系列、不同规格的继电器的外形和结构特点。

2. 根据指导教师给出的元件清单，从所给继电器中正确选出清单中的继电器。

3. 由指导教师从所给继电器中选取各种规格的继电器，用胶布盖住铭牌。由学生写出其名称、型号规格及主要参数，填入表1-2中。

表1-2 元件清单

序号	1	2	3	4	5	6	7
名称							
型号规格							
主要参数							

四、注意事项

1. 认真仔细连接电路并自检，确认无误后方可通电。

2. 测量前注意仪表的量程、极性及其接法是否符合要求。

1.13.4 熔断器的识别与维修

一、任务目标

1. 熟悉常用熔断器的外形和基本结构。

2. 掌握熔断器常见故障的处理方法。

二、实训设备

1. 工具：尖嘴钳、螺钉旋具。

2. 仪表：万用表。

3. 器材：不同规格的熔断器。

三、实训内容和步骤

1. 在教师指导下，识别各种不同类型、规格的熔断器的外形和结构特点。

2. 检查所给熔断器的熔体是否完好，对RC1A型，可拔下瓷盖进行检查；对RL1型，应首先查看其熔断器指示器。

3. 若熔体已熔断，应按原规格选配熔体。

4. 更换熔体。对RC1A型熔断器，安装熔体时熔体缠绕方向要正确，安装过程中不得损伤熔体。对RL1型熔断器，熔断管不能倒装。

5. 用万用表检查更换熔体后的熔断器各部分接触是否良好。

四、注意事项

1. 认真仔细连接电路并自检，确认无误后方可通电。

2. 测量前注意仪表的量程、极性及其接法是否符合要求。

1.13.5 主令电器的识别与检修

一、任务目标

1. 熟悉常用主令电器的外形、基本结构和作用。

2. 能正确地拆卸、组装及检修常用主令电器。

二、实训设备

1. 工具：尖嘴钳、螺钉旋具、活络扳手。

2. 仪表：万用表。

3. 器材：不同规格的按钮、行程开关和转换开关。

三、实训内容和步骤

1. 在教师指导下，仔细观察各种不同种类、不同结构形式主令电器的外形和结构特点。

2. 由指导教师从所给主令电器中任选五种，用胶布盖住型号并加以编号，由学生根据实物写出其名称、型号及结构形式，填入表 1－3 中。

表 1－3 主令电器

序号	1	2	3	4	5
名称					
型号					
结构形式					

四、注意事项

1. 认真仔细连接电路并自检，确认无误后方可通电。

2. 测量前注意仪表的量程、极性及其接法是否符合要求。

1.13.6 三相异步电动机点动与单向旋转控制线路

一、任务目标

1. 掌握三相异步电动机点动与单向旋转控制线路工作原理。

2. 会根据电气原理图绘制电器元件布置图及电气安装接线图。

3. 学会用万用表检测电路是否正确。

4. 会进行三相异步电动机控制线路的安装与调试。

二、实训设备

1. 工具：尖嘴钳、老虎钳、剥线钳、一字螺钉旋具、十字螺钉旋具等。

2. 仪表：万用表。

3. 器材：小功率电动机、三相异步电动机点动与单向旋转控制电路安装盘及元器件。

三、实训内容和步骤

1. 实训电路

三相异步电动机点动与单向旋转控制线路如图1－87所示。

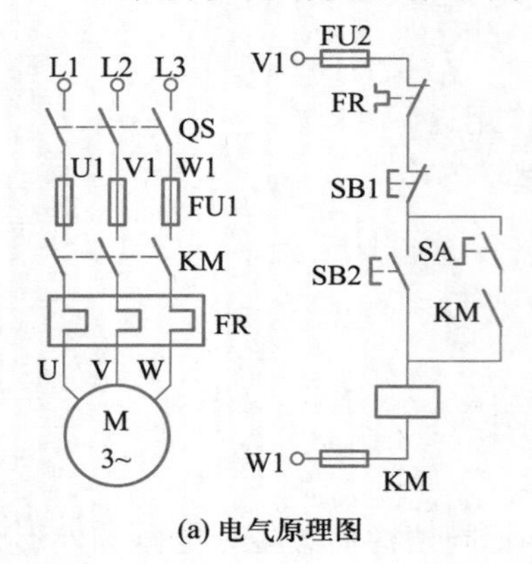

(a) 电气原理图

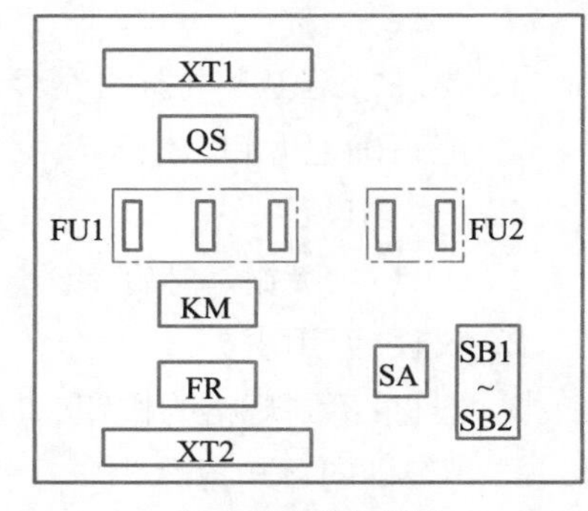

(b) 电器元件布置图

图1－87 三相异步电动机点动与单向旋转控制线路

2. 电器元件和器材的选择

根据电气原理图及电动机容量大小选择电器元件，并将元件型号、规格、数量记录于表1－4中。

表1－4 自锁控制线路电器元件

序号	电器元件名称	字母符号	型号	规格	数量
1	三相异步电动机	M			
2	组合开关	QS			
3	熔断器	FU			
4	接触器	KM			
5	按钮	SB			
6	热继电器	FR			
7	接线端子排	XT			
8	转换开关	SA			

3. 绘制电器元件布置图及电气安装接线图

图1－87(b)为绘制的电器元件布置图，按其绘制电气安装接线图，将电器元件的符号画在规定的位置，对照电气原理图的线号标出各端子的编号。

4. 配置电路板

根据电器元件布置图和电气安装接线图，在配电板上安装电器元件，各个元件的位置应排列整齐、均匀，间隔合理，便于更换元件。紧固时要用力均匀，紧固程度适当,防止用力过猛而损毁元件。

5. 接线

在配电板上根据电气原理图和电气安装接线图,在各元件和连接线两端做好编号标志,根据接线工艺要求,在电路板上完成导线连接。

6. 线路检测与调试

检查控制线路中各元件的安装是否正确和牢靠,各接线端子是否连接牢固,线头上的线号是否与电气原理图相符合,用万用表检测电路连接是否正确。

7. 通电试验

合上 QS,接通交流电源,按下 SB2,观察电动机转向及各触点的工作情况。再按下 SB1,观察电动机的工作状态。

8. 故障检查及排除

在通电试车成功的电路上设置故障,通电运行,记录故障现象,并分析原因,排除故障。

常见故障检修方法:

① 检查控制电路。先查验 FU2 的熔体是否熔断,若断,则可判定 KM 线圈绝缘层被击穿(因 KM 线圈是控制电路的唯一负载)。

维修:更换 KM 线圈,重新装熔体,清理触点上的灼伤(如毛刺、触点熔焊等)。

② 若 FU2 的熔体没断,则电路故障肯定在主电路。检查方法:分断异步电动机的三相电源,用万用表测量三相绕组的每相电阻。若正常,用兆欧表测三相绕组对地(电动机外壳)的绝缘电阻,绝缘电阻应大于 50 MΩ;若还是不正常,很可能是连接导线绝缘层损坏,造成短路。通常情况下,故障原因应是上述三种之一。

维修:查明原因后,更换坏电动机或导线;修理接触器的主触点,检查热继电器的热元件是否损坏;更换 FU1 熔体。

1.13.7 三相异步电动机正反转控制线路

一、任务目标

1. 掌握三相异步电动机正反转控制线路工作原理。
2. 会根据电气原理图绘制电器元件布置图及电气安装接线图。
3. 会进行三相异步电动机正反转控制线路的安装与调试。
4. 学会用万用表检测电动机正反转控制线路。

二、实训设备

1. 工具:尖嘴钳、老虎钳、剥线钳、一字螺钉旋具、十字螺钉旋具。
2. 仪表:万用表。
3. 器材:小功率电动机、三相异步电动机正反转控制线路安装盘及元器件。

三、 实训内容和步骤

1．实训电路

三相异步电动机正反转控制线路如图 1－88 所示。

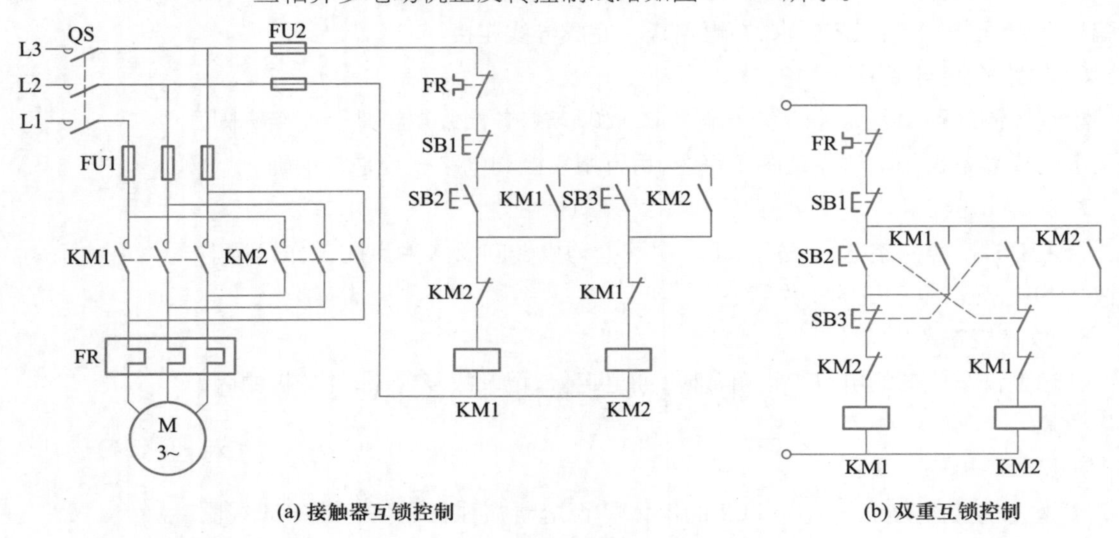

图 1－88　三相异步电动机正反转控制线路

2．电器元件和器材的选择

根据电气原理图及电动机容量大小选择电器元件，并将元件型号、规格、数量记录于表 1－5 中。

表 1－5　电动机正反转控制线路电器元件

序号	电器元件名称	字母符号	型号	规格	数量
1	三相异步电动机	M			
2	组合开关	QS			
3	熔断器	FU			
4	接触器	KM			
5	按钮	SB			
6	热继电器	FR			
7	接线端子排	XT			

3．绘制电器元件布置图及电气安装接线图

绘制三相异步电动机正反转控制线路电器元件布置图，如图 1－89 所示。按电器元件布置图绘制电气安装接线图，将电器元件的符号画在规定的位置，对照电气原理图的线号标出各端子的编号。

4．配置电路板

根据电器元件布置图和电气安装接线图，在配电板上安装电器元件，各个元件的位置应排列整齐、均匀，间隔合理，便于更换元件。紧固时要用力均匀，紧固程度适当,防止用力过猛而损毁元件。

5. 接线

在配电板上根据电气原理图和电气安装接线图,在各元件和连接线两端做好编号标志,根据接线工艺要求,在电路板上完成导线连接。

6. 线路检测与调试

检查控制线路中各元件的安装是否正确和牢靠,各接线端子是否连接牢固,线头上的线号是否与电气原理图相符合,用万用表检测电路连接是否正确。

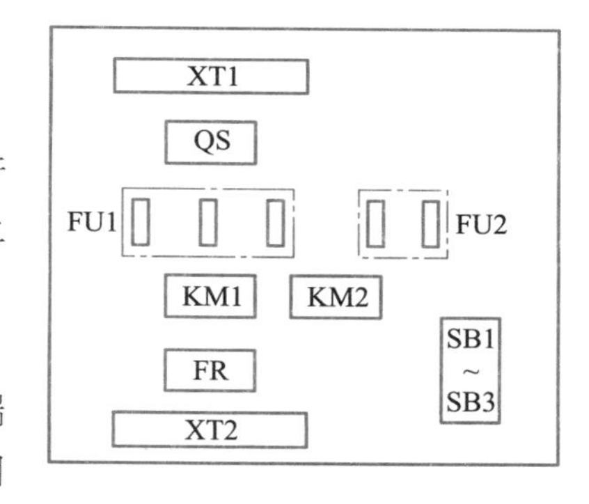

图 1-89 电器元件布置图

7. 通电试验

① 合上 QS,接通交流电源,

② 按下 SB2,观察电动机转向及各触点的工作情况。再按下 SB3,观察电动机的工作状态是否改变。

③ 按下 SB1,观察电动机转向及各触点的工作情况。

④ 停车后按下 SB3,观察电动机转向及各触点的工作情况。再按下 SB2,观察电动机的工作状态是否改变。

8. 故障检修

在通电试车的电路上设置故障,通电运行,观察故障现象,分析故障原因,检查排除故障,并做好记录。

1.13.8 Y—△转换减压起动控制线路

一、任务目标

1. 掌握Y-△转换减压起动控制线路工作原理。
2. 会根据电气原理图绘制电器元件布置图及电气安装接线图。
3. 会进行Y-△转换减压起动控制线路的安装与调试。
4. 学会用万用表检测Y-△转换减压起动控制线路。

二、实训设备

1. 工具:尖嘴钳、老虎钳、剥线钳、一字螺钉旋具、十字螺钉旋具。
2. 仪表:万用表 、交流电流表、兆欧表。
3. 器材:小功率电动机、Y-△转换减压起动控制线路安装盘及元器件。

三、实训内容及步骤

1. 实训电路

Y-△转换减压起动控制线路如图 1-90 所示。

2. 电器元件和器材的选择

根据电气原理图及电动机容量大小选择电器元件,并将元件型号、规格、数量记录于表 1-6 中。特别注意选用时间继电器的类型及延时触点的动作时

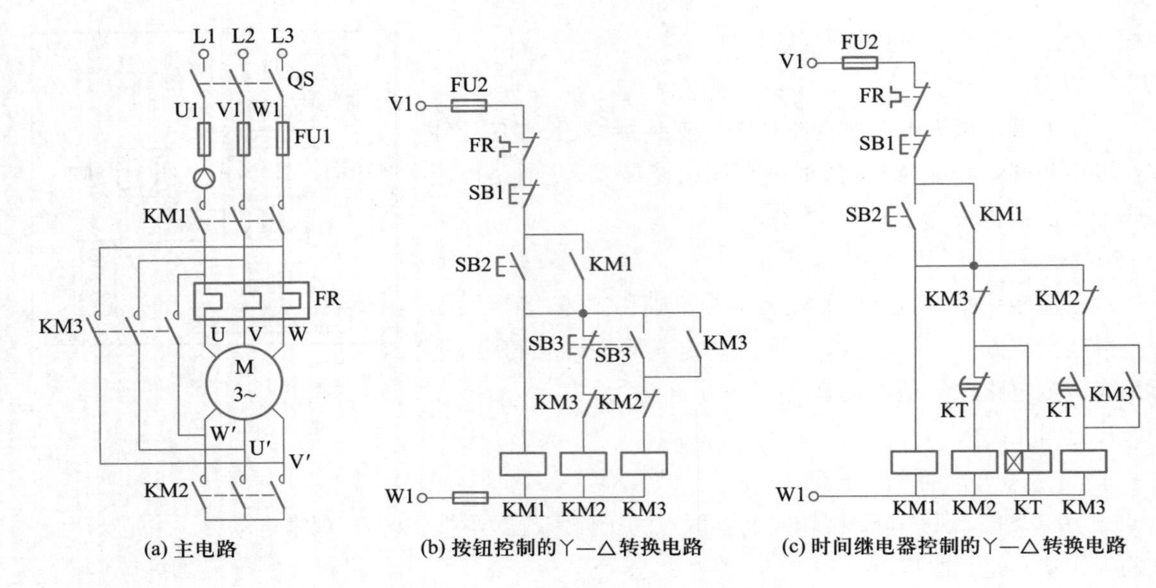

图1－90 Y—△转换减压起动控制线路

间,用万用表测量其触点动作情况,并将时间继电器延时时间调整到10 s。

表1－6 Y－△转换减压起动控制线路电器元件

序号	电器元件名称	字母符号	型号	规格	数量
1	三相异步电动机	M			
2	组合开关	QS			
3	熔断器	FU			
4	接触器	KM			
5	按钮	SB			
6	热继电器	FR			
7	时间继电器	KT			
8	接线端子排	XT			

3．绘制电器元件布置图及电气安装接线图

绘制Y－△转换减压起动控制线路电器元件布置图,按电器元件布置图绘制电气安装接线图,将电器元件的符号画在规定的位置,对照电气原理图的线号标出各端子的编号。

4．配置电路板

根据电器元件布置图和电气安装接线图,在配电板上安装电器元件,各个元件的位置应排列整齐、均匀,间隔合理,便于更换元件。紧固时要用力均匀,紧固程度适当,防止用力过猛而损毁元件。

5．接线

在配电板上根据电气原理图和电气安装接线图,在各元件和连接线两端做好编号标志，根据接线工艺要求，在电路板上完成导线连接。

6．线路检测与调试

检查控制线路中各元件的安装是否正确和牢靠，各接线端子是否连接牢固，线头上的线号是否与电气原理图相符合，用万用表检测电路连接是否正确。

7．通电试验

图1－90（b）所示按钮控制Y－△转换电路的通电试验方法：

① 合上QS，接通交流电源。

② 按下SB2，让电动机Y联结起动，注意观察起动时交流电流表的指示，记录电流表最大读数 $I_{Y起动}$ = ________ A。

③ 按下SB3，让电动机△联结运行，注意观察△联结运行时电动机的运行情况，记录电流表最大读数 $I_{\triangle运行}$ = ________ A。

④ 按下SB1停止后，先按SB2，再按下SB3，让电动机△联结直接起动，注意观察△联结起动时电动机的运行情况，记录电流表最大读数 $I_{\triangle起动}$ = ______ A。

比较 $I_{Y起动}$ 与 $I_{\triangle起动}$ 的数值，结果说明什么问题？

图1－90（c）所示时间继电器控制Y－△转换电路的通电试验方法：

① 合上QS，接通交流电源。

② 按下SB2，让电动机Y联结起动，注意观察起动时电动机的运行情况，记录电流表最大读数。

③ 经过一定时间后，时间继电器动作，电动机△联结运行后，观察电动机的运行情况，记录电流表读数。注意时间继电器工作情况并做好记录。

④ 按下SB1，电动机停止运转，观察有无异常。

8．故障检修

在通电试车的电路上设置故障，通电运行，观察故障现象，分析故障原因，检查排除故障，并做好记录。

习题

1．什么是低压电器？常用的低压电器有哪些？

2．在使用和安装HK系列刀开关时，应注意些什么？铁壳开关有哪些特点？

3．组合开关有哪些特点？它的用途是什么？

4．接触器由哪几部分组成？如何区分交流接触器和直流接触器？

5．继电器中电压线圈与电流线圈在结构上有什么区别？能否互换？

6．中间继电器的作用是什么？它和交流接触器有何异同？

7．常用的继电器有哪些？分别画出它们的图形和文字符号。

8．空气阻尼式时间继电器的组成、延时时间如何调整？

9. JS7 - A 型空气阻尼式时间继电器触点有哪几类？画出它们的图形符号。

10. 常用的熔断器有哪些？如何选择熔体的额定电流？

11. 在电动机控制线路中，热继电器和熔断器各起什么作用？两者能否互相替换？为什么？

12. 按钮和行程开关的作用分别是什么？它们的结构形式如何？

13. 电气控制系统图有哪几种？各有什么用途？

14. 在电气原理图中，QS、FU、KM、KA、FR、KT、KS、SB 分别为何种电器元件的文字符号？

15. 什么是直接起动？直接起动有何优缺点？

16. 点动与连续运转的区别是什么？

17. 继电 - 接触器控制线路中一般应设哪些保护？各有什么作用？

18. 笼型异步电动机是如何改变转动方向的？

19. 什么是互锁（联锁）？什么是自锁？试举例说明各自的作用？

20. 在行程开关控制的正反转控制线路中，若在调试试车时将电动机的接线相序接错，将会造成什么后果？为什么？

21. 什么是减压起动？有哪几种方式？各有什么特点？分别适用于何种场合？

22. 什么是反接起动？什么是能耗制动？各有什么特点？分别适用于何种场合？

23. 什么是调速？三相异步电动机的调速有哪几种控制方法？

24. 变极调速的优点和缺点有哪些？应用于哪些场合？

25. 既有点动又有长动的控制线路有哪些实现方法？

26. 试设计可以两处操作、对一台电动机实现长动和点动控制的控制线路。

27. 试分析图 1 - 91 所示控制线路各有什么错误？运行时可能出现何种故障？应如何加以改进？

28. 三相笼型异步电动机的制动方法有哪几种？试说明它们的工作原理、工作特点及分别适用的场合。

29. 试设计一满足如下要求的控制线路：

（1）电动机 M1 和 M2 可分别起动；

（2）电动机 M2 停车后 M1 才能停车。

30. 为两台异步电动机设计一个满足如下要求的控制线路：

（1）电动机 M1 先起动，经过 5 s 后电动机 M2 才起动；

（2）电动机 M2 起动后，电动机 M1 立即停转。

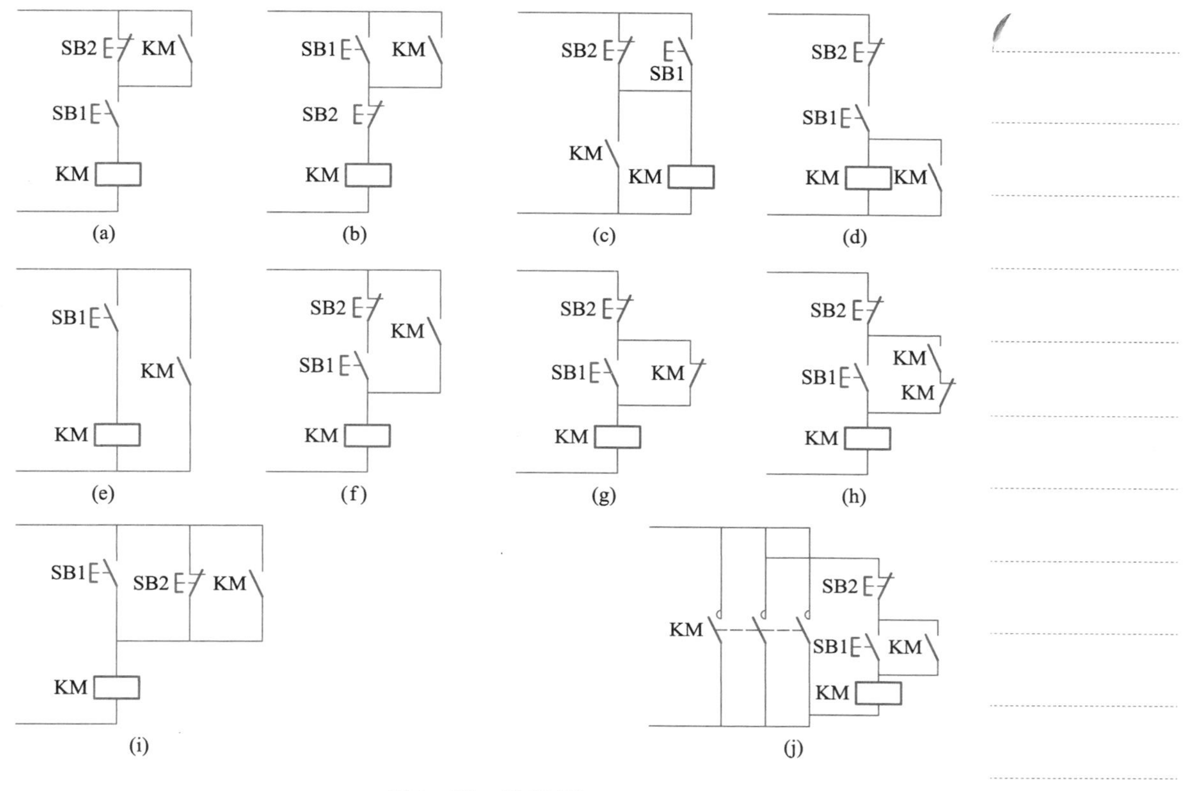

图 1－91　题 27 图

31．某机床电动机因过载而自动停车，之后按下起动按钮仍不能起动。试分析故障产生原因。

32．某机床在工作中按下停止按钮却不能停车。试分析故障产生原因。

第2章

继电—接触器电气控制系统分析

本章首先介绍典型生产机械继电—接触器电气控制线路读图方法，并列举实例，然后以车床、钻床、磨床、铣床、桥式起重机为例，进一步介绍电气控制系统的分析方法和分析步骤，典型生产机械控制线路的原理以及机械、液压与电气控制配合的意义，为电气控制系统的设计、安装、调试、维护打下基础。

2.1 电气控制线路的读图方法

教学课件

电气控制线路的读图方法

电气控制系统图从功能分类，可以分为电气原理图、电气安装接线图和电器元件布置图。本节主要介绍阅读分析机床电气原理图的方法。电气原理图主要包括主电路、控制电路和辅助电路等部分。在阅读分析之前，应注意以下几个问题：

① 对机床的主要结构、运动形式、加工工艺要求等应有一定的了解，做到了解控制对象，明确控制要求。

② 应了解机械操作手柄与电器元件的关系，了解机床液压系统与电气控制的关系等。

③ 将整个控制电路按功能不同分成若干局部控制电路，逐一分析，分析时应注意各局部电路之间的联锁关系，然后再统观整个电路，形成一个整体观念。

④ 抓住各机床电气控制的特点，深刻理解电路中各电器元件、各接点的作用，掌握分析方法，养成分析习惯。

2.1.1 读图的一般方法和步骤

1. 分析主电路

从主电路入手，根据每台电动机和电磁阀等执行电器的控制要求去分析它们的控制内容。分析主电路，要分清主电路中的用电设备，要搞清楚用什么电器元件控制用电设备，要了解主电路中其他电器元件的作用。

2. 分析控制电路

根据主电路中各电动机和电磁阀等执行电器的控制要求，逐一找出控制电路中的控制环节，利用前面学过的继电—接触器电气控制线路基本环节的知识，按功能不同划分成若干个局部控制线路来进行分析。其步骤如下：

① 从执行电器(电动机等)着手，在主电路上看有哪些控制元件的触点，根据其组合规律看控制方式。

② 在控制电路中由主电路控制元件主触点的文字符号找到有关的控制环节及环节间的联系。

③ 从按动起动按钮开始，查对线路，观察电器元件的触点是如何控制其他控制元件动作的，再查看这些被带动的控制元件的触点是如何控制执行电器或其他元件动作的，并随时注意控制元件的触点使执行电器有何运动或动作，进而

驱动被控机械有何运动。

在分析过程中,要一边分析一边记录,最终得出执行电器及被控机械的运动规律。

3. 分析辅助电路

辅助电路包括电源显示、工作状态显示、照明和故障报警等部分,它们大多由控制电路中的元件来控制,所以在分析时,要对照控制电路进行分析。

4. 分析联锁与保护环节

生产机械对于安全性和可靠性有很高的要求,实现这些要求,除了合理地选择拖动和控制方案以外,在控制线路中还设置了一系列电气保护和必要的电气联锁。

5. 总体检查

经过“化整为零”,逐步分析每一个局部电路的工作原理以及各部分之间的控制关系之后,还必须用“集零为整”的方法,检查整个控制线路,看是否有遗漏。特别要从整体角度去进一步检查和理解各控制环节之间的联系,理解电路中每个元件所起的作用。

2.1.2 读图实例

下面以 C620 - 1 型卧式车床电气控制线路(如图 2 - 1 所示)为例进行分析,以介绍生产机械电气控制线路的分析方法。

车床是一种应用极为广泛的金属切削机床,能够车削外圆、内圆、端面、螺纹,切断及割槽等,并可以装上钻头或铰刀进行钻孔等加工。

1. 主要结构、运动形式、电力拖动形式及控制要求

C620 - 1 型卧式车床主要由床身、主轴变速箱、进给箱、溜板箱、溜板、丝杠和刀架等几部分组成。

车削加工的主运动是主轴通过卡盘或顶尖带动工件的旋转运动,且由主轴电动机通过带传动传到主轴变速箱再旋转的,车床的其他进给运动是由主轴传动的。

C620 - 1 型车床共有两台电动机,一台是主轴电动机,带动主轴旋转,采用普通笼型异步电动机,功率为 7 kW,配合齿轮变速箱实行机械调速,以满足车削负载的特点,属长期工作制运行;另一台是冷却泵电动机,为车削工件时输送冷却液,也采用笼型异步电动机,功率为 0.125 kW,属长期工作制运行。车床要求两台电动机单向运动,且采用全压直接起动。

C620 - 1 型卧式车床电气控制线路由主电路、控制电路和照明电路等部分组成,如图 2 - 1 所示。由于向车床供电的电源开关要装熔断器,而电动机 M1 的电流要比电动机 M2 及控制电路的电流大得多,所以电动机 M1 没有再装熔断器。

2. 主电路分析

从主电路看,C620-1型卧式车床电动机电源采用380 V的交流电源,由组合开关QS1引入。主轴电动机M1的起停由KM的主触点控制,主轴通过摩擦离合器实现正反转;主轴电动机起动后,才能起动冷却泵电动机M2,是否需要冷却,由组合开关QS2控制。熔断器FU1为电动机M2提供短路保护。热继电器FR1、FR2为电动机M1和M2提供过载保护,它们的动断触点串接后接在控制电路中。

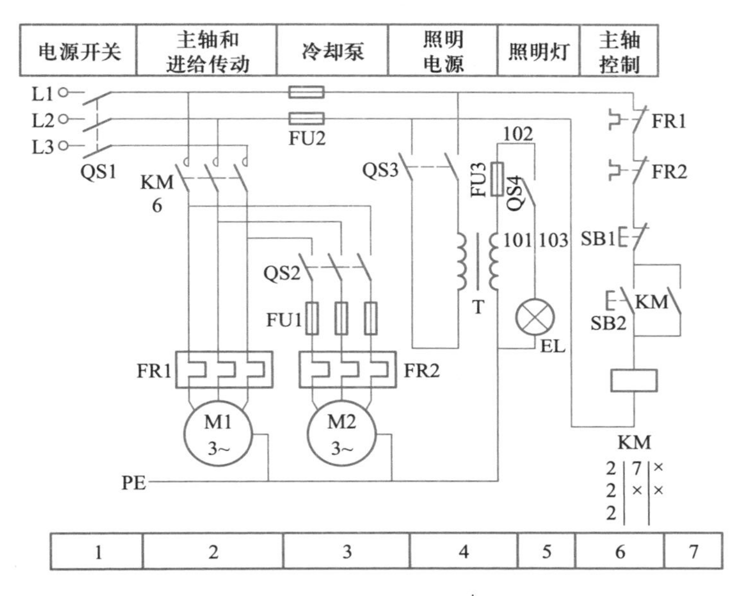

图2-1 C620-1型卧式车床电气控制线路

3. 控制电路分析

该车床的控制电路是一个典型的自锁正转控制电路。

主轴电动机的控制过程为:合上电源开关QS1,按下起动按钮SB2,接触器KM线圈通电使铁心吸合,电动机M1由KM的三个主触点吸合而通电起动运转,同时KM的自锁动合触点闭合自锁。按下停车按钮SB1,接触器KM断电释放,主电路中KM的三个主触点断开,M1停转。

冷却泵电动机的控制过程为:当主轴电动机M1起动后(KM主触点闭合),合上QS2,电动机M2得电起动;若要关掉冷却泵,断开QS2即可;当M1停转后,M2也停转。

只要电动机M1和M2中任何一台过载,其相对应的热继电器的动断触点断开,从而使控制电路失电,接触器KM断电释放,所有电动机停转。FU2为控制电路的短路保护。另外,控制电路还具有失电压和欠电压保护,同时由接触器KM来完成,因为当电源电压低于接触器KM线圈额定电压的85%时,KM会自动释放,从而保护两台电动机。

4. 辅助电路分析

C620－1 型卧式车床的辅助电路主要是照明电路。照明由变压器 T 将交流 380 V 转变为 36 V 的安全电压供电，FU3 为短路保护。QS4 为照明电路的电源开关，合上 QS4，照明灯 EL 亮。照明电路必须接地，以确保人身安全。

2.1.3 识读机床电气控制线路图的基本知识

从 C620－1 型卧式车床电气控制线路分析的实例中可知，识读分析机床电气控制线路，除前面介绍的一般原则之外，还应明确注意以下几个问题。

① 电气控制线路图按功能分成若干单元，并用文字将其功能标注在电气原理图上部的栏内。如图 2－1 所示，电路按功能分为电源开关、主轴和进给传动、冷却泵、照明电源、照明灯、主轴控制 6 个单元。

② 在电气控制线路图的下方划分若干图区，并从左到右依次用阿拉伯数字编号标注在图区栏内，通常是一条回路或一条支路划分为一个图区。如图 2－1 所示，电气原理图共划分为 7 个图区。

③ 电气控制线路图中，在每个接触器下方画出两条竖直线，分成左、中、右三栏，每个继电器线圈下方画出一条竖直线，分成左、右两栏。把受其线圈控制而动作的触点所处的图区号填入相应的栏内，对备用的触点，在相应的栏内用记号“×”标出或不标出任何符号。具体说明见表 2－1 和表 2－2。

表 2－1　接触器触点在电路图中位置的标记

栏　目	左　栏	中　栏	右　栏
触点类型	主触点所处的图区号	辅助动合触点所处的图区号	辅助动断触点所处的图区号
KM 2 | 7 | × 2 | × | × 2 |	表示 3 对主触点均在图区 2	表示一对辅助动合触点在图区 7，另一对辅助动合触点未用	表示两对辅助动断触点未用

表 2－2　继电器触点在电路图中位置的标记

栏　目	左　栏	右　栏
触点类型	动合触点所处的图区号	动断触点所处的图区号
KA 2 | 2 | 2 |	表示 3 对动合触点均在图区 2	表示动断触点未用

④ 电气控制线路图中，触点文字符号下面用数字表示该电器线圈所处的图区号。图 2－1 所示控制线路中，图区 2 中的“$\frac{\text{KM}}{6}$”表示接触器 KM 的线圈位于图区 6。

2.2 车床的电气控制

教学课件
车床的电气控制

在各种金属切削机床中，车床占的比重最大，应用也最广泛。车床的种类很多，有卧式车床、落地车床、立式车床、转塔车床等，生产中以卧式车床应用最普遍，数量最多。本节以 CA6140 型卧式车床为例进行电气控制线路分析。CA6140 型卧式车床是普通车床的一种，它的加工范围较广，但自动化程度低，适于小批量生产及修配车间使用。

2.2.1 CA6140 型卧式车床的主要结构及运动形式

卧式车床主要由床身、主轴变速箱、进给箱、溜板箱、刀架、尾架、丝杠和光杠等部件组成。图 2－2 所示为 CA6140 型卧式车床的结构示意图。

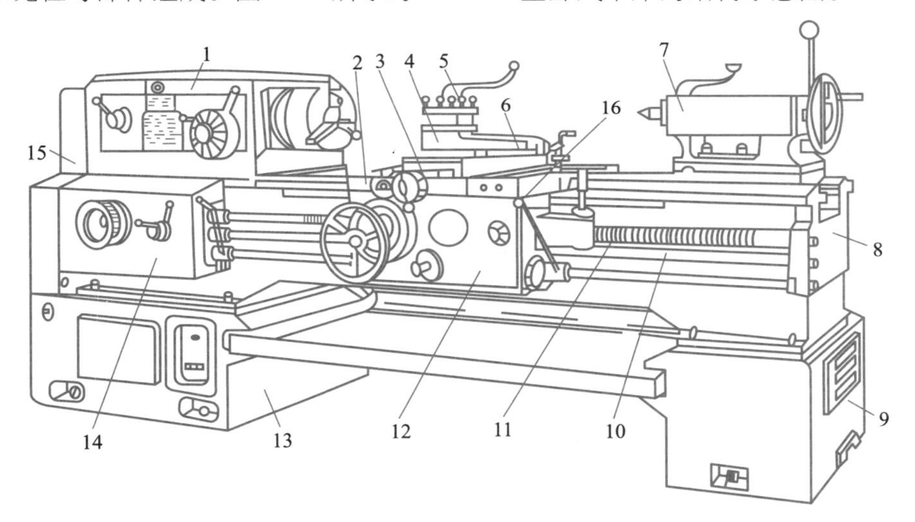

图 2－2 CA6140 型卧式车床的结构

1—主轴变速箱 2—纵溜板 3—横溜板 4—转盘 5—方刀架 6—小溜板 7—尾架 8—床身 9—右床座 10—光杠 11—丝杠 12—溜板箱 13—左床座 14—进给箱 15—挂轮架 16—操作手柄

主轴变速箱的功能是支承主轴和传动其旋转，包含主轴及其轴承、传动机构、起停及换向装置、制动装置、操纵机构及润滑装置。CA6140 型卧式车床的主传动可使主轴获得 24 级正转转速（10～1 400 r/min）和 12 级反转转速（14～1 580 r/min）。

进给箱的作用是变换被加工螺纹的种类和导程，以及获得所需的各种进给量。它通常由变换螺纹导程和进给量的变速机构、变换螺纹种类的移换机构、丝杠和光杠转换机构以及操纵机构等组成。

溜板箱的作用是将丝杠或光杠传来的旋转运动转变为直线运动并带动刀架进给，控制刀架运动的接通、断开和换向等。刀架则用来安装车刀并带动其做纵向、横向和斜向进给运动。

车床有两个主要运动,一是卡盘或顶尖带动工件的旋转运动,另一是溜板带动刀架的直线移动,前者称为主运动,后者称为进给运动。中、小型普通车床的主运动和进给运动一般是采用一台异步电动机驱动的。此外,车床还有辅助运动,如溜板和刀架的快速移动、尾架的移动以及工件的夹紧与放松等。

2.2.2 CA6140 型卧式车床的电力拖动要求与控制特点

根据车床的运动情况和工艺要求,车床对电气控制提出如下要求:

① 主拖动电动机一般选用三相笼型异步电动机,并采用机械变速。

② 为车削螺纹,主轴要求正、反转,小型车床由电动机正、反转来实现,CA6140 型卧式车床则靠摩擦离合器来实现正、反转,电动机只作单向旋转。

③ 一般中、小型车床的主轴电动机均采用直接起动。停车时为实现快速停车,一般采用机械制动或电气制动。

④ 车削加工时,需用切削液对刀具和工件进行冷却。为此,设有一台冷却泵电动机,拖动冷却泵输出冷却液。

⑤ 冷却泵电动机与主轴电动机有着联锁关系,即冷却泵电动机应在主轴电动机起动后才可选择起动与否;而当主轴电动机停止时,冷却泵电动机立即停止。

⑥ 为实现快速移动,溜板箱由单独的快速移动电动机拖动,且采用点动控制。

⑦ 电路应有必要的保护环节、安全可靠的照明电路和信号电路。

2.2.3 CA6140 型卧式车床的电气控制线路分析

如图 2-3 所示,图中 M1 为主轴及进给电动机,拖动主轴和工件旋转,并通过进给机构实现车床的进给运动;M2 为冷却泵电动机,拖动冷却泵输出冷却液;M3 为溜板快速移动电动机,拖动溜板实现快速移动。

1. 主轴及进给电动机 M1 的控制

由起动按钮 SB1、停止按钮 SB2 和接触器 KM1 构成电动机单向连续运转起动—停止电路。

按下 SB1→线圈通电并自锁→M1 单向全压起动,通过摩擦离合器及传动机构拖动主轴正转或反转,以及刀架的直线进给。

停止时,按下 SB2→KM1 断电→M1 自动停车。

2. 冷却泵电动机 M2 的控制

M2 的控制由 KM2 实现。

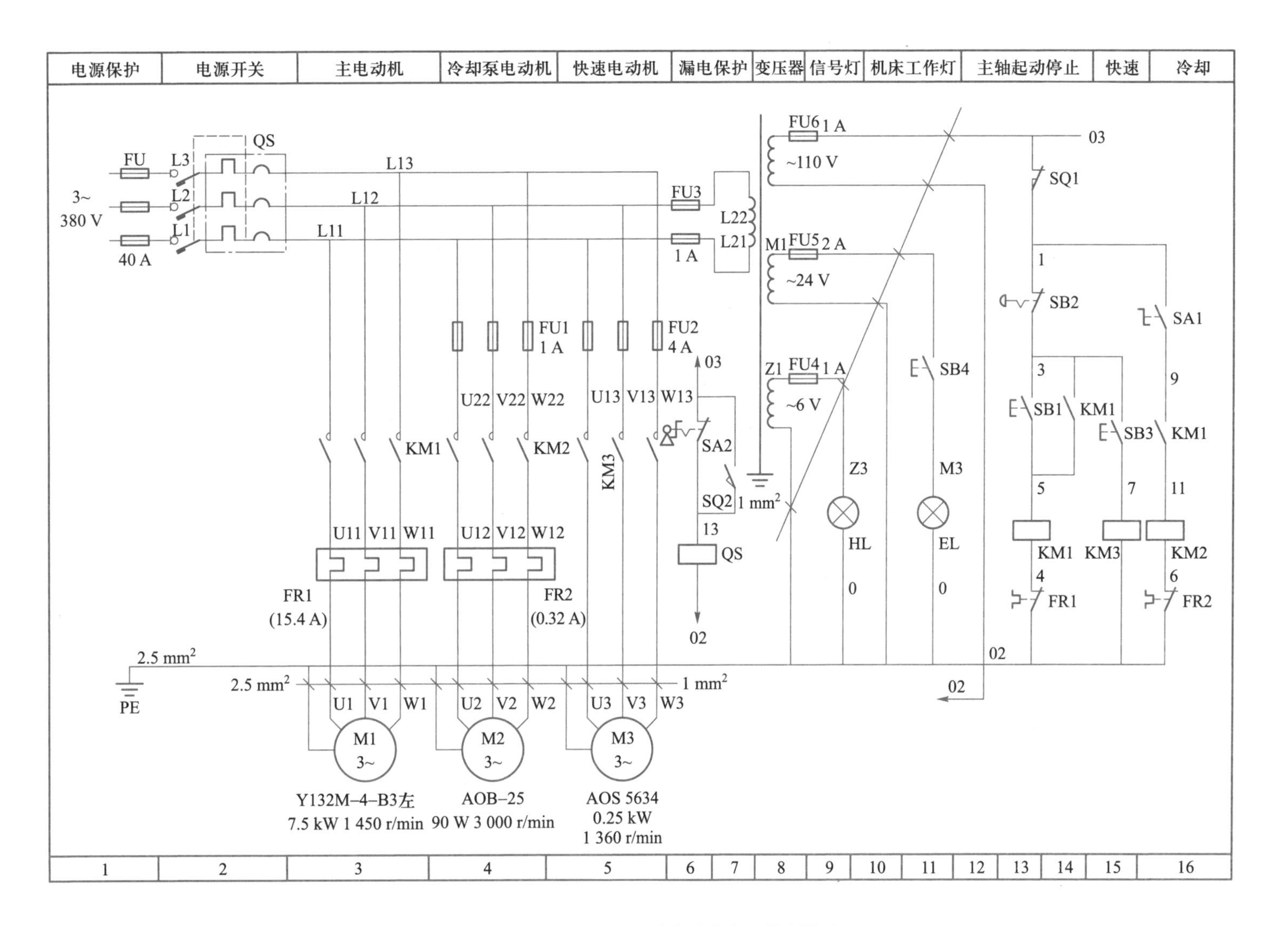

图2-3 CA6140型车床的电气控制线路

主轴电动机起动之后，KM1 辅助动合触点（9—11）闭合，此时合上开关 SA1→KM2 线圈通电→M2 全压起动。停止时，断开 SA1 或使主轴电动机 M1 停止，则 KM2 断电，使 M2 自由停车。

3．快速移动电动机 M3 的控制

由按钮 SB3 来控制接触器 KM3，进而实现 M3 的点动。操作时，先将快、慢速进给手柄扳到所需移动方向，即可接通相关的传动机构，再按下 SB3，即可实现该方向的快速移动。

4．保护环节

① 电路电源开关是带有开关锁 SA2 的隔离开关 QS。机床接通电源时需用钥匙开关操作，再合上 QS，增加了安全性。当需合上电源时，先用开关钥匙插入 SA2 开关锁中并右旋，使 QS 线圈断电，再扳动隔离开关 QS 将其合上，机床电源接通。若将开关锁 SA2 左旋，则触点 SA2（03—13）闭合，QS 线圈通电，隔离开关跳开，机床断电。

② 打开机床控制配电盘壁龛门，自动切除机床电源的保护。在配电盘壁龛门上装有安全行程开关 SQ。当打开配电盘壁龛门时，安全行程开关的触点 SQ2（03—13）闭合，使隔离开关线圈通电而自动跳闸，断开电源，确保人身安全。

③ 机床床头皮带罩处设有安全行程开关 SQ1，当打开皮带罩时，安全行程开关触点 SQ1（03—1）断开，将接触器 KM1、KM2、KM3 线圈电路切断，电动机将全部停止旋转，确保人身安全。

④ 为满足打开机床控制配电盘壁龛门进行带电检修的需要，可将 SQ2 安全行程开关传动杆拉出，使其触点（03—13）断开，此时 QS 线圈断电，QS 仍可合上。带电检修完毕，关上壁龛门后，将 SQ2 开关传动杆复位，SQ2 照常起保护作用。

⑤ 电动机 M1、M2 由 FU 和热继电器 FR1、FR2 实现电动机长期过载保护；隔离开关 QS 实现电路的过电流、欠电压保护；熔断器 FU、FU1 ~ FU6 实现各部分电路的短路保护。此外，还设有 EL 机床照明灯和 HL 信号灯进行照明及提示。

2.2.4 CA6140 型卧式车床的常见电气故障

① 主轴电动机不能起动。可能的原因：电源没有接通；热继电器已动作，其动断触点尚未复位；起动按钮或停止按钮内的触点接触不良；交流接触器的线圈烧毁或接线脱落等。

② 按下起动按钮后，电动机发出嗡嗡声，不能起动。这是电动机的三相电流缺相造成的。可能的原因：熔断器某一相熔体烧断；接触器一对主触点没接触好；电动机接线某一处断线等。

③ 按下停止按钮，主轴电动机不能停止。可能的原因：接触器触点熔焊、

主触点被杂物卡阻;停止按钮动断触点被卡阻。

④ 主轴电动机不能点动。可能的原因:点动按钮 SB4 的动合触点损坏或接线脱落。

⑤ 不能检测主轴电动机负载。可能的原因;电流表损坏、时间继电器设定时间太短或损坏、电流互感器损坏。

2.3 钻床的电气控制

教学课件
钻床的电气控制

机械加工过程中经常需要加工各种各样的孔,钻床就是一种用途广泛的孔加工机床,它主要用于钻削精度要求不太高的孔,还可以用来扩孔、铰孔、镗孔以及攻螺纹等。

钻床的种类很多,有台钻、立钻、卧钻、专门化钻床和摇臂钻床。台钻和立钻的电气控制线路比较简单,其他形式的钻床在控制系统上也大同小异,本节以 Z37 型钻床和 Z3050 型钻床为例分析其电气控制线路。

2.3.1 Z37 型摇臂钻床的电气控制线路

Z37 型摇臂钻床型号的含义如下。

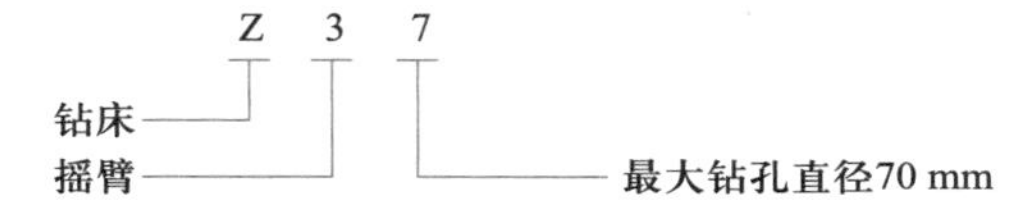

1. Z37 型摇臂钻床的主要结构及运动形式

Z37 型摇臂钻床主要由底座、内立柱、外立柱、摇臂、主轴箱、工作台等部分组成,如图 2 - 4 所示。内立柱固定在底座上,在它的外面套着空心的外立柱,外立柱可绕着内立柱回转 360°。摇臂一端的套筒部分与外立柱滑动配合,借助丝杠的正反转可使摇臂沿外立柱上下移动,但两者不能做相对运动,因此摇臂只能与外立柱一起绕内立柱回转。主轴箱是一个复合部件,它包括主轴及主轴旋转和进给运动的全部传动变速和操作机构。主轴箱安装于摇臂的水平导轨上,可以通过手轮操作使其在水平导轨上沿摇臂移动。

钻削加工时,主轴箱可由夹紧装置将其固定在摇臂的水平导轨上,外立柱紧固在内立柱上,摇臂紧固在外立柱上,然后进行钻削加工。

摇臂钻床的主运动是主轴带动钻头的旋转运动;进给运动是钻头的上下运动;辅助运动是主轴箱沿摇臂水平移动、摇臂沿外立柱上下移动及摇臂连同外立柱一起相对于内立柱的回转运动。

2. Z37 型摇臂钻床的电力拖动要求与控制特点

① Z37 型摇臂钻床相对运动部件较多,为简化传动装置,采用多台电动机拖动。

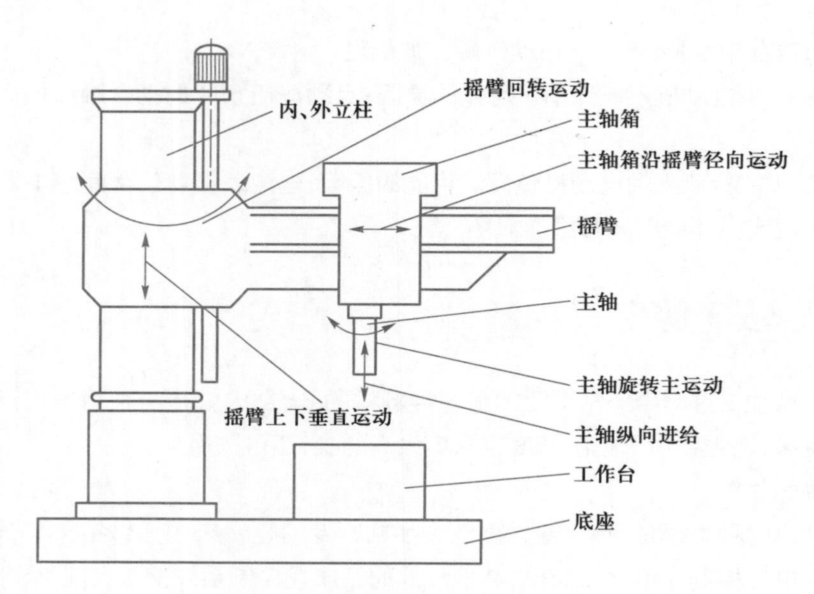

图 2-4 Z37 型摇臂钻床的结构及运动示意图

冷却泵电动机 M1 供给冷却液,正转控制。主轴电动机 M2 拖动钻削及进给运动,单向运转,主轴正反转通过摩擦离合器实现。摇臂升降电动机 M3 拖动摇臂升降,正反转控制,具有机械和电气联锁。立柱松紧电动机 M4 拖动内、外立柱及主轴箱与摇臂夹紧与放松,正反转控制,通过液压装置和电气联合控制。

② 各种工作状态都通过十字开关 SA 操作。为防止十字开关手柄停在某一工作位置时,因接通电源而产生误动作,本控制线路设有零电压保护环节。

③ 摇臂升降要求有限位保护。

④ 钻削加工时需要对刀具及工件进行冷却。

3. Z37 型摇臂钻床的电气控制线路分析

(1) 主电路分析

Z37 型摇臂钻床电气控制线路如图 2-5 所示。主电路共有 4 台三相异步电动机。冷却泵电动机 M1 由组合开关 QS2 控制,由熔断器 FU1 进行短路保护。主轴电动机 M2 由接触器 KM1 控制,由热继电器 FR 进行过载保护。摇臂升降电动机 M3 由接触器 KM2、KM3 控制,用熔断器 FU2 进行短路保护。立柱松紧电动机 M4 由接触器 KM4、KM5 控制,由熔断器 FU3 进行短路保护。

(2) 控制电路分析

控制电路的电源(110 V 电压)由控制变压器 TC 提供。Z37 型摇臂钻床控制电路采用十字开关 SA 操作,它由十字手柄和 4 个微动开关组成,手柄处在各个工作位置时的工作情况见表 2-3。电路中还设有零电压保护环节,由十字开关 SA 和中间继电器 KA 实现。

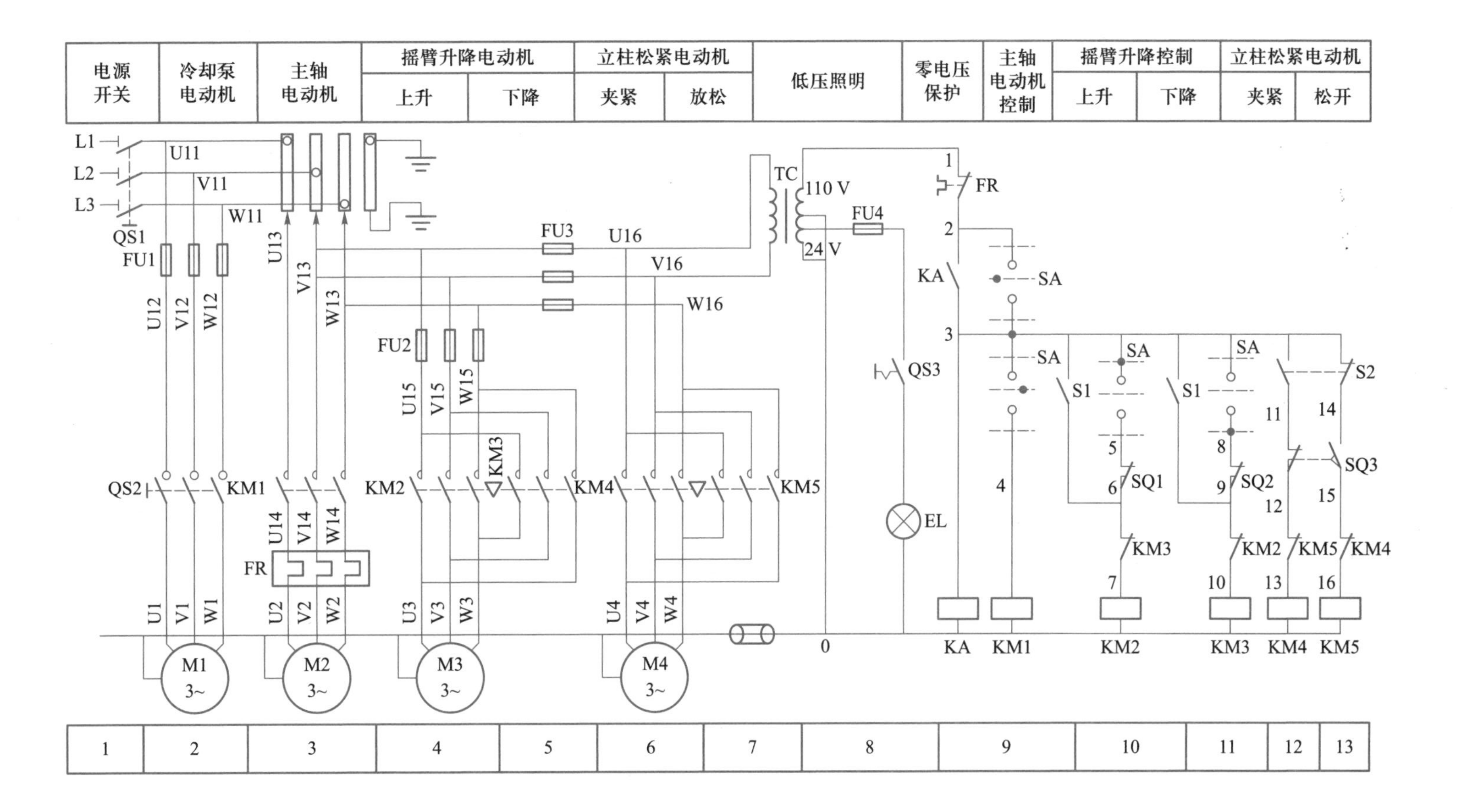

图2-5 Z37型摇臂钻床电气控制线路

表2-3 十字开关SA操作说明

手柄位置	接通微动开关的触点	工作情况
中	均不通	控制电路断电不工作
左	SA(2—3)	KA得电自锁,零电压保护
右	SA(3—4)	KM1获电,主轴旋转
上	SA(3—5)	KM2获电,摇臂上升
下	SA(3—8)	KM3获电,摇臂下降

① 主轴电动机M2的控制。主轴电动机M2的起停由接触器KM1和十字开关SA控制。

将十字开关扳到左边位置→SA(2—3)触点闭合→中间继电器KA得电,并自锁→将十字开关扳到右边位置→SA(2—3)分断、SA(3—4)闭合→KM1线圈得电→主轴电动机M2起动运行→十字开关扳到中间位置→SA触点均不通→KM1线圈断电释放→主轴电动机M2停转。

② 摇臂升降电动机M3的控制。摇臂的放松、升降、夹紧是通过十字开关SA、接触器KM2和KM3、行程开关SQ1和SQ2用组合开关S1控制电动机M3正反转来实现的。行程开关SQ1和SQ2用作限位保护,保护摇臂上升或下降不致超出允许的极限位置。

将十字开关扳到上边位置→SA(3—5)触点闭合→KM2线圈得电→电动机M3起动正转→通过传动装置放松摇臂→当摇臂完全放松时,推动组合开关S1动作,动合触点闭合,为摇臂的夹紧做好准备→摇臂上升到所需位置后,十字开关扳到中间位置→KM2断电释放,电动机停转→KM3线圈得电→电动机M3反转,带动机械夹紧机构将摇臂夹紧→摇臂夹紧时,组合开关S1复位→KM3断电释放,电动机M3停转,上升结束。

③ 立柱的夹紧与松开控制。Z37型摇臂钻床在正常工作时,外立柱夹紧在内立柱上。要使摇臂和外立柱绕内立柱转动,应首先将外立柱放松。立柱的松开和夹紧是靠电动机M4的正反转拖动液压装置来完成的。电动机M4的正反转由组合开关S2、行程开关SQ3、接触器KM4和KM5来控制,行程开关SQ3则是由主轴箱与摇臂夹紧的机械手柄操作的。

扳动手柄使SQ3的动合触点(14—15)闭合→KM5线圈得电→M4拖动液压泵工作,立柱夹紧装置放松→立柱夹紧装置完全放松时,S2动作,动断触点(3—14)断开,动合触点(3—11)闭合→KM5断电释放→M4失电停转,可推动摇臂旋转→扳动手柄使SQ3复位,动合触点(14—15)断开,动断触点(11—12)闭合→KM4线圈得电→M4拖动液压泵反向转动,使立柱夹紧装置夹紧→立柱夹紧装置完全夹紧时S2复位,KM4断电释放→M4停转。

Z37型摇臂钻床主轴箱在摇臂上的松开和夹紧和立柱的松开和夹紧是由同

一台电动机 M4 拖动液压装置完成的。

（3）照明电路分析

照明电路的电源也是由变压器 TC 将 380 V 的交流电压降为 24 V 安全电压来提供。照明灯 EL 由开关 QS3 控制，由熔断器 FU4 作短路保护。

4．Z37 型摇臂钻床的常见电气故障

① 摇臂上升（下降）夹紧后，M3 仍正反转重复不停。可能原因：组合开关 S1 两对动合触点的动、静触点间距离太近，不能及时分断。

② 摇臂上升（下降）后不能完全夹紧。可能原因：组合开关 S1 动触点的夹紧螺栓松动造成动触点位置偏移，不能按要求闭合；S1 动、静触点弯曲、磨损、接触不良等。

③ 摇臂升降后不能按要求停车。可能原因：组合开关 S1 的动合触点（3—6）和（3—9）的顺序颠倒。

2.3.2 Z3050 型摇臂钻床的电气控制线路

Z3050 型摇臂钻床型号的含义如下。

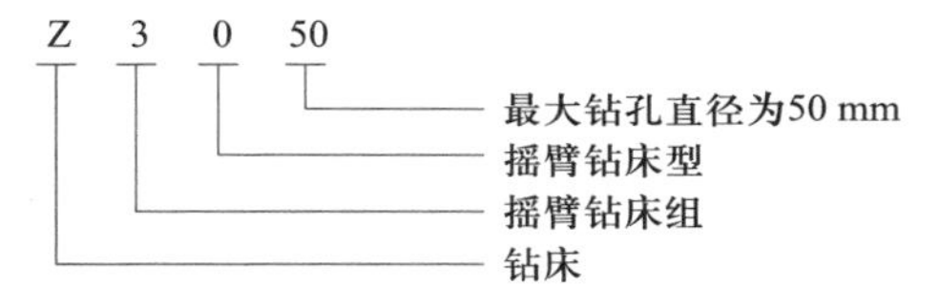

1．Z3050 型摇臂钻床的主要结构及运动形式

图 2－6 所示为 Z3050 型摇臂钻床的结构示意图。Z3050 型摇臂钻床主要由底座、内立柱、外立柱、摇臂、主轴箱、工作台等组成。内立柱固定在底座上，在它外面套着空心的外立柱，外立柱可绕着内立柱回转一周，摇臂一端的套筒部分与外立柱滑动配合，借助于丝杆，摇臂可沿着外立柱上下移动，但两者不能做相对转动，所以摇臂将与外立柱一起相对内立柱回转。主轴箱是一个复合的部件，它具有主轴及主轴旋转部件和主轴进给的全部变速和操纵机构。主轴箱可沿着摇臂上的水平导轨做径向移动。当进行加工时，可利用特殊的夹紧机构将外立柱紧固在内立柱上，摇臂紧固在外立柱上，主轴箱紧固在摇臂导轨上，然后进行钻削加工。

2．Z3050 型摇臂钻床的电力拖动要求与控制特点

① 由于摇臂钻床的运动部件较多，为简化传动装置，需使用多台电动机拖动，主轴电动机承担主钻削及进给任务，摇臂升降、夹紧放松和冷却泵各用一台电动机拖动。

② 为了适应多种加工方式的要求，主轴及进给应在较大范围内调速。但这些调速都是机械调速，用手柄操作变速箱调速，对电动机无任何调速要求。主轴变速机构与进给变速机构在一个变速箱内，由主轴电动机拖动。

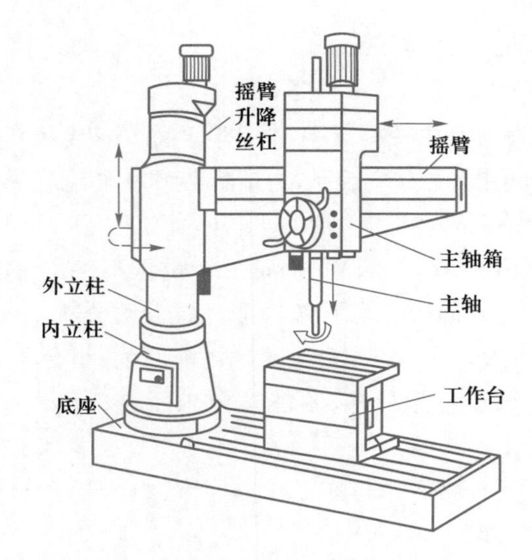

图 2－6　Z3050 型摇臂钻床的结构示意图

③ 加工螺纹时要求主轴能正反转。摇臂钻床的正反转一般用机械方法实现,电动机只需单方向旋转。

④ 摇臂升降由单独的一台电动机拖动,要求能实现正反转。

⑤ 摇臂的夹紧与放松以及立柱的夹紧与放松由一台异步电动机配合液压装置来完成,要求这台电动机能正反转。摇臂的回转和主轴箱的径向移动在中小型摇臂钻床上都采用手动。

⑥ 钻削加工时,为对刀具及工件进行冷却,需要一台冷却泵电动机拖动冷却泵输送冷却液。

⑦ 各部分电路之间有必要的保护和联锁。

3. Z3050 型摇臂钻床的电气控制线路分析

图 2－7 所示为 Z3050 型摇臂钻床的电气控制线路。

(1) 主电路分析

Z3050 型摇臂钻床共有 4 台电动机,除冷却泵电动机采用开关直接起动外,其余三台异步电动机均采用接触器直接起动。

M1 是主轴电动机,由交流接触器 KM1 控制,只要求单方向旋转,主轴的正反转由机械手柄操作。M1 装在主轴箱顶部,带动主轴及进给传动系统,热继电器 FR1 是过载保护元件。

M2 是摇臂升降电动机,装于主轴顶部,用接触器 KM2 和 KM3 控制正反转。因为该电动机短时间工作,故不设过载保护电器。

M3 是液压油泵电动机,可以做正向转动和反向转动。正向旋转和反向旋转的起动与停止由接触器 KM4 和 KM5 控制。热继电器 FR2 是液压油泵电动机的过载保护电器。该电动机的主要作用是供给夹紧装置压力油,实现摇臂和立柱的夹紧与松开。

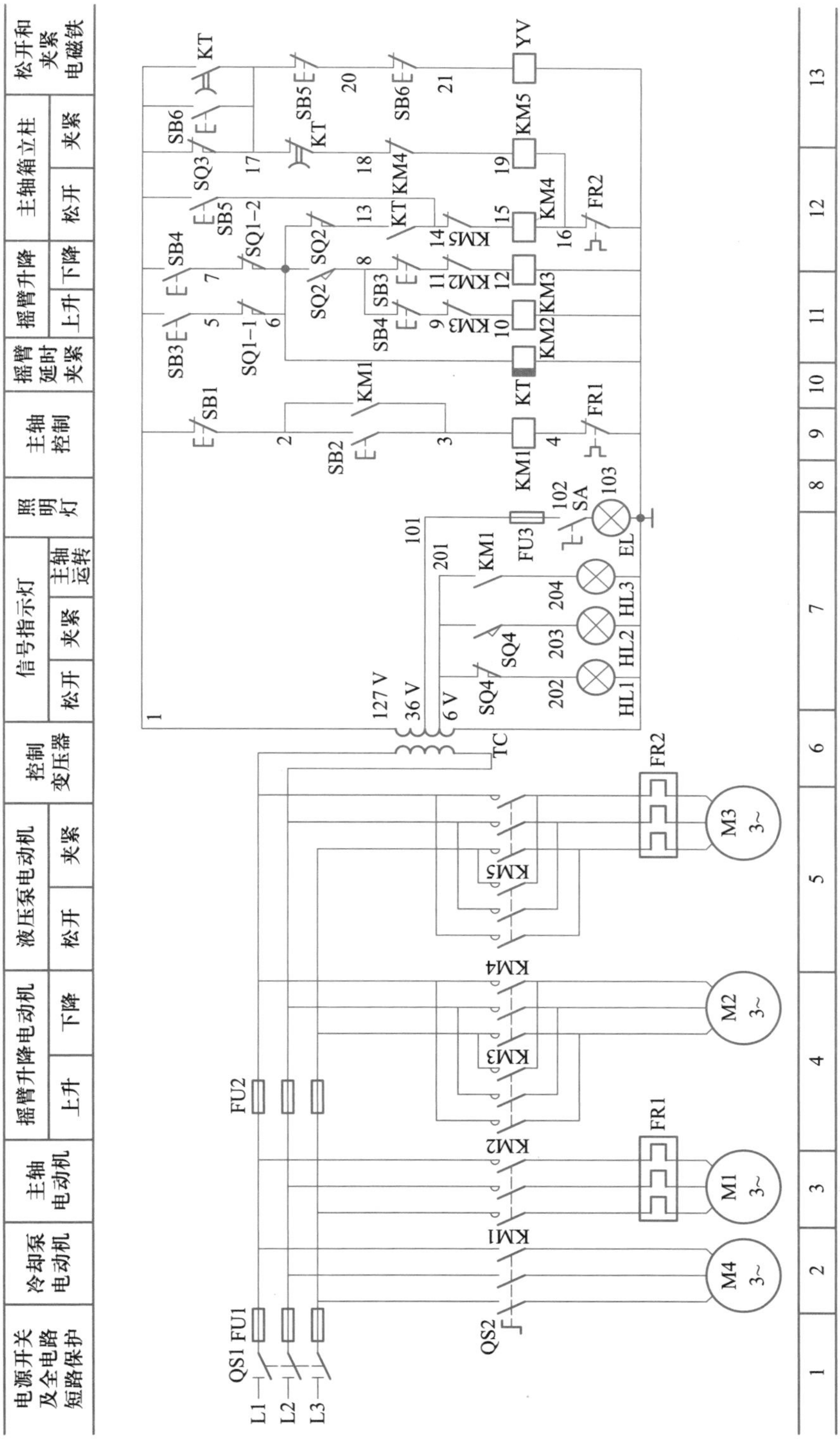

电源开关及全电路短路保护	冷却泵电动机	主轴电动机	摇臂升降电动机		液压泵电动机		控制变压器	信号指示灯			照明灯	主轴控制	摇臂延时夹紧	摇臂升降		主轴箱立柱		松开和夹紧电磁铁
			上升	下降	松开	夹紧		松开	夹紧	主轴运转				上升	下降	松开	夹紧	

L1 L2 L3 QS1 FU1 FU2 QS2
KM1 KM2 KM3 KM4 KM5
FR1 FR2
M4 3~ M1 3~ M2 3~ M3 3~
TC 127 V 36 V 6 V
1 101 201 202 203 204 102 103
SQ4 SQ4 KM1 FU3 SA
HL1 HL2 HL3 EL
SB1 SB2 2 3 KM1 KT 4 FR1
SB3 SB4 5 7 SQ1−1 SQ1−2 6 SQ2 SQ2 8 SB3 SB4 9 11 KM3 KM2 10 12 KM2 KM3
SB4 SB5 SQ3 SB6 KT 13 14 KM5 15 KM4 16 FR2
17 KT 18 KM4 19 KM5
SB5 20 SB6 21 YV KT

1 2 3 4 5 6 7 8 9 10 11 12 13

图2-7 Z3050型摇臂钻床的电气控制线路

M4 是冷却泵电动机,功率很小,由开关直接起动和停止。

(2) 控制电路分析

① 主轴电动机 M1 的控制。按下起动按钮 SB2,则接触器 KM1 吸合并自锁,使主电动机 M1 起动运行,同时指示灯 HL3 亮。按下停止按钮 SB1,则接触器 KM1 释放,使主电动机 M1 停止旋转,同时指示灯 HL3 熄灭。

② 摇臂升降控制。

a. 摇臂上升。Z3050 型摇臂钻床摇臂的升降由 M2 拖动,SB3 和 SB4 分别为摇臂升、降的点动按钮(装在主轴箱的面板上),由 SB3、SB4 和 KM2、KM3 组成具有双重互锁的 M2 正反转点动控制电路。因为摇臂平时是夹紧在外立柱上的,所以在摇臂升降之前,先要把摇臂松开,再由 M2 驱动升降;摇臂升降到位后,再重新将它夹紧。而摇臂的松、紧是由液压系统完成的。在电磁阀 YV 线圈通电吸合的条件下,液压泵电动机 M3 正转,正向供出压力油进入摇臂的松开油腔,推动松开机构使摇臂松开,摇臂松开后,行程开关 SQ2 动作、SQ3 复位;若 M3 反转,则反向供出压力油进入摇臂的夹紧油腔,推动夹紧机构使摇臂夹紧,摇臂夹紧后,行程开关 SQ3 动作、SQ2 复位。由此可见,摇臂升降的电气控制是与松紧机构液压—机械系统(M3 与 YV)的控制配合进行的。下面以摇臂的上升为例,分析控制的全过程:

按住摇臂上升按钮 SB3→SB3 动断触点断开,切断 KM3 线圈支路;SB3 动合触点闭合(1-5)→时间继电器 KT 线圈通电→KT 动合触点闭合(13-14),KM4 线圈通电,M3 正转;KT 延时动合触点(1-17)闭合,电磁阀线圈 YV 通电,摇臂松开→行程开关 SQ2 动作→SQ2 动断触点(6-13)断开,KM4 线圈断电,M3 停转;SQ2 动合触点(6-8)闭合,KM2 线圈通电,M2 正转,摇臂上升→摇臂上升到位后松开 SB3→KM2 线圈断电,M2 停转;KT 线圈断电→延时 1~3 s,KT 动合触点(1-17)断开,YV 线圈通过 SQ3(1-17)→仍然通电;KT 动断触点(17-18)闭合,KM5 线圈通电,M3 反转,摇臂夹紧→摇臂夹紧后,压下行程开关 SQ3,SQ3 动断触点(1-17)断开,YV 线圈断电;KM5 线圈断电,M3 停转。

摇臂的下降由 SB4 控制 KM3→M2 反转来实现,其过程可自行分析。时间继电器 KT 的作用是在摇臂升降到位、M2 停转后,延时 1~3 s 再起动 M3 将摇臂夹紧,其延时时间视从 M2 停转到摇臂静止的时间长短而定。KT 为断电延时类型,在进行电路分析时应注意。

如上所述,摇臂松开由行程开关 SQ2 发出信号,而摇臂夹紧后由行程开关 SQ3 发出信号。

如果夹紧机构的液压系统出现故障,摇臂夹不紧;或者因 SQ3 的位置安装不当,在摇臂已夹紧后 SQ3 仍不能动作,则 SQ3 的动断触点(1—17)长时间不能断开,使液压泵电动机 M3 出现长期过载,因此 M3 须由热继电器 FR2 进行过载保护。

摇臂升降的限位保护由行程开关 SQ1 实现,SQ1 有两对动断触点:SQ1 - 1(5—6)实现上限位保护,SQ1 - 2(7—6)实现下限位保护。

b. 主轴箱和立柱松、紧的控制。主轴箱和立柱的松、紧是同时进行的,SB5 和 SB6 分别为松开与夹紧控制按钮,由它们点动控制 KM4、KM5 来控制 M3 的正、反转。由于 SB5、SB6 的动断触点(17—20—21)串联在 YV 线圈支路中,所以在操作 SB5、SB6 使 M3 点动的过程中,电磁阀 YV 线圈不吸合,液压泵供出的压力油进入主轴箱和立柱的松开、夹紧油腔,推动松、紧机构实现主轴箱和立柱的松开、夹紧。同时由行程开关 SQ4 控制指示灯发出信号:主轴箱和立柱夹紧时,SQ4 的动断触点(201—202)断开而动合触点(201—203)闭合,指示灯 HL1 灭而 HL2 亮;反之,在松开时,SQ4 复位,HL1 亮而 HL2 灭。

(3) 辅助电路分析

辅助电路包括照明和信号指示电路。照明电路的工作电压为安全电压 36 V,信号指示灯的工作电压为 6 V,均由控制变压器 TC 提供。

4. Z3050 型摇臂钻床的常见电气故障

Z3050 型摇臂钻床电气控制线路的独特之处,在于其摇臂升降及摇臂、立柱和主轴箱松开与夹紧的电路部分,下面主要分析这部分电路的常见故障。

(1) 摇臂不能松开

摇臂做升降运动的前提是摇臂必须完全松开。摇臂和主轴箱、立柱的松、紧都是通过液压泵电动机 M3 的正反转来实现的,因此先检查一下主轴箱和立柱的松、紧是否正常。如果正常,则说明故障不在两者的公共电路中,而在摇臂松开的专用电路上。如时间继电器 KT 的线圈有无断线,其动合触点(1—17)、(13—14)在闭合时是否接触良好,限位开关 SQ1 的触点 SQ1 - 1(5—6)、SQ1 - 2(7—6)有无接触不良,等等。

如果主轴箱和立柱的松开也不正常,则故障多发生在接触器 KM4 和液压泵电动机 M3 这部分电路上。如 KM4 线圈断线、主触点接触不良,KM5 的动断互锁触点(14—15)接触不良等。如果是 M3 或 FR2 出现故障,则摇臂、立柱和主轴箱既不能松开,也不能夹紧。

(2) 摇臂不能升降

除前述摇臂不能松开的原因之外,可能的原因还有:

① 行程开关 SQ2 的动作不正常,这是导致摇臂不能升降最常见的故障。如 SQ2 的安装位置移动,使得摇臂松开后,SQ2 不能动作,或者是液压系统的故障导致摇臂放松不够,SQ2 也不会动作,摇臂就无法升降。SQ2 的位置应结合机械、液压系统进行调整,然后紧固。

② 摇臂升降电动机 M2、控制其正反转的接触器 KM2 或 KM3 以及相关电路发生故障,也会造成摇臂不能升降。在排除了其他故障之后,应对此进行检查。

③ 如果摇臂是上升正常而不能下降,或是下降正常而不能上升,则应单独检查相关的电路及电器部件(如按钮开关、接触器、限位开关的有关触点等)。

(3) 摇臂上升或下降到极限位置时,限位保护失灵

检查限位保护开关 SQ1,通常是 SQ1 损坏或是其安装位置移动。

(4) 摇臂升降到位后夹不紧

如果摇臂升降到位后夹不紧(而不是不能夹紧),通常是行程开关 SQ3 的故障造成的。如果 SQ3 移位或安装位置不当,则会使 SQ3 在夹紧动作未完全结束前就提前吸合,M3 提前停转,从而造成夹不紧。

(5) 摇臂的松紧动作正常,但主轴箱和立柱的松、紧动作不正常

此时应重点检查:

① 控制按钮 SB5、SB6,其触点有无接触不良,或接线松动。

② 液压系统出现故障。

教学课件

磨床的电气控制

2.4 磨床的电气控制

在机械加工中,当对零件的表面粗糙度要求较高时,就需要用磨床进行加工,磨床是用砂轮的周边或端面对工件表面进行机械加工的一种精密机床。磨床的种类很多,根据用途不同可分为平面磨床、内圆磨床、外圆磨床、无心磨床等。本节以 M7130 型卧轴矩台平面磨床为例分析磨床电气控制线路的构成、原理及常见故障的分析方法。

M7130 型卧轴矩台平面磨床的作用是用砂轮磨削加工各种零件的平面。它操作方便,磨削精度和光洁度都比较高,适于磨削精密零件和各种工具,并可作镜面磨削。

2.4.1 M7130 型卧轴矩台平面磨床的主要结构及运动形式

M7130 型卧轴矩台平面磨床型号的含义如下。

M 7 1 30

磨床 —— M

平面 —— 7

1 —— 卧轴矩台式

30 —— 工作台的工作面宽为300 mm

M7130 型卧轴矩台平面磨床主要由床身、工作台、电磁吸盘、砂轮箱、滑座和立柱等组成。图 2 - 8 所示为 M7130 型卧轴矩台平面磨床结构示意图。

主运动:砂轮的高速旋转。

进给运动:工作台的往复运动(纵向进给)、砂轮架的横向(前后)进给、砂轮架的升降运动(垂直进给)。

辅助运动:工件的夹紧、工作台的快速移动、工件的夹紧与放松、工件冷却。

2.4.2 M7130 型卧轴矩台平面磨床的电力拖动要求与控制特点

M7130 型卧轴矩台平面磨床采用多电动机拖动，其中砂轮电动机拖动砂轮旋转，砂轮的旋转不需要调速，采用三相异步装入式电动机，将砂轮直接装在电动机轴上；液压电动机驱动液压泵，供出压力油，经液压传动机构来完成工作台往复纵向运动并实现砂轮的横向自动进给及承担工作台导轨的润滑；冷却泵电动机拖动冷却泵，供出磨削加工时需要的冷却液。

为适应磨削小工件需要，采用电磁吸盘来吸持工件，电磁吸盘有充磁和退磁控制环节。为保证安全，电磁吸盘与砂轮电动机、液压电动机有电气联锁关系。平面磨床设有局部安全照明。

M7130 型卧轴矩台平面磨床结构示意图如图 2－8 所示。

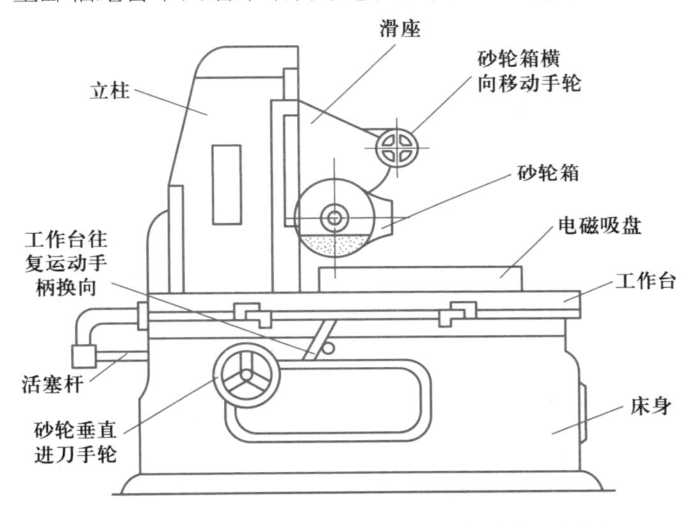

图 2－8　M7130 型卧轴矩台平面磨床结构示意图

在箱形床身中装有液压传动装置，工作台通过活塞杆由油压驱动做往复运动，床身导轨有自动润滑装置进行润滑。工作台表面有 T 形槽，用以固定电磁吸盘，再用电磁吸盘来吸持加工工件。工作台往返运动的行程长度可通过调节装在工作台正面槽中的撞块的位置来改变。换向撞块是通过碰撞工作台往复运动换向手柄来改变油路方向，以实现工作台往复运动的。

在床身上固定有立柱，沿立柱的导轨上装有滑座，砂轮箱能沿滑座的水平导轨作横向移动。砂轮轴由三相异步装入式电动机直接拖动。在滑座内部往往也装有液压传动机构。

滑座可在立柱导轨上做上下垂直移动，并可由垂直进刀手轮操作。砂轮箱的水平轴向移动可由横向移动手轮操作，也可由液压传动做连续或间断横向移动，连续移动用于调节砂轮位置或整修砂轮，间断移动用于进给。

2.4.3 M7130型卧轴矩台平面磨床的电气控制线路分析

1. 主电路分析

M7130型卧轴矩台平面磨床电气控制线路如图2－9所示。主电路有3台电动机,M1为砂轮电动机,M2为冷却泵电动机,M3为液压泵电动机,它们使用一组熔断器FU1作为短路保护;M1、M2由热继电器FR1,M3由热继电器FR2作过载保护。由于冷却泵箱和床体是分装的,所以冷却泵电动机M2通过插接器1XS和砂轮电动机M1的电源线相连,并和M1在主电路实现顺序控制。冷却泵电动机容量小,未设过载保护;砂轮电动机M1由接触器KM1控制;液压泵电动机M3由接触器KM2控制。

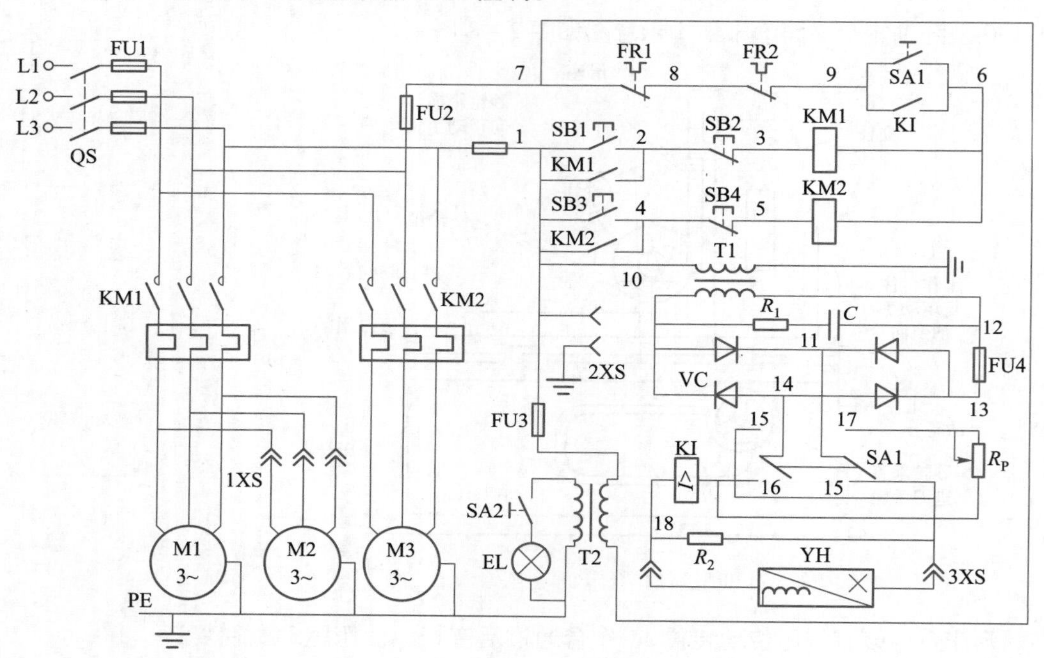

图2－9 M7130型卧轴矩台平面磨床电气控制线路

2. 控制电路分析

控制电路采用380 V电压供电,由按钮SB1、SB2与接触器KM1构成砂轮电动机起动、停止控制电路。由按钮SB3、SB4与接触器KM2构成液压泵电动机起动、停止控制电路。在3台电动机控制电路中,串接着转换开关SA1的动合触点和欠电流继电器KI的动合触点,因此,3台电动机起动的必要条件是SA1或KI的动合触点闭合。既欠电流继电器KI通电吸合,触点KI(6—9)闭合,或YH不工作,但转换开关SA1置于“去磁” 位置,触点SA1(6—9)闭合后方可进行。

3. 电磁吸盘控制电路

(1) 电磁吸盘的构造和原理

电磁吸盘外形有长方形和圆形两种。M7130 型卧轴矩台平面磨床采用长方形电磁吸盘。电磁吸盘的结构和工作原理如图 2-10 所示。

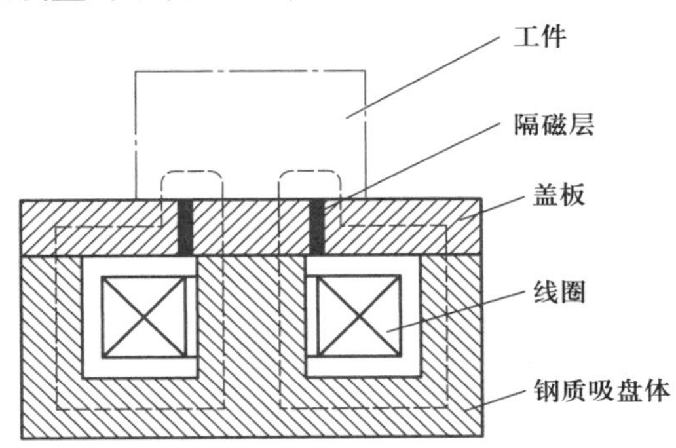

图 2-10 电磁吸盘的结构和工作原理

电磁吸盘的外壳由钢制箱体和盖板组成。在箱体内部均匀排列多个凸起的芯体上绕有线圈,盖板则采用非磁性材料隔离成若干个钢条。当线圈通入直流电后,凸起的芯体和隔离的钢条均被磁化形成磁极。当工件放在电磁吸盘上时,将被磁化而产生与磁盘相异的磁极并被吸住,即磁力线经由盖板、工件、盖板、钢质吸盘体、芯体闭合,将工件牢牢吸住。

电磁吸盘电路由整流装置、控制装置及保护装置等部分组成。

电磁吸盘整流装置由整流变压器 T1 与桥式全波整流器 VC 组成,输出 110 V直流电压对电磁吸盘供电。电磁吸盘由转换开关 SA1 集中控制。SA1 有三个位置:充磁、断电与去磁。当开关置于"充磁"位置时,触点 SA1(11—15)与触点 SA1(14—16)接通;当开关置于"去磁"位置时,触点 SA1(14—15)、SA1(11—17)及 SA1(6—9)接通;当开关置于"断电"位置时,SA1 所有触点都断开。对应开关 SA1 各位置,电路工作情况如下:

当 SA1 置于"充磁"位置时,电磁吸盘 YH 获得 110 V 直流电压,其极性 15 号线为正,18 号线为负,同时欠电流继电器 KI 与 YH 串联,若吸盘电流足够大,则 KI 动作,触点 KI(6—9)闭合,反映电磁吸盘吸力足以将工件吸牢,这时可分别操作按钮 SB1 与 SB3,起动 M1 与 M2 进行磨削加工。当加工完成后,按下停止按钮 SB2 与 SB4,M1 与 M2 停止旋转。为便于从吸盘上取下工件,需对工件进行去磁,其方法是将开关 SA1 扳至"去磁"位置。

当 SA1 扳至"去磁"位置时,电磁吸盘中通入反方向电流,并在电路中串入可变电阻 R_P,用以限制并调节反向去磁电流的大小,达到既去磁又不致反向磁化的目的。去磁结束将 SA1 扳到"断电"位置,便可取下工件。

(2) 电磁吸盘保护环节

电磁吸盘具有欠电流保护、过电压保护及短路保护等。

① 电磁吸盘的欠电流保护：为了防止平面磨床在磨削过程中出现断电事故或吸盘电流减小，致使电磁吸盘失去吸力或吸力减小，造成工件飞出，引起工件损坏或人身事故，故在电磁吸盘线圈电路中串入欠电流继电器 KI，只有当直流电压符合设计要求，吸盘具有足够吸力时，KI 才吸合，触点 KI(6—9)闭合，为起动 M1、M2 进行磨削加工做准备，否则不能开动磨床进行加工；若已在磨削加工中，则 KI 因电流过小而释放，触点 KI(6—9)断开，KM1、KM2 线圈断电，M1、M2 立即停止旋转，避免事故发生。

② 电磁吸盘的过电压保护：电磁吸盘匝数多，电感大，通电工作时存储有大量磁场能量。当线圈断电时，在线圈两端将产生高电压，若无放电回路，将使线圈绝缘及其他电器设备损坏。为此，在吸盘线圈两端应设置放电装置，以吸收断开电源后放出的磁场能量。该机床在电磁吸盘两端并联了电阻 R_2，作为放电电阻。

③ 电磁吸盘的短路保护：在整流变压器 T1 二次侧或整流装置输出端装有熔断器作短路保护。

此外，在整流装置中还设有 R_1、C 串联电路并联在 T1 二次侧，用以吸收交流电路产生过电压和直流侧电路通断时在 T1 二次侧产生浪涌电压，实现整流装置的过电压保护。

4. 照明电路

由照明变压器 T2 将 380 V 降为 36 V，并由开关 SA2 控制照明灯 EL。在 T2 一次侧装有熔断器 FU3 进行短路保护。

2.4.4 M7130 型卧轴矩台平面磨床的常见电气故障

M7130 型卧轴矩台平面磨床电气控制线路的特点是采用了可吸持工件的电磁吸盘，所以常见故障是电磁吸盘控制电路。

M7130 型卧轴矩台平面磨床电气控制线路常见故障与处理方法见表 2－4。

表 2－4 M7130 型卧轴矩台平面磨床电气控制线路常见故障与处理方法

故障现象	故障分析	处理方法
电磁吸盘没有吸力	1. 三相交流电源是否正常，熔断器 FU1、FU2 与 FU4 是否熔断或接触不良 2. 插接器 3XS 接触是否良好 3. 欠电流继电器 KI 线圈是否断开，吸盘线圈是否断路等	1. 使用万用表测电压，测量熔断器 FU1、FU2 与 FU4 是否熔断，并予以修复 2. 检查插接器 3XS 是否良好并予以修复 3. 测量欠电流继电器 KI 线圈、吸盘线圈是否损坏，并予以修复
电磁吸盘吸力不足	1. 整流电路输出电压不正常，负载时不低于 110 V 2. 电磁吸盘损坏	1. 测量电压是否正常，找出故障点并予以修复 2. 检查线圈是否短路或断路，更换线圈，处理好线圈绝缘

续表

故障现象	故障分析	处理方法
电磁吸盘退磁效果差	1. 退磁控制电路断路 2. 退磁电压过高	1. 检查转换开关 SA1 接触是否良好,退磁电阻 R_P 是否损坏,并予以修复 2. 检查退磁电压(5～10 V)并予以修复
三台电动机都不运转	1. 欠电流继电器 KI 是否吸合,其触点(6—9)是否闭合或接触不良 2. 转换开关 SA1(6—9)是否接通 3. 热继电器 FR1、FR2 是否动作或接触不良	1. 检查欠电流继电器 KI 触点(6—9)是否良好,并予以修复或更换 2. 检查转换开关 SA1(6—9)是否良好或扳到退磁位置,检查 SA1(6—9)触点情况,并予以修复 3. 检查热继电器 FR1、FR2 是否动作或接触不良,并复位或修复

2.5 铣床的电气控制

教学课件
铣床的电气控制

铣床是一种通用的多用途机床,它可以用圆柱铣刀、圆片铣刀、角度铣刀、成型铣刀及端面铣刀等刀具对各种零件进行平面、斜面、螺旋面及成型表面的加工,还可以加装万能铣头、分度头和圆工作台等机床附件来扩大加工范围。

铣床的种类很多,按照结构形式和加工性能的不同,可分为立式铣床、卧式铣床、龙门铣床、仿形铣床和专用铣床等。

常用的铣床有两种,一种是 X62W 型卧式万能铣床,铣头水平方向放置;另一种是 X52K 型立式万能铣床,铣头垂直方向放置。这两种铣床在结构上大体相同,工作台进给方式、主轴变速等都一样,电气控制线路经过系列化以后也基本一样,差别在于铣头的放置方向不同。

本节以 X62W 型卧式万能铣床为例,分析铣床对电气传动的要求、电气控制线路的构成、工作原理及常见故障。

2.5.1 X62W 型卧式万能铣床的主要结构及运动形式

X62W 型卧式万能铣床主要由底座、床身、悬梁、主轴、刀杆支架、工作台、回转盘、滑座和升降台等部分组成。图 2－11 所示是其结构及运动形式示意图。

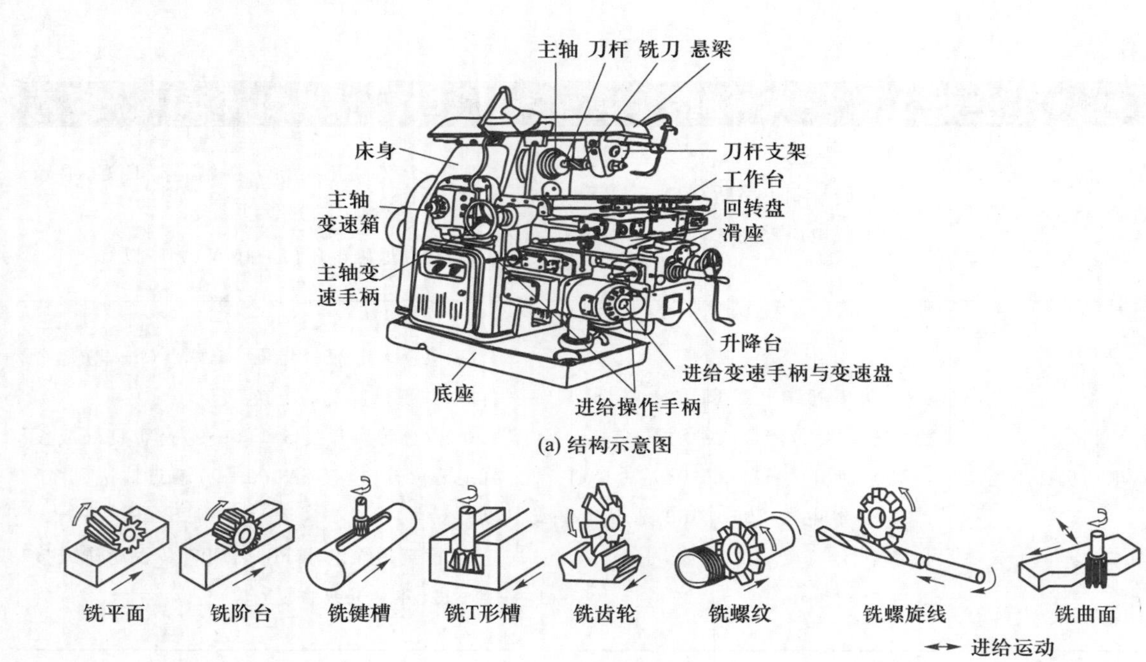

(a) 结构示意图

(b) 运动示意图

图 2－11　X62W 型万能铣床结构及运动形式示意图

X62W 型万能铣床型号的含义如下：

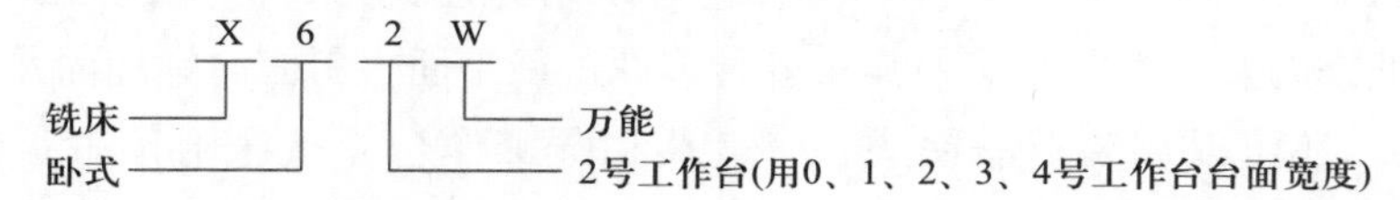

X62W 型万能铣床的主运动是主轴带动铣刀的旋转运动。

X62W 型万能铣床的进给运动是指工件随工作台在前后、左右和上下六个方向上的运动以及圆形工作台的回转运动。

X62W 型万能铣床的辅助运动包括工作台的快速移动及主轴和进给的变速冲动。

2.5.2 X62W 型卧式万能铣床的电力拖动要求与控制特点

铣床的铣削加工有顺铣和逆铣两种加工方式，所以要求主轴电动机能正转和反转，但考虑到大多数情况下一批或多批工件只用一个方向铣削，在加工过程中不需要变换主轴旋转的方向，因此用组合开关来控制主轴电动机的正转和反转。

铣床的铣削加工是一种不连续的切削加工方式，为减小振动，主轴上装有惯性轮，但这样会造成主轴停车困难，为此主轴电动机采用电磁离合器制动以实现准确停车。

铣床的铣削加工过程中需要主轴调速，采用改变变速箱的齿轮传动比来实现，主轴电动机不需要调速。

铣床的工作台要求有前后、左右和上下六个方向上的进给运动和快速移动，所以要求进给电动机能正反转。为扩大加工能力，在工作台上可加装圆形工作台，圆形工作台的回转运动由进给电动机经传动机构驱动。

为了保证机床和刀具的安全，在铣削加工时，任何时刻工件都只能有一个方向的进给运动，因此采用机械操作手柄和行程开关相配合的方式实现六个运动方向的联锁。

为防止刀具和机床的损坏，要求只有主轴旋转后，才允许有进给运动；同时为了减小加工件的表面粗糙度，要求进给停止后，主轴才能停止或同时停止。

进给变速采用机械方式实现，进给电动机不需要调速。

工作台的快速运动是指工作台在前后、左右和上下六个方向之一上的快速移动。它是通过快速移动电磁离合器的吸合，改变机械传动链的传动比实现的。

为保证变速后齿轮能良好啮合，主轴和进给变速后，都要求电动机做瞬时点动，即变速冲动。

2.5.3 X62W 型卧式万能铣床的电气控制线路分析

X62W 型卧式万能铣床的电气控制线路如图 2－12 所示。

1. 主电路分析

X62W 型万能铣床的主电路共有 3 台电动机。主轴电动机 M1，主要是拖动主轴带动铣刀旋转，由接触器 KM1、转换开关 SA3 控制，用 FR1 和 FU1 分别进行过载保护和短路保护。

进给电动机 M2，主要是拖动进给运动和快速移动，由接触器 KM3、KM4 控制，用 FR3、FU2 分别进行过载保护和短路保护。

冷却泵电动机 M3，主要是供应冷却液，由手动开关 QS2 控制，用 FR2、FU1 分别进行过载保护和短路保护。

2. 控制电路分析

控制电路的电源由控制变压器 TC 输出 110 V 电压供电。

(1) 主轴电动机 M1 的控制

为方便操作，主轴电动机 M1 采用两地控制方式，一组起动控制按钮 SB1 和停车按钮 SB5 安装在工作台上，另一组起动按钮 SB2 和停止按钮 SB6 安装在床身上。

① 主轴电动机 M1 的起动。选择好主轴的转速，合上电源开关 QS1，再把主轴换向开关 SA3 扳到所需的转向（主轴换向开关 SA3 的位置及动作说明见表 2－5）→按下起动按钮 SB1 或 SB2→KM1 线圈得电→主触点闭合、自锁触点闭合→M1 起动运转。同时 KM1 的辅助动合触点（9—10）闭合，为工作台进给电路提供电源。

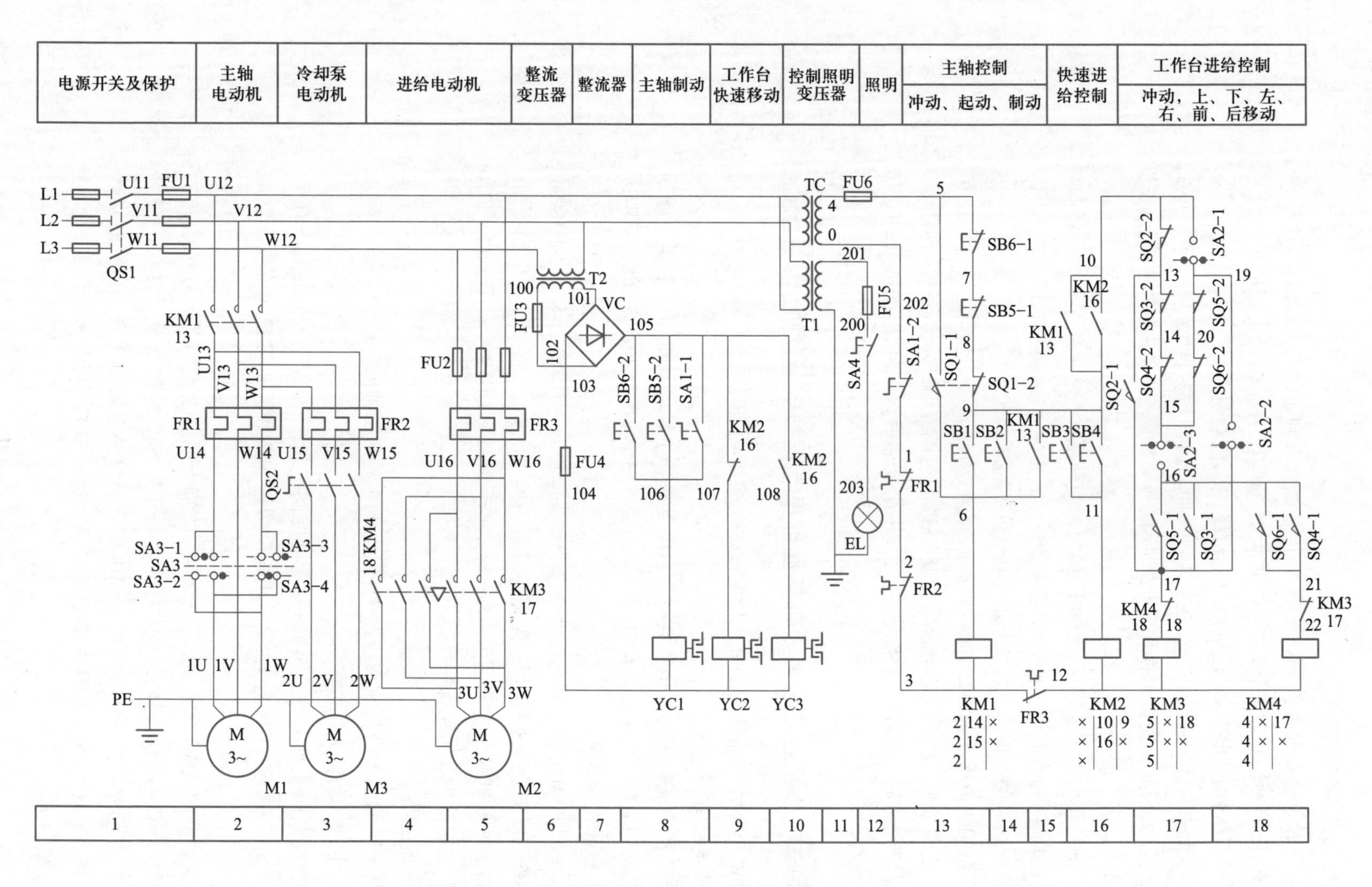

图2-12 X62W型万能铣床的电气控制线路

② 主轴电动机 M1 的制动。按下停车按钮 SB5 或 SB6→SB5 或 SB6 动断触点先分断→KM1 线圈失电，触点复位→M1 惯性运转→SB5 或 SB6 动合触点闭合→电磁离合器线圈 YC1 得电→M1 制动停转。

表 2－5 主轴换向开关 SA3 的位置及动作说明

位置	正转	停止	反转
SA3－1	－	－	+
SA3－2	+	－	－
SA3－3	+	－	－
SA3－4	－	－	+

③ 主轴的换刀。M1 停转后并不处于制动状态，主轴仍可自由转动。在主轴更换铣刀时，为避免主轴转动，造成更换困难，应将主轴制动。将转换开关 SA1 扳到换刀位置→SA1－1 闭合(18 区)→电磁离合器 YC1 线圈得电→主轴处于制动状态以便于换刀。同时 SA1－2(13 区)断开，切断控制电路，铣床无法运行，保证了人身安全。

④ 主轴变速时的冲动控制。X62W 型万能铣床主轴变速箱装在床身左侧窗口上，主轴变速由一个变速手柄和一个变速盘来控制，如图 2－13 所示。主轴变速时的冲动，是利用变速手柄与冲动位置开关 SQ1 通过机械联动机构进行控制的。变速时，先把变速手柄下压，使手柄的榫块从定位槽中脱出，然后向外拉动手柄使榫块落入第二道槽内，使齿轮组脱离啮合。变速盘选定转速后，把手柄推回原位，使榫块重新落进槽内，使齿轮组重新啮合。变速时为了使齿轮容易啮合，手柄推进时，会推一下位置开关 SQ1，使其瞬间动作，带动电动机 M1 瞬间起动。电动机 M1 的瞬间起动，使齿轮系统抖动，在齿轮系统抖动时刻，将变速手柄先快后慢地推进，齿轮便顺利地啮合。当瞬间点动过程中齿轮系统没有实现良好啮合时，可以重复上述过程直到啮合为止。变速前应先停车。

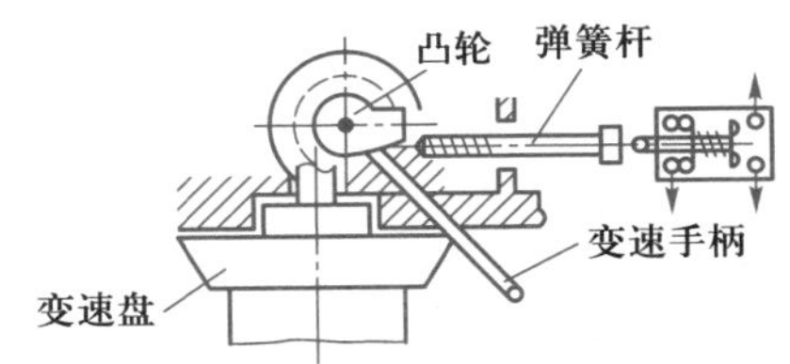

图 2－13 X62W 型万能铣床主轴变速冲动控制示意图

(2) 进给电动机 M2 的控制

工作台的进给运动在主轴起动后方可进行。工作台的进给可在 3 个坐标的 6 个方向运动，即工作台在回转盘上的左右运动；工作台与回转盘一起在溜板上和溜板一起前后运动；升降台在床身的垂直导轨上做上下运动。进给运动是通过两个操纵手柄和机械联动机构控制相应的位置开关使进给电动机 M2 正转或反转来实现的，并且6个方向的运动是联锁的，不能同时接通。

① 工作台前后、左右、上下六个方向上的进给运动。工作台的前后和上下进给运动由一个手柄控制，左右进给运动由另一个手柄控制。手柄位置与工作台运动方向的关系见表2-6。

工作台的左右移动控制：将左右进给手柄扳向左或右时，手柄压下位置开关SQ5或SQ6，使其动断触点SQ5-2或SQ6-2（17区）分断，动合触点SQ5-1（17区）或SQ6-1（18区）闭合，接触器KM3或KM4得电动作，电动机M2正转或反转。由于在SQ5或SQ6被压合的同时，通过机械机构已将电动机M2的传动链与工作台下面的左右进给丝杠相搭合，所以电动机M2的正转或反转就拖动工作台向左或向右运动。当工作台向左或向右进给到极限位置时，由于工作台两端各装有一块限位挡铁，所以挡铁碰撞手柄连杆使手柄自动复位到中间位置，位置开关SQ5或SQ6复位，电动机的传动链与左右进给丝杠脱离，电动机M2停转，工作台停止进给，实现了左右运动的终端保护。

表2-6 手柄位置与工作台运动方向的关系

控制手柄	手柄位置	行程开关动作	接触器动作	电动机M2转向	传动链搭合丝杠	工作台运动方向
左右进给手柄	左	SQ5	KM3	正转	左右进给丝杠	向左
	中	—	—	停止	—	停止
	右	SQ6	KM4	反转	左右进给丝杠	向右
上下和前后进给手柄	上	SQ4	KM4	反转	上下进给丝杠	向上
	下	SQ3	KM3	正转	上下进给丝杠	向下
	中	—	—	停止	—	停止
	前	SQ3	KM3	正转	前后进给丝杠	向前
	后	SQ4	KM4	反转	前后进给丝杠	向后

工作台的上下和前后进给由上下和前后进给手柄控制，其控制过程与左右进给相似，读者自行分析。

通过以上分析可知，两个操作手柄被置于某一方向后，只能压下四个行程开关SQ3、SQ4、SQ5、SQ6中的一个开关，接通电动机M2正转或反转回路，同时通过机械机构将电动机的传动链与三根丝杠（左右进给丝杠、上下进给丝杠、前后进给丝杠）中的一根丝杠相搭合，拖动工作台沿选定的进给方向运动，而不会沿其他方向运动。

② 左右进给与上下、前后进给的联锁控制。在控制进给的两个手柄中，当其中的一个操作手柄被置于某一进给方向后，另一个操作手柄必须置于中间位置，否则将无法实现任何进给运动。这是因为在控制电路中对两者实行了联锁保护。如当把左右进给手柄扳向左时，若又将另一个进给手柄扳到向下进给方

向,则行程开关 SQ5 和 SQ3 均被压下,动断触点 SQ5 - 2 和 SQ3 - 2 均分断,断开了接触器 KM3 和 KM4 的通路,从而使电动机 M2 停转,保证了操作安全。

③ 进给变速时的瞬时点动。进给变速也需要和主轴变速一样,进行变速后的瞬时点动。进给变速时,必须先把进给操纵手柄放在中间位置,然后将进给变速盘(在升降台前面)向外拉出,选择好速度后,再将变速盘推进去。在操纵手柄推进的过程中,挡块压下行程开关 SQ2,使触点 SQ2 - 2 分断,SQ2 - 1 闭合,接触器 KM3 得电动作,电动机 M2 起动;但随着变速盘复位,行程开关 SQ2 跟着复位,使 KM3 断电释放,M2 失电停转。这样使电动机 M2 瞬时点动一下,齿轮系统产生一次抖动,齿轮便顺利啮合了。

④ 工作台的快速移动控制。快速移动是通过两个进给操作手柄和快速移动按钮 SB3 或 SB4 配合实现的。安装好工件后,扳动进给操作手柄选定进给方向,按下快速移动按钮 SB3 或 SB4(两地控制),接触器 KM2 得电,KM2 动断触点(9 区)分断,电磁离合器 YC2 失电,将齿轮传动链与进给丝杠分离;KM2 两对动合触点闭合,一对使电磁离合器 YC3 得电,将电动机 M2 与进给丝杠直接搭合;另一对使接触器 KM3 或 KM4 得电动作,电动机 M2 得电正转或反转,带动工作台沿选定的方向快速移动。由于工作台的快速移动采用的是点动控制,故松开 SB3 或 SB4,快速移动停止。

⑤ 圆形工作台的控制。圆形工作台的工作由转换开关 SA2 控制。当需要圆形工作台旋转时,将开关 SA2 扳到接通位置,SA2 - 1 断开、SA2 - 2 断开、SA2 - 3 闭合,接触器 KM3 线圈得电,电动机 M2 起动,通过一根专用轴带动圆形工作台做旋转运动。

当不需要圆形工作台旋转时,转换开关 SA2 扳到断开位置,这时触点 SA2 - 1 和 SA2 - 3 闭合,触点 SA2 - 2 断开,工作台在六个方向上正常进给,圆形工作台不能工作。

圆形工作台转动时其余进给一律不准运动,两个进给手柄必须置于零位。若出现误操作,扳动两个进给手柄中的任意一个,则必然压合行程开关 SQ3 ~ SQ6 中的一个,使电动机停止转动。圆形工作台转动不需要调速,也不要求正反转。

3. 冷却泵及照明电路分析

主轴电动机 M1 和冷却泵电动机 M3 采用的是顺序控制,即只有在主轴电动机 M1 起动后,冷却泵电动机 M3 才能起动。冷却泵电动机 M3 由手动开关 QS2 控制。

机床照明由变压器 T1 供给 24 V 的安全电压,由开关 SA4 控制。熔断器 FU5 作照明电路的短路保护。

2.5.4　X62W 型卧式万能铣床的常见电气故障

① 主轴电动机不能起动。可能的原因：主轴换向开关打在停止位置；控制电路熔断器 FU1 熔体熔断；按钮 SB1、SB2、SB5、SB6 的触点接触不良或接线脱落；热继电器 FR1 已动作过，未能复位；主轴变速冲动开关 SQ1 的动断触点不通；接触器 KM1 线圈及主触点损坏或接线脱落。

② 主轴不能变速冲动。可能的原因：主轴变速冲动行程开关 SQ1 位置移动、撞坏或断线。

③ 工作台不能进给。可能的原因：接触器 KM3、KM4 线圈及主触点损坏或接线脱落；行程开关 SQ3、SQ4、SQ5、SQ6 的动断触点接触不良或接线脱落；热继电器 FR3 已动作，未能复位；进给变速冲动开关 SQ2 动断触点断开；两个操作手柄都不在零位；电动机 M2 已损坏；选择开关 SA2 损坏或接线脱落。

④ 进给不能变速冲动。可能的原因：进给变速冲动开关 SQ2 位置移动、撞坏或断线。

⑤ 工作台不能快速移动。可能的原因：快速移动的按钮 SB3 或 SB4 的触点接触不良或接线脱落；接触器 KM2 线圈及触点损坏或接线脱落；快速移动电磁铁 YC3 损坏。

2.6　镗床的电气控制

教学课件
镗床的电气控制

镗床是一种精密加工机床，主要用于加工精确度高的孔，以及各孔间距离要求较为精确的零件，例如一些箱体零件如机床变速箱、主轴箱等，往往需要加工数个尺寸不同的孔，这些孔尺寸大，精度要求高，且孔的轴心线之间有严格的同轴度、垂直度、平行度与距离的精确性等要求，这些都是钻床难以胜任的。由于镗床本身刚性好，其可动部分在导轨上活动间隙很小，且有附加支承，故能满足上述要求。

镗床除镗孔外，在万能镗床上还可以进行钻孔、铰孔、扩孔；用镗轴或平旋盘铣削平面；加上车螺纹附件后，还可以车削螺纹；装上平旋盘刀架可加工大的孔径、端面和外圆。因此，镗床工艺范围广、调速范围大、运动多。

按用途不同，镗床可分为卧式镗床、立式镗床、坐标镗床、金刚镗床和专门化镗床等。下面以 T68 型镗床为例进行分析。

2.6.1　T68 型镗床的主要结构及运动形式

T68 型镗床型号的含义如下：

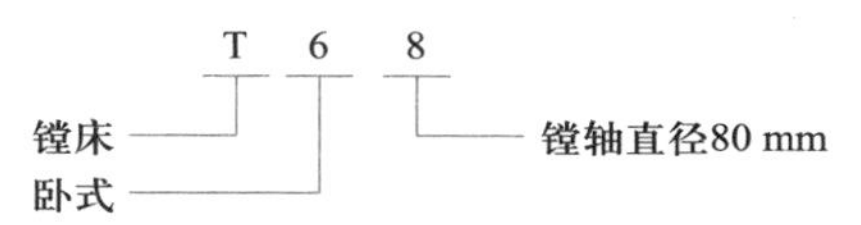

T68 型镗床主要由床身、前立柱、镗头架、镗轴、平旋盘、工作台和后立柱等部分组成。T68 型镗床的结构示意图如图 2 - 14 所示。

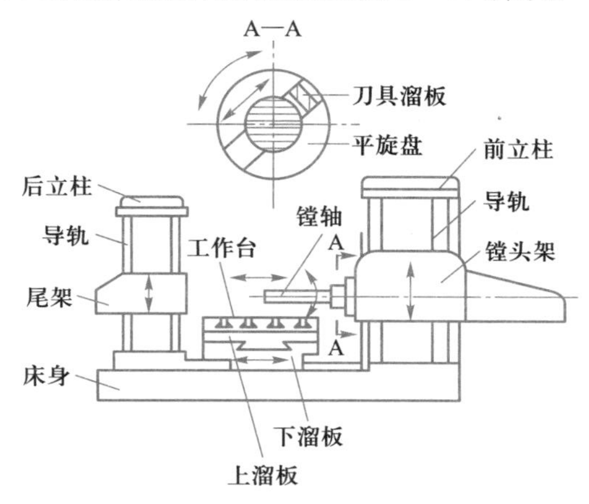

图 2 - 14 T68 卧式镗床的结构示意图

T68 型镗床的前立柱固定在床身上,在前立柱上装有可上下移动的镗头架;切削刀具固定在镗轴或平旋盘上;工作过程中,镗轴可一边旋转,一边带动刀具和轴向进给;后立柱在床身的另一端,可沿床身导轨做水平移动。工作台安置在床身导轨上,由下溜板、上溜板及可转动的工作台组成,工作台可平行于(纵向)或垂直于(横向)镗轴轴线的方向移动,并可绕工作台中心回转。

T68 型镗床的主运动是镗轴或平旋盘的旋转运动;进给运动是主轴和平旋盘的轴向进给、镗头架的垂直进给以及工作台的横向和纵向进给;辅助运动是工作台的旋转运动、后立柱的水平移动和尾架的垂直移动。

2.6.2 T68 型镗床的电力拖动要求与控制特点

① 镗轴旋转与进给量都有较大的调节范围,主运动与进给运动由一台电动机拖动,为简化传动机构采用双速笼型异步电动机。

② 由于各种进给运动都有正反不同方向的运转,故主电动机要求正、反转。

③ 为满足调整工作需要,主电动机应能实现正、反转的点动控制。

④ 保证镗轴停车迅速、准确,主电动机应有制动停车环节。

⑤ 镗轴变速与进给变速可在主电动机停车或运转时进行。为便于变速时齿轮啮合,应有变速低速冲动过程。

⑥ 为缩短辅助时间,各进给方向均能快速移动,配有快速移动电动机拖动,采用快速电动机正、反转的点动控制方式。

⑦ 主电动机为双速电动机，有高、低两种速度供选择，高速运转时应先经低速起动。

⑧ 由于运动部件多，应设有必要的联锁与保护环节。

2.6.3 T68 型镗床的电气控制线路分析

T68 型镗床的电气控制线路如图 2－15 所示。图中 M1 为主电动机，用以实现机床的主运动和进给运动；M2 为快速移动电动机，用以实现镗轴、工作台的快速移动。前者为双速电动机，功率为 5.5/5.7 kW，转速为 1 460/2 880 r/min；后者功率为 2.5 kW，转速为 1 460 r/min。整个控制电路由主电动机正反转起动旋转与正反转点动控制环节、主电动机正反转停车制动环节、镗轴变速与进给变速时的低速运转环节、工作台的快速移动控制及机床的联锁与保护环节等组成。图中 SQ1 用于主电动机变速，SQ2 用于变速联锁，SQ3 用于镗轴与平旋盘进给联锁，SQ4 用于工作台与镗头架进给联锁，SQ5 用于快速移动正转控制，SQ6 用于快速移动反转控制。

1. 主电动机的正反转控制

① 主电动机正反转点动控制。由正反转接触器 KM1、KM2 与正反转点动按钮 SB3、SB4 组成主电动机 M1 正反转点动控制电路。此时电动机定子绕组△联结进行低速点动。

② 主电动机正反向低速旋转控制。由正反转起动按钮 SB2、SB5 与正反转接触器 KM1、KM2 构成主电动机正反转起动电路。当选择主电动机低速旋转时，应将镗轴速度选择手柄置于低速挡，此时经速度选择手柄联动机构使高低速行程开关 SQ1 处于释放状态，其触点 SQ1(14—16)处于断开状态。此时若按下 SB2 或 SB5 时→KM3 与 KM1 或 KM2 通电吸合，主电动机定子绕组接成△联结，在全压下直接起动获得低速旋转。

③ 主电动机高速正反转的控制。当需主电动机高速起动旋转时，将主轴速度选择手柄置于高速挡，此时速度选择手柄经联动机构将行程开关 SQ1 压下，触点 SQ1(14—16)闭合、SQ1(14—15)断开，按下起动按钮 SB2 或 SB5→KT 与 KM1 或 KM2 通电吸合→KM3 通电吸合→电动机 M1 定子绕组接成△联结，在全压下直接起动获得低速旋转→在低速△联结起动并经 3 s 左右的延时→KT 延时断开的动断触点 KT(16—17)断开，主电动机低速转动，接触器 KM3 断电释放→KT 延时闭合的动合触点 KT(16—19)闭合→高速转动接触器 KM4、KM5 通电吸合→主电动机 M1 定子绕组接成YY联结→主电动机由低速旋转转为高速旋转，实现电动机按低速挡起动再自动换接成高速挡运转的自动控制。

2. 主电动机停车与制动的控制

主电动机 M1 在运行中可按下停止按钮 SB1 实现主电动机的停车与制动。按下停车按钮 SB1→控制电路失电→接触器 KM1 或 KM2、KM3 或 KM4、KM5

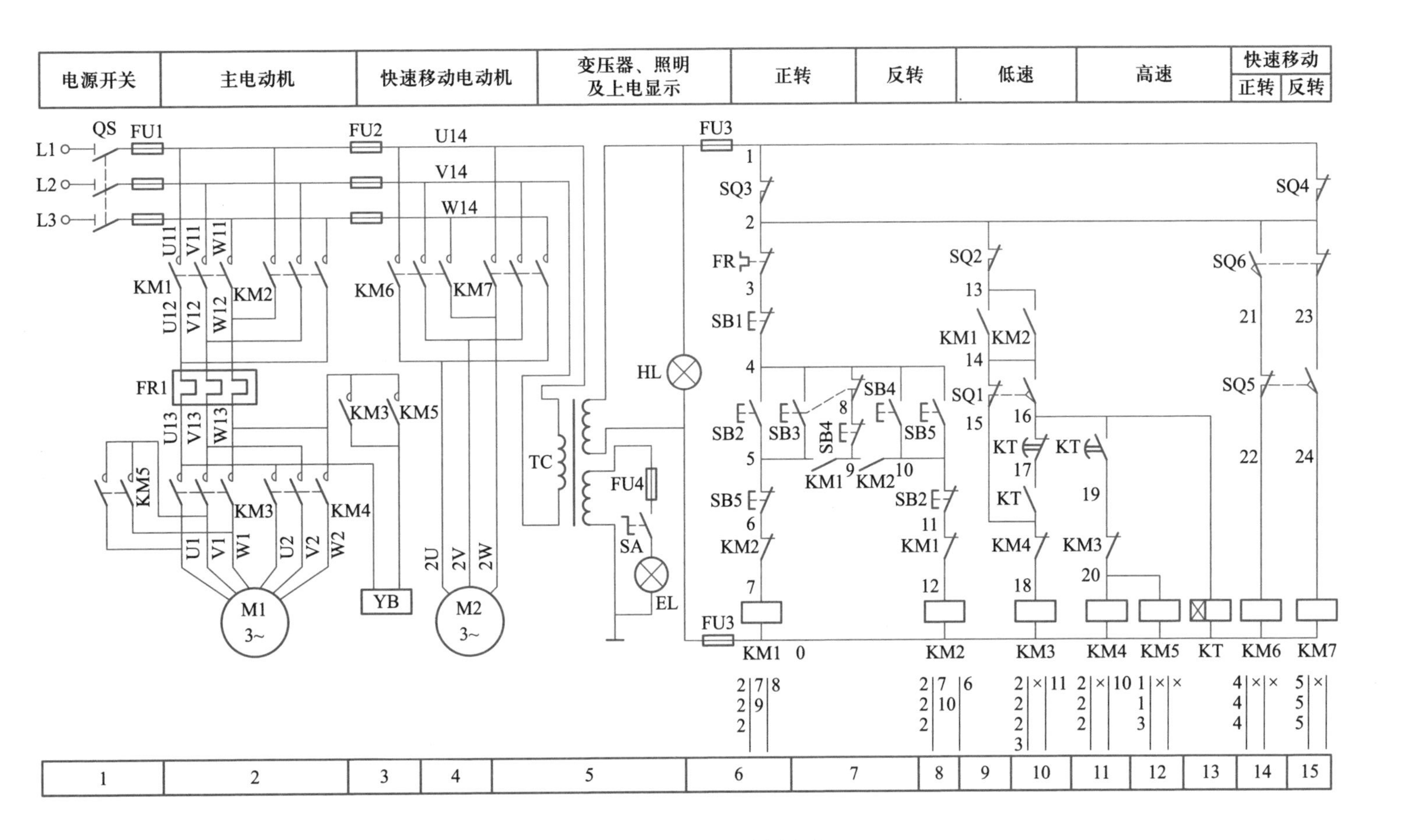

图2-15 T68型镗床电气控制线路

失电释放→触点复位→电磁离合器 YB 失电→制动电动机。

3. 主电动机在镗轴变速与进给变速时的连续低速冲动控制

T68 型镗床的镗轴变速与进给变速既可在主电动机停车时进行，也可在主电动机运行时进行。变速时为便于齿轮的啮合，主电动机运行在连续低速工作状态。

镗轴变速时，首先将变速操纵盘上的操纵手柄拉出，然后转动变速盘，选好速度后，再将变速手柄推回。在拉出或推回变速手柄的同时，与其联动的行程开关 SQ2 相应动作。当手柄拉出时，SQ2 受压；当手柄推回时，SQ2 不受压。

主电动机在运行中如需变速，将变速孔盘拉出，此时 SQ2 受压，触点 SQ2（2－13）断开，使接触器 KM3 或 KM4、KM5、KT 断电释放→主触点断开→电磁离合器 YB 失电→主电动机无论工作在正转或反转状态，都因 KM3 或 KM4、KM5 断电释放而停止旋转→变速完毕后，将变速孔盘推进，此时 SQ2 不受压，触点 SQ2（2—13）闭合→此时，无论主电动机原运行于低速或高速，KM3 线圈得电→主电动机 M1 定子绕组△联结，低速运行。若主电动机原运行于高速，KT 线圈与 KM3 线圈同时得电→延时后→KT 延时断开的动断触点 KT（16—17）断开，主电动机低速转动接触器 KM3 断电释放→KT 延时闭合的动合触点 KT（16—19）闭合→高速转动接触器 KM4、KM5 通电吸合→主电动机 M1 定子绕组成丫丫联结→主电动机由低速旋转转为高速旋转。

进给变速时主电动机继续低速冲动控制情况与镗轴变速相同，只不过此时操作的是进给变速手柄。

4. 镗头架、工作台快速移动的控制

机床各部件的快速移动，由快速移动操作手柄控制，由快速移动电动机 M2 拖动。运动部件及其运动方向的选择由装设在工作台前方的手柄操纵。快速操作手柄有“正向”“反向”“停止”3 个位置。在“正向”与“反向”位置时，将压下行程开关 SQ5 或 SQ6，使接触器 KM6 或 KM7 线圈通电吸合，实现 M2 电动机的正反转，再通过相应的传动机构使预先的运动部件按选定方向做快速移动。当快速移动控制手柄置于“停止”位置时，行程开关 SQ5、SQ6 均不受压，接触器 KM6 或 KM7 处于断电释放状态，M2 电动机停止旋转，快速移动结束。

5. 机床的联锁保护

由于 T68 型镗床运动部件较多，为防止机床或刀具损坏，保证镗轴进给和工作台进给不能同时进行，为此设置了两个锁保护行程开关 SQ3 与 SQ4。其中 SQ4 是与工作台和镗头架自动进给手柄联动的行程开关，SQ3 是与镗轴和平旋盘刀架自动进给手柄联动的行程开关。将行程开关 SQ3、SQ4 的动断触点并联后串接在控制电路中，当两种进给运动同时选择时，SQ3、SQ4 都被压下，其动断触点断开，将控制电路切断，于是两种进给都不能进行，实现联锁保护。

2.7 桥式起重机的电气控制线路

教学课件
桥式起重机的电气控制线路

起重机是一种用来吊起或放下重物并使重物在短距离内水平移动的起重设备。起重机按结构不同可分为桥式、塔式、门式、旋转式和缆索式等。不同结构的起重机分别应用于不同的场所,如建筑工地使用的塔式起重机;码头、港口使用的旋转式起重机;生产车间使用的桥式起重机;车战货场使用的门式起重机。

桥式起重机一般通称行车或天车。常见的桥式起重机有 5 t、10 t 单钩及 15/3 t、20/5 t 双钩等几种。

本节以 20/5 t 双钩桥式起重机为例,分析桥式起重机的电气控制线路。

2.7.1 20/5 t 桥式起重机的主要结构及运动形式

20/5 t 桥式起重机的结构示意图如图 2-16 所示。

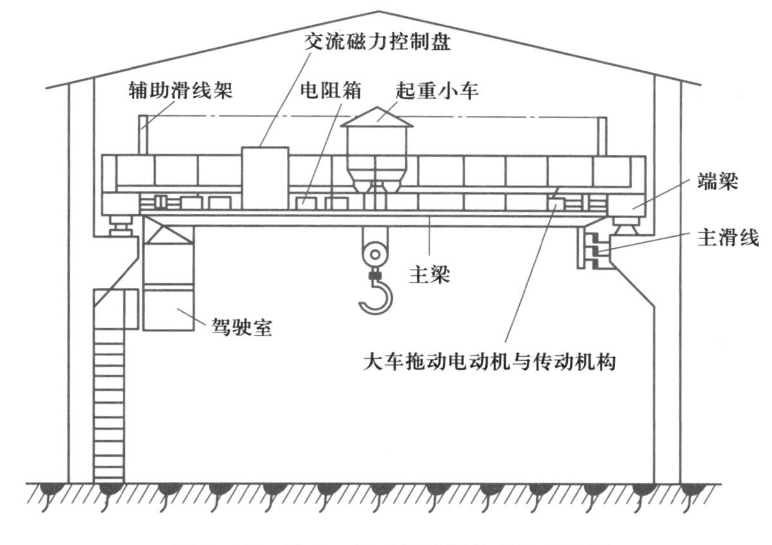

图 2-16 20/5 t 桥式起重机的结构示意图

20/5 t 桥式起重机桥架机构主要由大车和小车组成,主钩(20 t)和副钩(5 t)组成提升机构。

大车的轨道敷设在沿车间两侧的立柱上,大车可在轨道上沿车间纵向移动;大车上装有小车轨道,供小车横向移动;主钩和副钩都装在小车上,主钩用来提升重物,副钩除可提升轻物外,还可以协同主钩完成工作的吊运,但不允许主、副钩同时提升两个物件。当主、副钩同时工作时,物件的重量不允许超过主钩的额定起重量。这样,桥式起重机可以在大车能够行走的整个车间范围内进行起重运输。

20/5 t桥式起重机采用三相交流电源供电，由于起重机工作时经常移动，因此需采用可移动的电源供电。小型起重机常采用软电缆供电，软电缆可随大、小车的移动而伸展和叠卷。大型起重机一般采用滑触线和集电刷供电。三根主滑触线沿着平行于大车轨道的方向敷设在车间厂房的一侧。三相交流电源经由主滑触线和集电刷引入起重机驾驶室内的保护控制柜上，再从保护控制柜上引出两相电源至凸轮控制器，另一相称为电源公用相，直接从保护控制柜接到电动机的定子接线端。

滑触线通常采用角钢、圆钢、V形钢或工字钢等刚性导体制成。

2.7.2 20/5 t桥式起重机的电力拖动要求与控制特点

① 桥式起重机的工作环境较恶劣，经常带负载起动，要求电动机的起动转矩大、起动电流小，且有一定的调速要求，因此多选用绕线转子异步电动机拖动，用转子绕组串电阻实现调速。

② 要有合理的升降速度，空载、轻载速度要快，重载速度要慢。

③ 提升开始和重物下降到预定位置附近时，需要低速，因此在30%额定速度内应分为几挡，以便灵活操作。

④ 提升的第一挡作为预备级，用来削除传动的间隙和张紧钢丝绳，以避免过大的机械冲击，所以起动转矩不能太大。

⑤ 为保证人身和设备安全，停车必须采用安全可靠的制动方式，因此采用电磁抱闸制动。

⑥ 具有完备的保护环节：短路、过载、终端及零位保护。

2.7.3 20/5 t桥式起重机的电气控制线路分析

20/5 t桥式起重机的电气控制线路如图2－17所示。

1．20/5 t桥式起重机的电气设备及控制、保护装置

20/5 t桥式起重机共有5台绕线式转子异步电动机，其控制和保护电器见表2－7。

表2－7 20/5 t桥式起重机中电动机的控制和保护电器

名称及代号	控制电器	过流和过载保护电器	终端限位保护电器	电磁抱闸制动器
大车电动机M3、M4	凸轮控制器AC3	KI3、KI4	SQ3、SQ4	YB3、YB4
小车电动机M2	凸轮控制器AC2	KI2	SQ1、SQ2	YB2
副钩升降电动机M1	凸轮控制器AC1	KI1	SQ5提升限位	YB1
主钩升降电动机M5	主令控制器AC4	KI5	SQ6提升限位	YB5、YB6

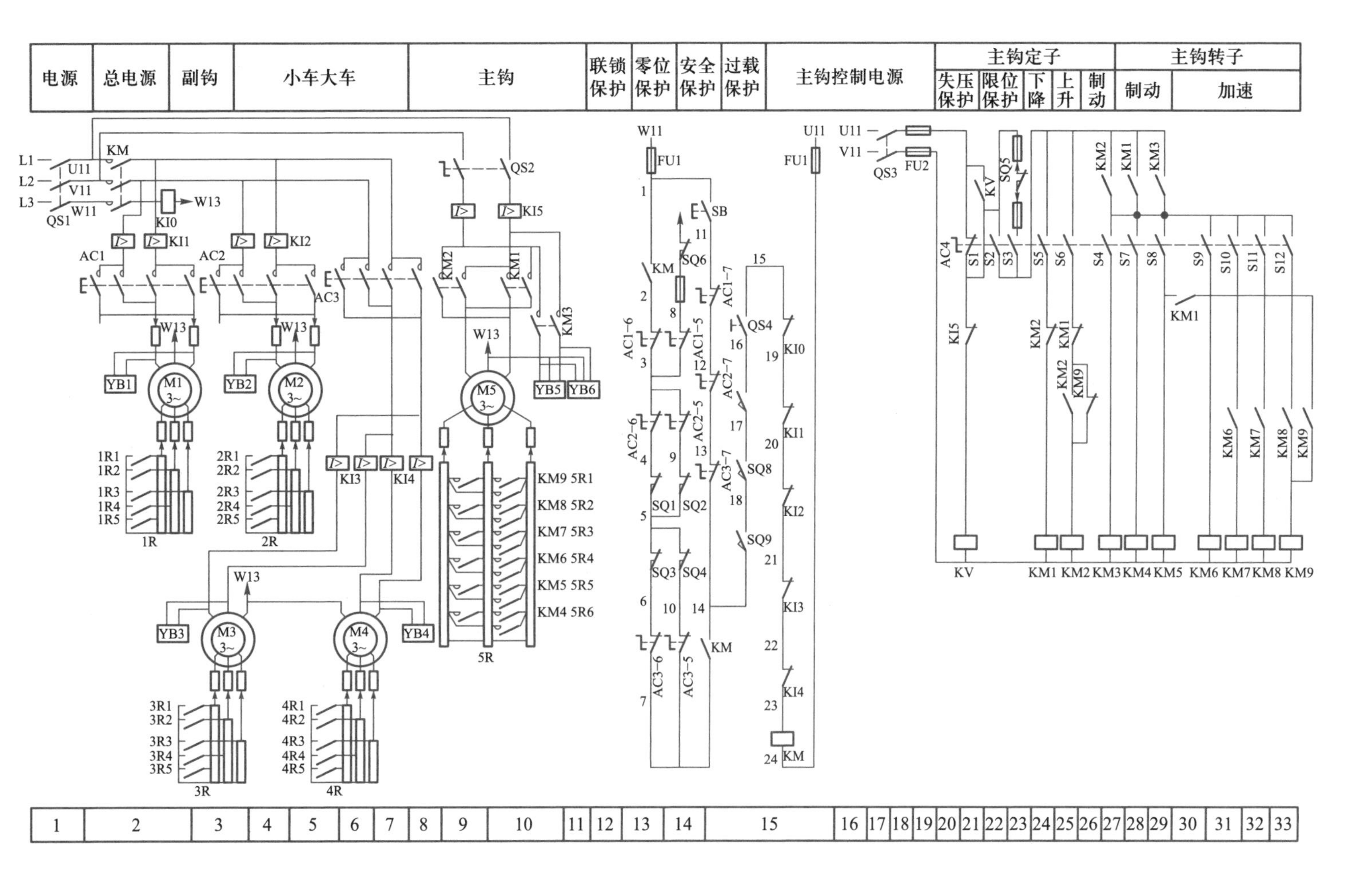

图2-17　20/5 t桥式起重机电气控制线路

整个起重机的控制和保护由交流保护柜和交流磁力控制屏来实现。总电源由隔离开关 QS1 控制,由过电流继电器 KI0 实现过电流保护。KI0 的线圈串联在公用相中,其整定值不超过全部电动机额定电流总和的 1.5 倍。各控制电路由熔断器 FU1、FU2 实现短路保护。

为了保障维修人员的安全,在驾驶室舱门盖上装有安全开关 SQ7;在横梁两侧栏杆门上分别装有安全开关 SQ8、SQ9;在保护柜上还装有一只单刀单掷的紧急开关 QS4。上述各开关的动合触点与副钩、大车、小车的过电流继电器及总过电流继电器的动断触点串联,这样,当驾驶室舱门或横梁栏杆门开启时,主接触器 KM 不能获电,起重机的所有电动机都不能起动运行,从而保证了人身安全。

起重机还设置了零位联锁保护,只有当所有控制器的手柄都处于零位时,起重机才能起动运行,其目的是为了防止电动机在转子回路电阻被切除的情况下直接起动,产生很大的冲击电流,造成事故。

电源总开关 QS1、熔断器 FU1 和 FU2、主接触器 KM、紧急开关 QS4 以及过电流继电器 KI0 ~ KI5 都安装在保护柜上。保护柜、凸轮控制器及主令控制器均安装在驾驶室内,以便于司机操作。电动机转子的串联电阻及磁力控制屏则安装在大车桥架上。

由于桥式起重机在工作过程中小车要在大车上横向移动,为了方便供电及各电气设备之间的连接,在桥架的一侧装设了 21 根辅助滑触线,它们的作用分别是:

用于主钩部分 10 根,其中 3 根连接主钩电动机 M5 的定子绕组接线端;3 根连接转子绕组与转子附加电阻 5R;2 根用于主钩电磁抱闸制动器 YB5、YB6 与交流磁力控制屏的连接;另外 2 根用于主钩上升行程开关 SQ5 与交流磁力控制屏及凸轮控制器 AC4 的连接。

用于副钩部分 6 根,其中 3 根连接副钩电动机 M1 的转子绕组与转子附加电阻 1R;2 根连接定子绕组接线端与凸轮控制器 AC1;另 1 根将副钩上升行程开关 SQ6 接到交流保护柜上。

用于小车部分 5 根,其中 3 根连接小车电动机 M2 的转子绕组与附加电阻 2R;2 根连接 M2 定子绕组接线端与凸轮控制器 AC2。

起重机的导轨及金属桥架应可靠接地。

2. 主接触器 KM 的控制

准备阶段:在起重机投入运行前,应将所有凸轮控制器手柄置于零位,使零位联锁触点 AC1 - 7、AC2 - 7、AC3 - 7 闭合;合上紧急开关 QS4,关好舱门和横梁杆门,使行程开关 SQ7、SQ8、SQ9 的动合触点也处于闭合状态。

起动运行阶段:

合上电源开关 QS1,按下起动按钮 SB,主接触器 KM 得电吸合,KM 主触点闭合，使两相电源引入各凸轮控制器。同时，KM 的两副辅助动合触点闭合自锁，接触器 KM 的线圈、接触器的线圈经 1—2—3—4—5—6—7—14—18—17—16—15—19—20—21—22—23—24 至 FU1 形成通路得电。

3. 凸轮控制器的控制

20/5 t 桥式起重机的大车、小车和副钩电动机的容量都较小，一般采用凸轮控制器进行控制，见表 2－8～表 2－11。

表 2－8 AC1 触点分合表

AC1	向下						向上				
	5	4	3	2	1	0	1	2	3	4	5
V13－1W							×	×	×	×	×
V13－1U	×	×	×	×	×						
U13－1U							×	×	×	×	×
U13－1W	×	×	×	×	×						
1R5	×	×	×	×				×	×	×	×
1R4	×	×	×						×	×	×
1R2	×	×								×	×
1R2	×										×
1R1	×										×
AC1－5						×	×	×	×	×	×
AC1－6	×	×	×	×	×	×					
AC1－7						×					

表 2－9 AC2 触点分合表

AC2	向下						向上				
	5	4	3	2	1	0	1	2	3	4	5
V14－2W							×	×	×	×	×
V14－2U	×	×	×	×	×						
U14－2U							×	×	×	×	×
U14－2W	×	×	×	×	×						
2R5	×	×	×	×				×	×	×	×
2R4	×	×	×						×	×	×
2R2	×	×								×	×
2R2	×										×
2R1	×										×
AC2－5						×	×	×	×	×	×
AC2－6	×	×	×	×	×	×					
AC2－7						×					

表2－10　AC3触点分合表

AC3	向下						向上				
	5	4	3	2	1	0	1	2	3	4	5
V12－3W、4U							×	×	×	×	×
V12－3U、4W	×	×	×	×	×						
U12－3U、4W							×	×	×	×	×
U12－3W、4U	×	×	×	×	×						
3R5	×	×	×	×				×	×	×	×
3R4	×	×	×						×	×	×
3R2	×	×								×	×
3R2	×										×
3R1	×										×
4R5	×	×	×	×				×	×	×	×
4R4	×	×	×						×	×	×
4R2	×	×								×	×
4R2	×										×
4R1	×										×
AC3－5						×	×	×	×	×	×
AC3－6	×	×	×	×	×	×					
AC3－7						×					

表2－11　AC4触点分合表

AC4		下降							上升					
		强力			制动									
		5	4	3	2	1	J	0	1	2	3	4	5	6
	S1							×						
	S2	×	×	×										
	S3				×	×	×		×	×	×	×	×	×
KM3	S4	×	×	×	×	×			×	×	×	×	×	×
KM1	S5	×	×	×										
KM2	S6				×	×	×		×	×	×	×	×	×
KM4	S7	×	×	×		×	×		×	×	×	×	×	×
KM5	S8	×	×	×			×			×	×	×	×	×
KM6	S9	×	×								×	×	×	×
KM7	S10	×										×	×	×
KM8	S11	×											×	×
KM9	S12	×	0	0										×

由于大车被两台电动机 M3 和 M4 同时拖动，所以大车凸轮控制器 AC3 比 AC1、AC2 多了 5 对动合触点，以供切除电动机 M4 的转子电阻 4R1 ~ 4R5 用。大车、小车和副钩的控制过程基本相同，下面以副钩为例，说明控制过程。

副钩凸轮控制器 AC1 的手轮共有 11 个位置，中间位置是零位，左、右两边各有 5 个位置，用来控制电动机 M1 在不同转速下的正、反转，即用来控制副钩的升降。

在主接触器 KM 得电吸合、总电源接通的情况下，转动凸轮控制器 AC1 的手轮至向上位置任一挡时，AC1 的主触点 V13 - 1W 和 U13 - 1U 闭合，电动机接通三相电源正转，副钩上升。反之，将手轮扳至向下位置的任一挡时，AC1 的主触点 V13 - 1U 和 U13 - 1W 闭合，M1 反转，带动副钩下降。

当将 AC1 的手柄扳到“1”时，AC1 的五对辅助动合触点 1R1 ~ 1R5 均断开，副钩电动机 M1 的转子回路串入全部电阻起动，M1 以最低转速带动副钩运动。依次扳到“2 ~ 5”挡时，五对辅助动合触点 1R1 ~ 1R5 逐个闭合，依次短接电阻 1R1 ~ 1R5，电动机 M1 的电阻转速逐步升高，直至达到预定转速。

当断电或将手轮转至“0”位时，电动机 M1 断电，同时电磁抱闸制动器 YB1 也断电，M1 被迅速制动停转。当副钩带有重负载时，考虑到负载的重力作用，在下降负载时，应先把手轮逐级扳到“下降”的最后一挡，然后根据速度要求逐级退回升速，以免下降过快造成事故。

4. 主令控制器的控制

主钩电动机容量较大，一般采用主令控制器配合磁力控制屏进行控制，即用主令控制器，再由接触器控制电动机。为提高主钩运行的稳定性，在切除转子附加电阻时，采用三相平衡切除，使三相转子电流平衡。

主钩上升与副钩上升的工作过程基本相似，区别仅在于它是通过接触器控制的。

主钩下降时与副钩的工作过程有明显的差异，主钩下降有 6 挡位置，“J”“1”“2”挡为制动位置，用于重负载低速下降，电动机处于倒拉反接制动运行状态；“3”“4”“5”挡为强力下降位置，主要用于轻负载快速下降。

先合上电源开关 QS1、QS2、QS3，接通主电路和控制电路电源，将主令控制器 AC4 的手柄置于零位，其触点 S1 闭合，电压继电器 KV 得电吸合，其动合触点闭合，为主钩电动机 M5 起动做准备。手柄处于各挡时的工作情况见表 2 - 12。

桥式起重机在实际运行过程中，操作人员要根据具体情况选择不同的挡位。例如主令控制器 AC4 的手柄在强力下降位置“5”挡时，仅适用于起重负载较小的场合。如果需要较低的下降速度或起重较大负载，就需要将 AC4 的手柄扳回到制动下降“1”或“2”挡进行反接制动下降。为了避免转换过程中可能产生过高的下降速度，在接触器 KM9 电路中常用辅助动合触点 KM9 自锁；同时为了不影响提升调速，在该支路中再串联一个辅助动合触点 KM1，以保证

表2－12 主钩电动机的工作情况

AC4 手柄位置	AC4 闭合触点	得电动作 的接触器	主钩的工作状态
制动下降 位置“J”挡	S3、S6 S7、S8	KM2、KM4 KM5	电动机M5接正序电压产生提升方向的电磁转矩，但由于YB5、YB6线圈未得电而仍处于制动状态，在制动器和载重的重力作用下，M5不能起动旋转。此时，M5转子电路接入四段电阻，为起动做好准备
制动下降 位置“1”挡	S3、S4 S6、S7	KM2、KM3 KM4	电动机M5仍接正序电压，但由于KM3得电动作，YB5、YB6得电松开，M5能自由旋转；由于KM5断电释放，转子回路接入五段电阻，M5产生的提升转矩减小，此时若重物产生的负载倒拉力矩大于M5的电磁转矩，M5运转在倒拉反接制动状态，低速下放重物。反之，重物反而被提升，此时必须将AC4的手柄迅速扳到下一挡
制动下降 位置“2”挡	S3、S4 S6	KM2、KM3	电动机M5仍接正序电压，但S7断开，KM4断电释放，附加电阻全部串入转子回路，M5产生的电磁转矩减小，重负载的下降速度比“1”挡时加快
强力下降 位置“3”挡	S2、S4 S5、S7 S8	KM1、KM3 KM4、KM5	KM1得电吸合，电动机M5接负序电压，产生下降方向的电磁转矩；KM4、KM5吸合，转子回路切除两级电阻5R6和5R5；KM3吸合，YB5、YB6的抱闸松开，此时若负载较轻，M5处于反转电动状态，强力下降重物；若负载较重，使电动机的转速超过其同步转速，M5将进入再生发电制动状态，限制下降速度
强力下降 位置“4”挡	S2、S4 S5、S7 S8、S9	KM1、KM3 KM4、KM5 KM6	KM6得电吸合，转子附加电阻5R4被切除，M5进一步加速，轻负载下降速度加快。另外，KM6的辅助动合触点闭合，为KM7得电做准备
强力下降 位置“5”挡	S2、S4 S5 S7～S12	KM1、KM3 KM4～KM9	AC4闭合的触点较“4”挡又增加了S10、S11、S12，KM7～KM9依次得电吸合，转子附加电阻5R3、5R2、5R1依次逐级切除，以避免过大的冲击电流；M5旋转速度逐渐增加，最后以最高速度运转，负载以最高速度下降。此时若负载较重，使实际下降速度超过电动机的同步转速，电动机将进入再生发电制动状态，电磁转矩变成制动力矩，限制负载下降速度的继续增加

AC4的手柄由强力下降位置向制动下降位置转换时，接触器KM9线圈始终通电，只有将手柄扳至制动下降位置后，KM9的线圈才断电。

在AC4的触点分合表中，强力下降位置“3”和“4”挡上有“0”符号，表示手柄由“5”挡回转时，触点S12接通。如果没有以上联锁措施，在手柄由强力下降位置向制动下降位置转换时，若操作人员不小心，误将手柄停在了“3”或“4”挡，那么正在高速下降的负载速度不但得不到控制，反而会增加，很可能造成事故。

另外，串接在接触器 KM2 线圈电路中的 KM2 动合触点与 KM9 动断触点并联，主要作用是当接触器 KM1 线圈断电释放后，只有在 KM9 断电释放的情况下，接触器 KM2 才能得电自锁，从而保证了只有在转子电路中串接一定附加电阻的前提下，才能进行反接制动，以防止反接制动时产生过大的冲击电流。

2.7.4 20/5 t 桥式起重机的常见电气故障

桥式起重机的结构复杂，工作环境较恶劣，故障率较高。为保证人身和设备的安全，必须坚持经常性的维护保养和检修。

① 合上电源总开关 QS1 并按下起动按钮 SB 后，接触器 KM 不动作。可能的原因：线路无电压；熔断器 FU1 熔断或过电流继电器动作后未复位；紧急开关 QS4 或安全开关 SQ7、SQ8、SQ9 未合上；各凸轮控制器手柄未在零位；主接触器 KM 线圈断路。

② 主接触器 KM 吸合后，过电流继电器立即动作。可能的原因：凸轮控制器电路接地；电动机绕组接地；电磁抱闸线圈接地。

③ 接通电源并转动凸轮控制器的手轮后，电动机不起动。可能的原因：凸轮控制器主触点接触不良；滑触线与集电刷接触不良；电动机的定子绕组或转子绕组接触不良；电磁抱闸线圈断路或制动器未松开。

④ 转动凸轮控制器后，电动机能起动运转，但不能输出额定功率且转速明显减慢。可能的原因：电源电压偏低；制动器未完全松开；转子电路串接的附加电阻未完全切除；机构卡住。

⑤ 制动电磁铁线圈过热。可能的原因：电磁铁线圈的电压与线路电压不符；电磁铁工作时，动、静铁心间的间隙过大；电磁铁的牵引力过载；制动器的工作条件与线圈数据不符；电磁铁铁心歪斜或机械卡阻。

⑥ 制动电磁铁噪声过大。可能的原因：交流电磁铁短路环开路；动、静铁心端面有油污；铁心松动或铁心端面不平整；电磁铁过载。

⑦ 凸轮控制器在工作过程中卡住或转不到位。可能的原因：凸轮控制器的动触点卡在静触点下面；定位机构松动。

⑧ 凸轮控制器在转动过程中火花过大。可能的原因：动、静触点接触不良；控制的电动机容量过大。

2.8 实训

教学课件
实训

2.8.1 CA6140 型卧式车床电气控制线路故障检修

一、任务目标

1. 熟悉常用电器元件的作用；

2．熟悉各种保护环节在机床电气控制线路中的重要作用；

3．进一步理解典型控制环节在机床电气控制线路中的应用；

4．了解电气控制线路中故障的检测思路和方法，通过学习能排除常见故障。

二、实训设备

1．工具：测电笔、螺钉旋具、斜口钳、剥线钳、电工刀等。

2．仪表：万用表、兆欧表。

3．器材：CA6140 型卧式车床电气控制线路实训考核台。

三、实训内容和步骤

1．在教师指导下，对 CA6140 型卧式车床演示电路进行实际操作，了解车床的各种工作状态及操作手柄的作用。

2．在教师指导下，弄清 CA6140 型卧式车床电器元件的安装位置、走线情况及操作手柄处于不同位置时，各位置开关的工作状态及运动部件的工作情况。

3．在 CA6140 型卧式车床电气控制线路实训考核台上人为设置故障，由教师示范检修，边分析边检查，直到故障排除。

4．由教师设置让学生知道的故障点，指导学生从故障现象着手进行分析，逐步采用正确的检查步骤和维修方法排除故障。

5．教师设置故障，由学生检修。

四、注意事项

1．检修前要认真阅读 CA6140 型卧式车床的电路图，熟练掌握各个控制环节的原理及作用，并要求学生认真观察教师的示范检修方法及思路。

2．检修中的所用工具、仪表应符合使用要求，并能正确地使用，检修时要认真核对导线的线号，以免出现误判。

3．排除故障时，必须修复故障点，但不得采用元件代换法。

4．排除故障时，严禁扩大故障范围或产生新的故障。

5．要求学生用电阻测量法排除故障，以确保安全。

2.8.2 Z3050 型摇臂钻床电气控制线路故障检修

一、任务目标

1．熟悉常用电器元件的作用；

2．熟悉各种保护环节在机床电气控制线路中的重要作用；

3．进一步理解典型控制环节在机床电气控制线路中的应用；

4．了解电气控制线路中故障的检测思路和方法，通过学习能排除常见故障。

二、实训设备

1. 工具:测电笔、螺钉旋具、斜口钳、剥线钳、电工刀等。

2. 仪表:万用表、兆欧表。

3. 器材:Z3050 型摇臂钻床电气控制线路实训考核台。

三、实训内容和步骤

1. 在教师指导下,对 Z3050 型摇臂钻床演示电路进行实际操作,了解钻床的各种工作状态及操作手柄的作用。

2. 在教师指导下,弄清 Z3050 型摇臂钻床电器元件的安装位置、走线情况及操作手柄处于不同位置时,各位置开关的工作状态及运动部件的工作情况。

3. 在 Z3050 型摇臂钻床电气控制线路实训考核台上人为设置故障,由教师示范检修,边分析边检查,直到故障排除。

4. 由教师设置让学生知道的故障点,指导学生从故障现象着手进行分析,逐步采用正确的检查步骤和维修方法排除故障。

5. 教师设置故障,由学生检修。

四、注意事项

1. 检修前要认真阅读 Z3050 型摇臂钻床的电路图,熟练掌握各个控制环节的原理及作用,并要求学生认真观察教师的示范检修方法及思路。

2. 检修中的所用工具、仪表应符合使用要求,并能正确地使用,检修时要认真核对导线的线号,以免出现误判。

3. 排除故障时,必须修复故障点,但不得采用元件代换法。

4. 排除故障时,严禁扩大故障范围或产生新的故障。

5. 要求学生用电阻测量法排除故障,以确保安全。

2.8.3 M7130 型平面磨床电气控制线路故障检修

一、任务目标

1. 理解 M7130 型平面磨床电气控制线路的工作原理;

2. 学会 M7130 型平面磨床电气控制线路的故障检修方法。

二、实训设备

1. 工具:测电笔、螺钉旋具、斜口钳、剥线钳、电工刀等。

2. 仪表:万用表、兆欧表。

3. 器材:M7130 型平面磨床电气控制线路实训考核台。

三、实训内容和步骤

1. 在教师指导下,在 M7130 型平面磨床电气控制线路实训考核台上进行实际操作,了解 M7130 型平面磨床的各种工作状态及电磁吸盘的作用。

2. 在教师指导下,弄清 M7130 型平面磨床电器元件的安装位置、走线情况及操作手柄处于不同位置时,各位置开关的工作状态及运动部件的工作情况。

3. 在 M7130 型平面磨床电气控制线路实训考核台上人为设置故障,由教师示范检修,边分析边检查,直到故障排除。

4. 由教师设置让学生知道的故障点,指导学生从故障现象着手进行分析,逐步采用正确的检查步骤和维修方法排除故障。

5. 教师设置故障,由学生检修。

四、注意事项

1. 检修前要认真阅读 M7130 型平面磨床的电路图,熟练掌握各个控制环节的原理及作用,并要求学生认真观察教师的示范检修方法及思路。

2. 检修中的所用工具、仪表应符合使用要求,并能正确地使用,检修时要认真核对导线的线号,以免出现误判。

3. 排除故障时,必须修复故障点,但不得采用元件代换法。

4. 排除故障时,严禁扩大故障范围或产生新的故障。

5. 要求学生用电阻测量法排除故障,以确保安全。

2.8.4 X62W 型万能铣床电气控制线路故障检修

一、任务目标

1. 熟悉常用电器元件的作用;

2. 熟悉各种保护环节在机床电气控制线路中的重要作用;

3. 进一步理解典型控制环节在机床电气控制线路中的应用;

4. 了解电气控制线路中故障的检测思路和方法,通过学习能排除常见故障。

二、实训设备

1. 工具:测电笔、螺钉旋具、斜口钳、剥线钳、电工刀等。

2. 仪表:万用表、兆欧表。

3. 器材:X62W 型万能铣床电气控制线路实训考核台。

三、实训内容和步骤

1. 在教师指导下,对 X62W 型万能铣床演示电路进行实际操作,了解铣床的各种工作状态及操作手柄的作用。

2. 在教师指导下,弄清 X62W 型万能铣床电器元件的安装位置、走线情况及操作手柄处于不同位置时,各位置开关的工作状态及运动部件的工作情况。

3. 在 X62W 型万能铣床电气控制线路实训考核台上人为设置故障,由教师示范检修,边分析边检查,直到故障排除。

4. 由教师设置让学生知道的故障点,指导学生从故障现象着手进行分析,逐步采用正确的检查步骤和维修方法排除故障。

5. 教师设置故障,由学生检修。

四、注意事项

1. 检修前要认真阅读 X62W 型万能铣床的电路图,熟练掌握各个控制环节的原理及作用,并要求学生认真观察教师的示范检修方法及思路。

2. 检修中的所用工具、仪表应符合使用要求,并能正确地使用,检修时要认真核对导线的线号,以免出现误判。

3. 排除故障时,必须修复故障点,但不得采用元件代换法。

4. 排除故障时,严禁扩大故障范围或产生新的故障。

5. 要求学生用电阻测量法排除故障,以确保安全。

2.8.5 T68 型镗床电气控制线路故障检修

一、任务目标

1. 理解 T68 型镗床电气控制线路的工作原理;

2. 学会 T68 型镗床电气控制线路的故障检修方法。

二、实训设备

1. 工具:测电笔、螺钉旋具、斜口钳、剥线钳、电工刀等。

2. 仪表:万用表、兆欧表。

3. 器材:T68 型镗床电气控制线路实训考核台。

三、实训内容和步骤

1. 在教师指导下,在 T68 型镗床电气控制线路实训考核台上进行实际操作。

2. 在教师指导下,弄清 T68 型镗床电器元件的安装位置、走线情况及操作手柄处于不同位置时,各位置开关的工作状态及运动部件的工作情况。

3. 在 T68 型镗床电气控制线路实训考核台上人为设置故障,由教师示范检修,边分析边检查,直到故障排除。

4. 由教师设置让学生知道的故障点,指导学生从故障现象着手进行分析,逐步采用正确的检查步骤和维修方法排除故障。

5. 教师设置故障,由学生检修。

四、注意事项

1. 检修前要认真阅读 T68 型镗床的电路图,熟练掌握各个控制环节的原理及作用,并要求学生认真观察教师的示范检修方法及思路。

2. 检修中的所用工具、仪表应符合使用要求,并能正确地使用,检修时要认真核对导线的线号,以免出现误判。

3. 排除故障时,必须修复故障点,但不得采用元件代换法。

4. 排除故障时,严禁扩大故障范围或产生新的故障。

5. 要求学生用电阻测量法排除故障,以确保安全。

2.8.6 20/5 t桥式起重机电气控制线路故障检修

一、任务目标

1. 理解20/5 t桥式起重机电气控制线路的工作原理；

2. 学会20/5 t桥式起重机电气控制线路的故障检修方法。

二、实训设备

1. 工具:测电笔、螺钉旋具、斜口钳、剥线钳、电工刀等。

2. 仪表:万用表、兆欧表。

3. 器材:20/5 t桥式起重机电气控制线路实训考核台。

三、实训内容和步骤

1. 在教师指导下,在20/5 t桥式起重机电气控制线路实训考核台上进行实际操作,了解20/5 t桥式起重机的各种工作状态及电磁吸盘的作用。

2. 在教师指导下,弄清20/5 t桥式起重机电器元件的安装位置、走线情况及操作手柄处于不同位置时,各位置开关的工作状态及运动部件的工作情况。

3. 在20/5 t桥式起重机电气控制线路实训考核台上人为设置故障,由教师示范检修,边分析边检查,直到故障排除。

4. 由教师设置让学生知道的故障点,指导学生从故障现象着手进行分析,逐步采用正确的检查步骤和维修方法排除故障。

5. 教师设置故障,由学生检修。

四、注意事项

1. 检修前要认真阅读20/5 t桥式起重机的电路图,熟练掌握各个控制环节的原理及作用,并要求学生认真观察教师的示范检修方法及思路。

2. 检修中的所用工具、仪表应符合使用要求,并能正确地使用,检修时要认真核对导线的线号,以免出现误判。

3. 排除故障时,必须修复故障点,但不得采用元件代换法。

4. 排除故障时,严禁扩大故障范围或产生新的故障。

5. 要求学生用电阻测量法排除故障,以确保安全。

习题

1. 试述CA6140型车床主轴电动机的控制特点及时间继电器KT的作用。

2. C A6140型车床电气控制具有哪些保护环节？

3. 在M7130型平面磨床励磁、去磁电路中,变阻器R_P有何作用？

4. 当M7130型平面磨床工件磨削完毕,为使工件容易从工作台上取下,应使电磁吸盘去磁,此时应如何操作？电路工作情况如何？

5. Z3050型摇臂钻床在摇臂升降过程中,液压油泵电动机M3和摇臂升降电动机 M2 应如何配合工作？以摇臂上升为例叙述电路工作情况。

6. 在 Z3050 型摇臂钻床中，SQ1、SQ2、SQ3 各行程开关的作用是什么？结合电路工作情况说明。

7. 在 Z3050 型摇臂钻床中，时间继电器 KT 的作用是什么？

8. 在 X62 型万能铣床中，电磁离合器 YC1、YC2、YC3 的作用是什么？

9. X62 型万能铣床电气控制具有哪些联锁与保护？为什么要有这些联锁与保护？它们是如何实现的？

10. X62 型万能铣床进给变速能否在运行中进行？为什么？

11. X62 型万能铣床主轴变速能否在主轴停止或主轴旋转时进行？为什么？

12. X62 型万能铣床的电气控制有哪些特点？

13. 试述 T68 型镗床主电动机 M1 高速起动控制的操作过程及电路工作情况。

14. 在 T68 型镗床电路中，行程开关 SQ1 ~ SQ6 各有什么作用？安装在何处？它们分别由哪些操作手柄控制？

15. 在 T68 型镗床中，时间继电器 KT 有何作用？其延时长短有何影响？

16. 在 T68 型镗床中，接触器 KM3 在主电动机 M1 处于什么状态下不工作？

17. 试述 T68 型镗床快速进给的控制过程。

18. T68 型镗床的电气控制有哪些特点？

19. 桥式起重机为什么多选用绕线转子异步电动机拖动？

20. 桥式起重机的电气控制线路中设置了哪些安全保护措施来保证人身安全？

21. 桥式起重机主钩下降的制动下降挡主要用于哪些情况？

第3章

可编程序控制器概述

继电器电气控制系统是根据控制要求，用导线将一定数量的继电器连接而成的控制线路；如果控制要求比较复杂，需要的继电器就很多，而且继电器之间的布线也会变得十分复杂，人工接线的工作量很大。

随着电气控制设备，尤其是电子计算机的迅猛发展，工业生产自动化控制技术也发生了深刻的变化。无论是从国外引进的自动化生产线，还是自行设计的自动控制系统，普遍把可编程序控制器作为控制系统的核心器件。可编程序控制器在取代传统电气控制元件方面有着不可比拟的优点，在自动化领域已形成了一种工业控制趋势。电气设备能否方便可靠地实现自动化，很大程度上取决于对可编程序控制器的应用水平。

可编程序控制器是一种专为在工业环境下应用而设计的计算机控制系统。它采用可编程存储器，能够执行逻辑控制、顺序控制、定时、计数和算术运算等操作功能，并通过开关量的输入和输出完成各种机械或生产过程的控制。它具有丰富的输入、输出接口，并且具有较强的驱动能力，其硬件需根据实际需要选配，其软件则需根据控制要求进行设计。

本章将简要介绍可编程序控制器的起源、功能、分类及其基本结构。

3.1 可编程序控制器的发展过程及基本功能

3.1.1 可编程序控制器的发展过程

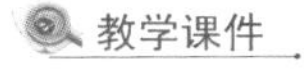

可编程序控制器的发展过程及基本功能

1. 可编程序控制器的产生

PLC 是在 20 世纪 60 年代后期和 70 年代初期问世的。开始主要用于汽车制造业，当时汽车生产流水线控制系统基本上都是由继电器控制装置构成的，汽车的每一次改型都要求生产流水线继电器控制装置重新设计，这样继电器控制装置就需要经常更改设计和安装，正是从汽车制造业开始了对传统继电器控制的挑战。1968 年，美国通用汽车公司（General Motors）要求制造商为其装配线提供一种新型的通用程序控制器，并提出 10 项招标指标。这就是著名的 GM 10 条。GM10 条是可编程序控制器出现的直接原因：

可编程序控制器的产生和定义

① 编程简单，可在现场修改和调试程序；

② 价格便宜，性价比高于继电器控制系统；

③ 可靠性高于继电器控制系统；

④ 体积小于继电器控制柜的体积，能耗少；

⑤ 能与计算机系统数据通信；

⑥ 输入量是交流 115 V 电压信号（美国电网电压是 110 V）；

⑦ 输出量是交流 115 V 电压信号、输出电流在 2 A 以上，能直接驱动电磁阀等；

⑧ 具有灵活的扩展能力；

⑨ 硬件维护方便，采用插入式模块结构；

⑩ 用户存储器容量至少在 4 KB 以上。

为此美国的数字设备公司（DEC）于 1969 年研制出世界第一台可编程序控制器并成功地应用在 GM 公司的生产线上。此后这项新技术迅速发展，并推动世界各国对可编程序控制器的研制和应用。日本、德国等先后研制出自己的可编程序控制器。

2. 可编程序控制器的定义

早期可编程序控制器主要用于顺序控制，只能进行逻辑运算，故称为可编程序逻辑控制器，简称 PLC（Programmable Logic Controller）。

随着微电子技术和计算机技术的发展，使 PLC 从开关量的逻辑控制扩展到对模拟量控制，并且具有通信联网等功能，真正成为一台电子计算机工业控制装置。PLC 这一名称已不能准确反映它的特性。1980 年，美国电气制造商协会（NEMA）将可编程序控制器正式命名为 Programmable Controller，简称为 PC。但由于 PC 容易和个人计算机（Personal Computer）相混淆，国内外很多杂志以及在工业现场的工程技术人员仍习惯地用 PLC 作为可编程序控制器的缩写。为了照顾到这种习惯，在后续章节的介绍中，仍称可编程序控制器为 PLC。

关于可编程序控制器的定义，因其仍在不断的发展，所以国际上至今还未能下最后的定义。1987 年国际电工委员会（IEC）在颁布可编程序控制器标准草案第三稿时对可编程序控制器作了如下的定义：可编程序控制器是一种数字运算的电子系统，专为工业环境下应用而设计。它采用可编制程序的存储器，用来在其内部存储执行逻辑运算、顺序运算、定时、计数和算术运算等操作的指令，并能通过数字式或模拟式的输入和输出，控制各种类型的机械或生产过程。可编程序控制器及其有关的外围设备，都应按照易于与工业控制系统形成一个整体、易于扩展其功能的原则而设计。该定义强调了可编程序控制器是“数字运算操作的电子系统”，它是一种计算机，它是“专为工业环境下应用而设计”的工业控制计算机。

可编程序控制器的发展与应用

3. 可编程序控制器的发展

可编程序控制器凭借其具有很强的抗干扰能力，很高的可靠性，大量的能在恶劣环境下工作的 I/O 接口，伴随着新产品，新技术的不断涌现，始终保持着旺盛的市场生命力。

在全世界约 200 家可编程序控制器生产厂商中，控制整个市场 60% 以上份额的公司只有 6 家，即美国 A－B（罗克韦尔）公司，GE－FANUC（通用－发那科）公司，德国的 SIEMENS（西门子）公司，法国的 Schneider（施耐德）公司，日本的 MITSUBISHI（三菱）公司，OMRON（欧姆龙）公司。

我国从 1974 年开始研制 PLC，当时上海、北京、西安等一些科研院校都在研制,1977 年开始工业应用,经过多年的发展,国内 PLC 生产厂约有 30 家,但尚未形成规模。市场占有率低于国外品牌。国内 PLC 应用市场仍然以国外产品为主,如:西门子的 S7 - 200 系列、300 系列、400 系列、1200 系列、1500 系列,三菱的 FX 系列、Q 系列,欧姆龙的 C200H 系列等。

可编程序控制器发展过程大致分为以下几个阶段:

第一阶段:功能简单。主要是逻辑运算、定时和计数功能,没有形成系列。与继电器控制相比,可靠性有一定提高。CPU 由中小规模集成电路组成,存储器为磁芯存储器。目前此类产品已无人问津。

第二阶段:增加了数字运算功能,能完成模拟量的控制。开始具备自诊断功能,存储器采用 EPROM。此类 PLC 已退出市场。

第三阶段:将微处理器用于 PLC 中,而且向多微处理器发展,使 PLC 的功能和处理速度大大增强,具有通信功能和远程 I/O 能力。这类 PLC 仍在部分使用。

第四阶段:能完成对整个车间的监控,可在显示器上显示各种现场图像,灵活方便地完成各种控制和管理操作,可将多台 PLC 连接起来与大系统连成一体,实现网络资源共享。编程语言除了传统的梯形图、逻辑功能图、语句表等以外,还有顺序功能流程图和结构化文本语言等。顺序功能流程图语言是为了满足顺序逻辑控制而设计的编程语言。结构化文本语言是用结构化描述文本描述程序的一种编程语言。

目前,为了适应大中小型企业的不同需要,扩大 PLC 在工业自动化领域的应用范围,PLC 正朝着以下两个方向发展:一方面向着大型化的方向发展,使之能取代工业控制机的部分功能,对复杂系统进行综合性自动控制;一方面则向着小型化的方向发展,使之能更加广泛地取代继电器控制。

4. 可编程序控制器的应用范围

可编程序控制器作为一种通用的工业控制器,它可用于所有的工业领域。当前国内外已广泛地将可编程序控制器应用到机械、汽车、冶金、石油、化工、轻工、纺织、交通、电力、电信、采矿、建材、食品、造纸、军工、家电等各个领域,并且取得了相当可观的技术经济效益。

下面列举一些可编程序控制器的应用实例。

① 电力工业:输煤系统控制、锅炉燃烧管理、灰渣和飞灰处理系统、汽轮机和锅炉的起停程序控制、化学补给水、冷凝水和废水的程序控制、锅炉缺水报警控制、水塔水位远程控制等。

② 机械工业:数控机床、自动装卸机、移送机械、工业用机器人控制、自动仓库控制、铸造控制、热处理、输送带控制、自动电镀生产线程序控制等。

③ 汽车工业:移送机械控制、自动焊接控制、装配生产线控制、铸造控制、喷漆流水线控制等。

④ 钢铁工业:加热炉控制、高炉上料和配料控制、钢板卷曲控制、飞剪控制、料场进料及出料自动分配控制、包装和搬运控制、翻砂造型控制等。

⑤ 化学工业:化学反应槽批量控制、化学水净化处理、自动配料、化工流程控制、气囊硫化机控制、煤气燃烧控制、V 带单鼓成型机控制等。

⑥ 食品工业:发酵罐过程控制、配比控制、净洗控制、包装机控制、搅拌控制等。

⑦ 造纸工业:制浆搅拌控制、抄纸机控制、卷取机控制等。

⑧ 轻工业:玻璃瓶厂炉子配料及自动制瓶控制、注塑机程序控制、搪瓷喷花、制鞋生产线控制、啤酒贴标机控制等。

⑨ 纺织工业:手套机程序控制、落纱机控制、高温高压染缸群控、羊毛衫针织横机程控等。

⑩ 建材工业:水泥生产工艺控制、水泥配料及水泥包装等。

⑪ 公用事业:大楼电梯控制、大楼防灾机械控制、剧场及舞台灯光控制、隧道排气控制、新闻转播控制等。

⑫ 交通运输业:电动轮胎起重机控制、交通灯控制、汽车发电机力矩和转速校验、电梯控制等。

⑬ 木材加工:单板干燥机控制、人造板生产线控制、胶版热压机控制等。

通过以上介绍,可看到可编程序控制器应用的发展速度之快,应用范围之广。PLC 控制技术代表了当今电气控制技术的世界先进水平,它已与 CAD/CAM、工业机器人并列为工业自动化的三大支柱。

3.1.2 可编程序控制器的基本功能

可编程序控制器的控制程序由用户根据生产过程和工艺要求设计。PLC 根据现场输入信号的状态控制现场的执行机构按一定的规律动作。它能完成以下功能:

1. 逻辑控制

PLC 具有逻辑运算功能,它设置有“与”“或”“非”等逻辑指令,能够描述继电器触点的串联、并联、串并联等各种连接,因此它可以代替继电器进行组合逻辑与顺序逻辑控制。

2. 定时与计数控制

PLC 具有定时和计数功能。它为用户提供了若干个定时器和计数器,并设置了定时和计数指令。定时值和计数值可由用户在编程时设定,并能读出与修改,使用灵活,操作方便。程序投入运行后,PLC 将根据用户设定的计时值和计数值对某个操作进行定时和计数控制,以满足生产工艺的要求。

3. 步进控制

PLC 能完成步进控制功能。步进控制是指在完成一道工序以后,再进行下一步工序，也就是顺序控制。

4. A/D、D/A 转换

PLC 还具有模/数(A/D)转换和数模(D/A)转换功能，能完成对模拟量的控制与调节。

5. 数据处理

有的 PLC 还具有数据处理能力及并行运算指令，能进行数据并行传送、比较和逻辑运算，BCD 码的加、减、乘、除等运算，还能进行与、或、异或、求反、逻辑移位、算术移位、数据检索、比较及数制转换等操作。

6. 通信与联网

现代 PLC 采用了通信技术，可以进行远程 I/O 控制，多台 PLC 之间可以进行同位连接，还可以与计算机进行上位连接，接收计算机的命令，并将执行结果通知计算机。由一台计算机和若干台 PLC 可以组成“集中管理、分散控制”的分布式控制网络，以完成较大规模的复杂控制。

7. 控制系统监控

PLC 配置有较强的监控功能，它能记忆某些异常情况，或当发生异常情况时自动终止运行。在控制系统中，操作人员通过监控命令可以监视有关部分的运行状态，可以调整定时或计数等设定值，因而调试、使用和维护方便。可以预料，随着科学技术的不断发展，PLC 的功能也会不断拓宽和增强。

3.2 可编程序控制器的特点、性能指标及分类

3.2.1 可编程序控制器的特点

教学课件

可编程序控制器的特点、性能指标及分类

微课

可编程序控制器的特点

1. 高可靠性

高可靠性是 PLC 最突出的特点之一。由于工业生产过程是昼夜连续的，一般的生产装置要几个月，甚至几年才大修一次，这就对用于工业生产过程的控制器提出了高可靠性的要求。PLC 之所以具有较高的可靠性是因为它采用了微电子技术，大量的开关动作由无触点的半导体电路来完成，另外还采取了屏蔽、滤波、隔离等抗干扰措施。它的平均故障间隔时间为 3 万 ~5 万小时以上。

2. 灵活性

过去，电气工程师必须为每套设备配置专用控制装置。有了可编程序控制器，硬件设备采用相同的可编程序控制器，只需编写不同应用软件即可，而且可以用一台可编程序控制器控制几台操作方式完全不同的设备。

3. 便于改进和修正

相对传统的继电器控制系统，可编程序控制器为改进和修订原设计提供了极其方便的手段。以前也许要花费几周的时间，而用可编程序控制器也许只用

几分钟就可以完成。

4. 触点利用率提高

传统电路中一个继电器只能提供几个触点用于联锁，在可编程序控制器中，一个输入中的开关量或程序中的一个“线圈”可提供用户所需要的多个联锁触点，也就是说，触点在程序中可不受限制地使用。

5. 丰富的I/O接口

由于工业控制机只是整个工业生产过程自动控制系统中的一个控制中枢，为了实现对工业生产过程的控制，它还必须与各种工业现场设备相连接才能完成控制任务。因此PLC除了具有计算机的基本部分（如CPU、存储器等）以外，还有丰富的I/O接口模块。对不同的工业现场信号（如交流、直流、电压、电流、开关量、模拟量、脉冲等），都有相应的I/O模块与工业现场的器件或设备（如按钮、行程开关、接近开关、传感器及变送器、电磁线圈、电动机起动器、控制阀等）直接连接。另外有些PLC还有通信模块和特殊功能模块等。

6. 模拟调试

可编程序控制器能对所控功能在实验室内进行模拟调试，缩短现场的调试时间，而传统继电器控制系统是无法在实验室进行调试的，只能在现场花费大量时间去调试。

7. 对现场进行微观监视

在可编程序控制器系统中，操作人员能通过显示器观测到所控每一个触点的运行情况，随时监视事故发生点。

8. 快速动作

传统继电器触点的响应时间一般需要几百毫秒，而可编程序控制器里的触点反应很快，内部是微秒级的，外部是毫秒级的。

9. 梯形图及布尔代数图形并用

可编程序控制器的程序编制可采用电气技术人员熟悉的梯形图方式，也可以采用程序员熟悉的布尔代数图形方式。

10. 体积小、质量轻、功耗低

由于采用半导体集成电路，与传统继电器控制系统相比较，其体积小、质量轻、功耗低。

11. 编程简单、使用方便

PLC采用面向控制过程、面向问题的自然语言编程，容易掌握。例如目前PLC大多数采用梯形图语言编程方式，它继承了传统继电器控制线路的清晰直观感，考虑到大多数电气技术人员的读图习惯及应用微机的水平，很容易被电气技术人员所接受，易于编程，程序改变时也易于修改。

3.2.2 可编程序控制器的性能指标

可编程序控制器的性能指标是 PLC 控制系统应用设计时选择 PLC 产品的重要依据。衡量 PLC 性能的指标可分为硬件指标和软件指标两大类。硬件指标包括环境温度与湿度、抗干扰能力、使用环境、输入特性和输出特性等;软件指标包括扫描速度、存储容量、指令功能、编程语言等。

1. 编程语言

PLC 常用的编程语言有梯形图、指令表、流程图及某些高级语言等。目前使用最多的是梯形图和指令表。不同的 PLC 可能采用不同的语言。

2. I/O 总点数

PLC 的输入和输出量有开关量和模拟量两种。开关量 I/O 点数用最大 I/O 点数表示,模拟量 I/O 点数则用最大 I/O 通道数表示。

3. 内部继电器的种类和数目

包括普通继电器、保持继电器和特殊继电器等。

4. 用户程序存储量

用户程序存储器用于存储通过编程器输入的用户程序,其存储量通常是以字/字节为单位来计算。16 位二进制数为一个字,8 位为一个字节,每 1024 个字为 1 K 字。

5. 扫描速度

以 ms/KB 为单位表示。例如:20 ms/KB,表示扫描 1KB 的用户程序需要的时间为 20 ms。

6. 工作环境

一般能在下列条件下工作:温度为 0 ~ 55 ℃,湿度小于 80% RH。

7. 特种功能

有的 PLC 还具有某些特种功能。例如自诊断功能和特殊功能模块等。

3.2.3 可编程序控制器的分类

微课

可编程序控制器的分类

目前 PLC 的品种很多,规格性能不一,且没有一个权威的统一分类标准。但是,目前一般按下面几种情况大致分类。

1. 按输入/输出点数和存储容量分类

按输入/输出点数和存储容量来分,PLC 大致可分为巨型、大型、中型、小型、超小型五种。

① 超小型机:I/O 点数为 64 点以内,内存容量为 256 ~ 1000B,用于小规模开关量控制。

② 小型机:I/O 点数为 64 ~ 128,内存容量为 1 ~ 3.6 KB,用于逻辑运

算、定时、计数、小规模开关量控制。

③ 中型机:I/O 点数为 129 ~ 512,内存容量为 3.6 ~ 13 KB,具有模拟量输入/输出功能块。

④ 大型机:I/O 点数为 513 ~ 896 以上,内存容量为 13 KB 以上,具有数据运算、模拟调节、联网通信、监视记录、中断控制、智能控制、远程控制等功能。

⑤ 巨型机:I/O 点数为 896 以上,内存容量为大于 13 KB 以上,控制规模宏大,可用于大规模的过程控制,组网能力很强。

2. 按结构形式分类

PLC 可分为整体式和模块式两种。

① 整体式 PLC 是将其电源、中央处理器、输入/输出部件等集中配置在一起,有的甚至全部安装在一块印制电路板上。一般的小型及超小型 PLC 多为整体式结构。整体式 PLC 结构紧凑,体积小,质量小,价格低,I/O 点数固定,使用不灵活。

② 模块式 PLC 又叫积木式 PLC,其特点是把 PLC 的每个工作单元都制成独立的模块形式,如电源模块、CPU 模块、输入模块、输出模块等,把这些模块插入机架底板上,组装在一个机架内。这种结构配置灵活,装配方便,便于扩展。一般中型和大型 PLC 常采用这种结构。常见产品有欧姆龙公司的 C200H、C1000H、C2000H,西门子公司的 S7 - 400 系列等。

3.3 可编程序控制器的基本结构及工作原理

在传统继电器控制系统中,支配控制系统工作的"程序"是由导线将电器元件连接起来实现的,这样的控制系统称为"硬接线"程序控制系统。在这种接线控制系统中,控制功能的改变必须通过修改控制器件和接线来实现。而 PLC 控制系统是通过修改 PLC 的程序来完成,PLC 控制系统也称为"软接线"程序控制系统。PLC 控制系统由硬件和软件两大部分组成。PLC 实质上是一种用于工业控制的专用计算机,但对硬件各部分的定义及工作过程则与计算机有很大差异。

教学课件

可编程序控制器的基本结构及工作原理

3.3.1 可编程序控制器的基本结构

可编程序控制器的种类繁多,但其基本结构及硬件组成则大同小异,一般由中央处理单元(CPU)、存储器、输入/输出单元、编程工具、电源、智能单元(可选)等主要部分构成,如图 3 - 1 所示。

1. 中央处理单元

众所周知,CPU 是计算机的核心,因此它也是 PLC 的核心。CPU 按照系统

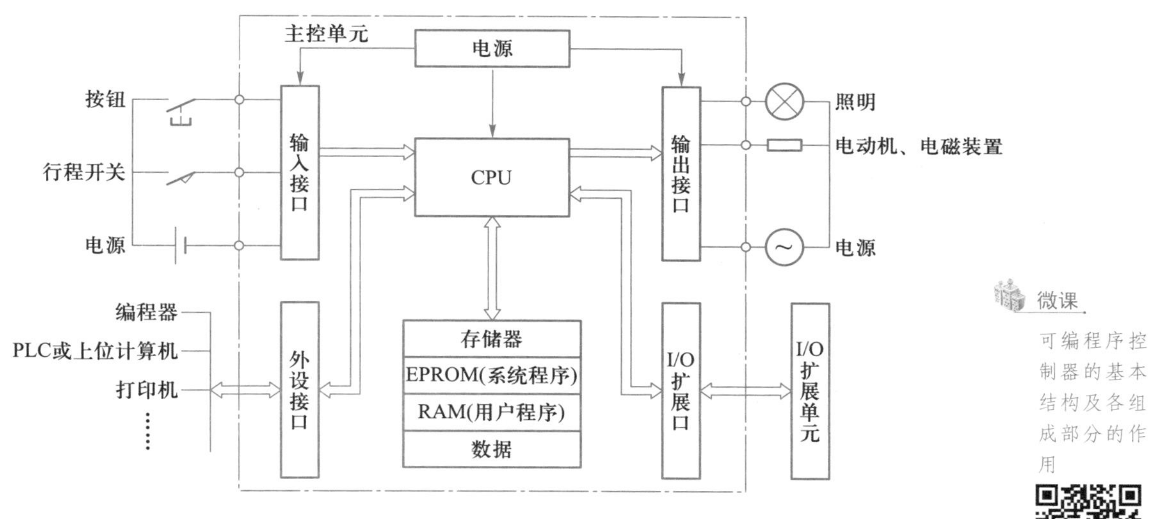

图 3－1 可编程序控制器的硬件组成

微课

可编程序控制器的基本结构及各组成部分的作用

程序赋予的功能完成的主要任务是：

① 接收与存储用户由编程器输入的用户程序和数据；

② 检查编程过程中的语法错误，诊断电源及 PLC 内部的工作故障，处理中断；

③ 采集现场的状态或数据，并送入 PLC 的寄存器中；

④ 逐条读取指令，并执行指令完成各种运算和操作；

⑤ 实现输出控制，将处理结果送至输出端，响应各种外部设备的工作请求。

PLC 中所使用的 CPU 多为 8 位字长的单片机。为增加控制功能和提高实时处理速度，16 位或 32 位单片机也在高性能 PLC 设备中使用。不同型号可编程序控制器的 CPU 芯片是不同的，有的采用通用 CPU 芯片，如 8031，8051，8086，80826 等，有的采用厂家自行设计的专用 CPU 芯片（如西门子公司的 S7－200 系列可编程序控制器均采用其厂家自行研制的专用芯片）等。CPU 芯片的性能关系到可编程序控制器处理控制信号的能力与速度，CPU 位数越高，系统处理的信息量越大，运算速度也越快。随着 CPU 芯片技术的不断发展，可编程序控制器所用的 CPU 芯片也越来越高档。

2．存储器

存储器主要用来存放程序和数据，PLC 的存储器可以分为系统程序存储器和用户存储器两种。

（1）系统程序存储器

系统程序存储器用以存放系统程序、监控程序及系统内部数据，是由可编程序控制器生产厂家编写的系统程序，并固化在只读存储器 EPROM 或 PROM 中，用户不能更改。它使可编程序控制器具有基本的智能，能够完成可编程序控制器设计者规定的各项工作。系统程序质量的好坏在很大程度上决定了 PLC 的性能,其内容主要包括 3 部分:第一部分为系统管理程序,它主要控制可编程序控制器的运行,使整个可编程序控制器按部就班地工作;第二部分为用户指令解释程序,通过用户指令解释程序,将可编程序控制器的编程语言变为机器语言指令,再由 CPU 执行这些指令;第三部分为标准程序模块与系统调用程序,它包括许多不同功能的子程序及其调用管理程序,如完成输入、输出及特殊运算等子程序。可编程序控制器的具体工作都是由这部分程序来完成的,这部分程序的好坏决定了可编程序控制器性能的强弱。

(2) 用户存储器

用户存储器一般由低功耗的 CMOS - RAM 构成,其中的存储内容可读出并更改。它又可划分为用户程序存储器和工作数据存储器。

根据控制要求而编制的应用程序称为用户程序。用户程序存储器用来存放用户针对具体控制任务,用规定的可编程序控制器编程语言编写的各种用户程序。用户程序存储器根据所选用的存储器单元类型的不同,可以是 RAM(用锂电池进行掉电保护)、EPROM 或 EEPROM,其内容可以由用户任意修改或增删。目前较先进的可编程序控制器采用可随时读写的快闪存储器作为用户程序存储器。快闪存储器不需要后备电池,掉电时数据也不会丢失。用户程序存储器和用户存储器容量的大小关系到用户程序容量的大小和内部器件的多少,是反映 PLC 性能的重要指标之一。

工作数据存储器用来存储工作数据,即用户程序中使用的 ON/OFF 状态、数值数据等。在工作数据存储器中开辟有元件映像寄存器和数据表。其中,元件映像寄存器用来存储开关量、输出状态以及定时器、计数器、辅助继电器等内部器件的 ON/OFF 状态。数据表用来存放各种数据,它存储用户程序执行时的某些可编辑参数值及 A/D 转换得到的数字量和数学运算的结果等。在可编程序控制器断电时能保持数据的存储器区称为数据保持区。

3. 输入/输出单元

输入/输出(I/O)单元是 PLC 的 CPU 与现场输入/输出装置或其他外部设备之间的连接接口部件。输入单元是现场信号进入 PLC 的桥梁,它接收由主令元件、检测元件发来的信号。输入方式有两种,一种是数字量输入(也称为开关量或触点输入),另一种是模拟量输入(也称为电平输入)。后者要经过 A/D 转化部件才能进入 PLC。

输入单元均带有光电耦合电路,其目的是把 PLC 与外部电路隔离开来,以提高 PLC 的抗干扰能力。为了与现场信号连接,输入单元上设有输入接线端子排;为了滤出信号的噪声和便于 PLC 内部对信号的处理,输入单元内部还有滤波、电平转换、信号锁存电路。

每个 PLC 生产厂家都提供了多种形式的 I/O 部件或模块,供用户选用。

输出单元也是 PLC 与现场设备之间的连接部件,其功能是控制现场设备工作(如电动机的起停、正反转,阀门的开关,设备的转动、移动、升降等)。它将经过 CPU 处理过的微弱电信号通过功率放大等处理,转换成外部设备所需要的强电信号,以驱动各种执行元件,因此,输出单元的输出级常是一些大功率器件,如机械触点式继电器、无触点交流开关(双向晶闸管)及直流开关(如晶体管)等。

4. 编程工具

编程工具是开发应用和检查维护 PLC 以及监控 PLC 系统运行不可缺少的外部设备。编程工具的主要作用是用来编辑程序、调试程序和监视程序的执行,还可以在线测试 PLC 的内部状态和参数,与 PLC 进行人机对话等。编程工具可以是专用编程器,也可以是配有专用编程软件包的通用计算机。

5. 电源

PLC 中一般配有开关式稳压电源为内部电路供电。开关式稳压电源是指将外部输入的交流电(外部电源一般为单相 85 ~ 260 V,50/60 Hz)处理转换成满足 PLC 的 CPU、存储器、输入/输出接口等内部电路工作需要的直流电的电源电路或电源模块(24 V)。开关式稳压电源的输入电压范围宽、体积小、重量轻、效率高、抗干扰性能好,不仅可提供多路独立的电压供内部电路使用,而且还可为输入单元所连接的外部开关或传感器供电。PLC 输出端子上所接负载的工作电源,由用户单独提供。

6. 智能单元

除上面介绍的基本硬件组成外,PLC 还有多种智能单元供用户选择。智能单元本身是一个独立的计算机系统。智能单元的工作和 PLC 主 CPU 的工作可以并行进行,它可以不管 PLC 主 CPU 的状态而独立地连续工作。这种智能单元与一般的 I/O 接口模块的主要区别是:它自身不仅带有微处理器芯片,而且自身带有存储器和系统程序;它通过系统总线与 CPU 模块相连,并可以在 CPU 模块协调管理下独立地进行工作,提高处理速度,便于用户编制程序。根据 PLC 对应各种特殊功能的需要,智能单元的种类越来越多。它包括 PLC 之间互联的通信处理模块、带有 PID 调节的模拟量控制模块、高速计算器模块、数字位置译码模块、阀门控制模块及中断控制模块等。

3.3.2 可编程序控制器的工作原理

微课

可编程序控制器的工作原理

可编程序控制器是一种专用的工业控制计算机,因此,其工作原理是建立在计算机控制系统工作原理的基础上。但为了可靠地应用在工业环境下,便于现场电气技术人员的使用和维护,它有着大量的接口器件,特定的监控软件,专用的编程器件。所以,不但其外观不像计算机,它的操作使用方法、编程语言及工作过程与计算机控制系统也是有区别的。

1. PLC 控制系统的等效电路

PLC 控制系统的等效电路可分为三部分，即输入部分、内部控制电路和输出部分。输入部分就是采集输入信号的部件，输出部分就是系统的执行部件。这两部分与继电器控制电路相同。内部控制电路是通过编程方法实现的控制逻辑，用软件编程代替继电器电路的功能。PLC 控制系统等效电路如图 3－2 所示。

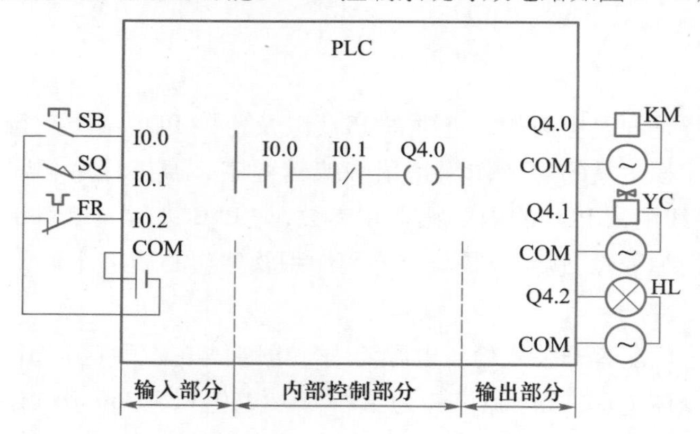

图 3－2 PLC 控制系统的等效电路

（1）输入部分

输入部分由外部输入电路、PLC 输入接线端子和输入继电器组成。外部输入信号经 PLC 输入接线端子去驱动输入继电器的线圈。每个输入端子与相同编号的输入继电器有着唯一确定的对应关系。当外部的输入元件处于接通状态时，对应的输入继电器线圈“得电”（注意：这个输入继电器是 PLC 内部的软继电器，就是在前面介绍过的存储器基本单元中的某一位，它可以提供任意多个动合触点或动断触点供 PLC 内部控制电路编程使用）。

为使输入继电器的线圈“得电”，即让外部输入元件的接通状态写入与其对应的基本单元中去，因此输入回路要有电源。输入回路所使用的电源，可以用 PLC 内部提供的 24 V 直流电源（其带载能力有限），也可以由 PLC 外部的独立的交流或直流电源供电。需要强调的是，输入继电器的线圈只能是由来自现场的输入元件（如控制按钮、行程开关的触点、各种监测及保护期间的触点或动作信号等）驱动，而不能用编程的方式去控制改写。因此，在梯形图程序中，只能使用输入继电器的触点，不能使用输入继电器的线圈。

（2）内部控制电路

所谓内部控制电路是由用户程序形成的用软继电器来代替硬继电器的控制逻辑。它的作用是按照用户程序规定的逻辑关系，对输入信号和输出信号的状态进行检测、判断、运算和处理，然后得到相应的输出。

一般用户程序是由用户梯形图语言编制的，它看起来很像继电器控制线路。在继电器控制线路中，继电器的触点可瞬时动作，也可延时动作，而 PLC 梯形图中的触点是瞬时动作的。如果需要延时，可由 PLC 提供的定时器来完成。

延时时间可根据需要在编程时设定，其定时精度及范围远远高于时间继电器。在 PLC 中还提供了计数器、辅助继电器（相当于继电器控制线路中的中间继电器）及某些特殊功能的继电器。PLC 的这些器件所提供的逻辑控制功能，可在编程时根据需要选用，且只能在 PLC 的内部控制电路中使用。

（3）输出部分

输出部分是由在 PLC 内部且与内部控制电路隔离的输出继电器的外部动合触点、输出接线端子和外部驱动电路组成，用来驱动外部负载。

PLC 的内部控制电路中有许多输出继电器，每个输出继电器除了有为内部控制电路提供编程用的任意多个动合、动断触点外，还为外部输出电路提供了一个实际的动合触点与输出接线端子相连。

驱动外部负载电路的电源必须由外部电源提供，电源种类及规格可根据负载要求去配备，只要在 PLC 允许的电压范围内即可。

综上所述，可对 PLC 的等效电路电路进一步简化，即将输入等效为一个继电器的线圈，将输出等效为继电器的一个动合触点。

2. 可编程序控制器的工作过程

PLC 的工作过程一般可分为四个主要阶段：公共处理扫描阶段、输入采样阶段、程序执行阶段和输出刷新阶段。

（1）公共处理扫描阶段

包括 PLC 自检，执行来自外设的命令，对警戒时钟（又称监视定时器或看门狗定时器）清零等。

PLC 自检就是 CPU 检测 PLC 各器件的状态，如出现异常再进行诊断，并给出故障信号，或自行进行相应处理，这将有助于及时发现或提前预报系统的故障，提高系统的可靠性。

在 CPU 对 PLC 自检结束后，开始检查是否有外设请求，例如是否需要进入编程状态，是否需要通信服务，是否需要起动磁带机或打印机等。

采用看门狗定时器（WDT）技术也是提高系统可靠性的一个有效措施，它是在 PLC 内部设置一个监视定时器。这是一个硬件时钟，是为了监视 PLC 的每次扫描时间而设置的，对它预先设定规定时间，每个扫描周期都要监视扫描时间是否超过规定值。如果程序运行正常，则在每次扫描周期的公共处理阶段对 WDT 进行清零（复位），避免由于 PLC 在执行程序的过程中进入死循环，或者由于 PLC 执行非预定的程序造成系统故障，从而导致系统瘫痪。如果程序运行失常，进入死循环，则 WDT 不能按时清零而造成超时溢出，从而给出报警信号或停止 PLC 工作。

（2）输入采样阶段

PLC 以扫描工作方式，按顺序将所有信号读入到寄存输入状态的输入映像寄存器中存储，这一过程称为采样，这是第一个批处理过程。在整个工作周期内,这个采样结果的内容不会改变,而且这个采样结果将在 PLC 执行程序时被使用。

（3）程序执行阶段

PLC 按顺序对障碍进行扫描,即从上到下、从左到右的扫描每条指令,并分别从输入映像寄存器和输出映像寄存器中获得所需的数据进行运算、处理,再将程序执行的结果写入寄存执行结果的输出映像寄存器中保存。这个结果在程序执行期间可能发生变化,但在整个程序未执行完毕之前不会送到输出端口。

（4）输出刷新阶段

在执行完用户所有程序后,PLC 将输出映像寄存器中的内容送到寄存输出状态的输出锁存器中,再去驱动用户设备。图 3－3 所示为 PLC 的三个批处理工作过程。

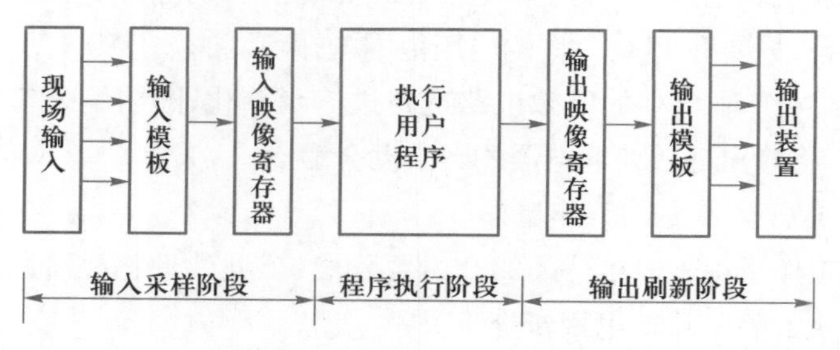

图 3－3　PLC 的三个批处理工作过程

在输出刷新阶段结束后,CPU 进入下一个扫描周期,重复完成上述 4 个阶段的工作,即采用循环扫描工作过程。每重复一次的时间称为一个扫描周期。PLC 在一个工作周期中,输入采样和输出刷新的时间一般为毫秒级,而程序执行的时间因程序的长度不同而不同。PLC 一个扫描周期主要由程序长短决定,同时也与 CPU 模块的运算速度等多种因素有关。

PLC 的一个工作周期主要有上述四个阶段,但严格来说还应包括系统自监测、编程器交换信息与网络通信等时间。

同时,由于扫描周期内每个批处理过程的顺序执行,也导致输出对输入在时间上的滞后。滞后现象对于一般开关量控制系统不但不会造成影响,反而可以增强系统的抗干扰能力。但对于控制时间要求较严格、响应速度要求较快的系统,就需要精心编制程序,必要时采用一些特殊功能的专用设备,以减少因扫描周期造成的响应滞后。

PLC 在执行程序时所用到的状态值不是直接从实际输入口所获得,而是来源于输入映像寄存器和输出映像寄存器。输入映像寄存器的状态取决于上一扫描周期从输入端子中采样取得的数据,并在程序执行阶段保持不变。输出映像寄存器的状态取决于执行程序输出指令的结果。输出锁存器中的状态值是上一个扫描周期的输出刷新结果。

3.4 可编程序控制器与其他工业控制装置的比较

教学课件
可编程序控制器与其他工业控制装置的比较

3.4.1 PLC 与继电器控制系统的比较

继电器控制系统是针对一定的生产机械、固定的生产工艺设计的,采用硬接线方式装配而成,只能完成既定的逻辑控制、定时、计数等功能,一旦生产工艺过程改变,则控制柜必须重新设计,重新配线。传统的继电器控制系统被 PLC 所取代已是必然趋势。而 PLC 由于应用了微电子技术和计算机技术,各种控制功能都是通过软件来实现的,只要改变程序并改动少量的接线端子,就可适应生产工艺的改变。从适应性、可靠性、安装维护等各方面比较,PLC 都有显著的优势。PLC 工作采用输入/输出采样、程序执行、输出刷新“串行”工作方式,这样既可避免继电器控制系统中的触点竞争和时序失配,又可提高 PLC 的运算速度,这是 PLC 控制系统可靠性高、响应快的原因。因此,PLC 控制系统将取代大多数传统的继电器控制系统。

3.4.2 PLC 与集散控制系统的比较

PLC 与集散控制系统在发展过程中,始终是互相渗透、互为补充,它们分别由两个不同的古典控制设备发展而来。PLC 由继电器控制系统发展而来,所以它在数字处理、顺序控制方面具有一定优势,主要侧重于开关量顺序控制方面。集散控制系统(DCS)由单回路仪表控制系统发展而来,所以它在模拟量处理、回路调节方面具有一定优势,主要侧重于回路调节功能。随着微电子技术、大规模集成电路技术、计算机技术、通信技术等的发展,这两种设备都同时向对方扩展自己的技术功能。PLC 在 20 世纪 60 年代末问世之后,于 20 世纪 80 年代初进入了实用化阶段,8 位、16 位、32 位微处理器和各种位片式处理器的应用,使它在技术和功能上发生了飞跃。在初期的逻辑运算功能的基础上,增加了数值运算、闭环调节等功能,其运算速度提高,输入/输出范围与规模扩大。PLC 与上位计算机之间相互连成网络,构成以 PLC 为主要部件的初级控制系统。集散控制系统自 20 世纪 70 年代问世之后,发展非常迅速,特别是单片微处理器的广泛应用和通信技术的成熟,把顺序控制装置、数据采集装置、过程控制的模拟量仪表、过程监控装置有机地结合在一起,产生了满足不同要求的集散型控制系统。

现代 PLC 的模拟量控制功能很强,多数都配备了各种智能单元,以适应生产现场的多种特殊要求,具有了 PID 调节功能以及集散系统所完成的功能。集散控制系统既有单回路控制系统,又有多回路,控制系统同时也具有顺序控制功能。到目前为止，PLC与集散控制系统的发展越来越接近，很多工业生产过程既可以用PLC，也可以用集散控制系统来实现其控制功能。把PLC系统和DCS各自的优势有机地结合起来，可形成一种新型的分布式计算机控制系统。

3.4.3 PLC与工业控制计算机的比较

工业控制计算机是通用微型计算机适应工业生产控制要求发展起来的一种控制设备。在硬件结构方面，其总线标准化程度高、兼容性强，而软件资源丰富，特别是有实时操作系统的支持，故对要求快速、实时性强、模型复杂、计算工作量大的工业对象的控制占有优势。但是，使用工业控制计算机控制生产工艺过程；要求开发人员具有较高的计算机专业知识和微机软件编程的能力。PLC最初是针对工业顺序控制应用而发展起来的，硬件结构专用性强，通用性差，很多优秀的微机软件不能直接使用，必须经过二次开发。但是，PLC使用技术人员熟悉的梯形图语言编程，易学易懂，便于推广应用。

从可靠性方面看，PLC是专为工业现场应用而设计的，采用整体密封或插件组合的形式，并采取了一系列抗干扰措施，具有很高的可靠性。而工业控制计算机（工控机）虽然也能够在恶劣的工业环境下可靠运行，但毕竟是由通用计算机发展而来，在整体结构上要完全适应现场生产环境，还要做工作。另一方面，PLC用户程序是在PLC监控程序的基础上运行的，软件方面的抗干扰措施在监控程序里已经考虑得很周全，而工业控制计算机（工控机）的用户程序则必须考虑抗干扰问题，这也是工控机应用系统比PLC应用系统可靠性差的原因。

尽管现代PLC在模拟量信号处理、数值运算、实时控制等方面有了很大提高，但在模型复杂、计算量大、实时性要求较高的环境中，工业控制计算机则更能体现出它的优势。

习题

1. 简述可编程序控制器的基本组成及其功能。
2. PLC的分类方法有几种？如何分类？
3. 简述PLC的工作原理（循环扫描过程）。
4. 简述可编程序控制器的性能指标。
5. 可编程序控制器与其他工业控制装置相比有什么优点？

第4章

可编程序控制器硬件组成及系统特性

目前,可编程序控制器种类繁多,从风格上又分为几大流派,各个流派的PLC设备在使用上有一定的差异,想通过一种PLC的学习而达到完全掌握各种类型PLC是不可能的。德国的西门子(SIEMENS)公司是欧洲最大的电子和电气设备制造商,生产的PLC在世界处于领先地位。

现在,西门子的PLC产品主要有S7、M7和C7等几大系列。S7系列可编程序控制器分为S7-200、S7-300、S7-400、S7-1200和S7-1500等几个子系列,分别为S7系列的小、中、大型系统。西门子公司的大、中型PLC始终在自动化领域中占有重要地位,S7系列的小型和微型PLC的功能很强,也发展到了世界领先水平。

本章将全面系统地介绍西门子公司生产的S7系列PLC的硬件组成及系统特性。下面通过具体型号的PLC来熟悉PLC的结构、特点和模板功能。

教学课件
S7-200PLC

4.1 S7-200 PLC

4.1.1 S7-200 PLC的种类

S7-200 PLC无论独立运行,还是连接网络都能完成各种控制任务。它的适用范围可以覆盖从替代继电器的简单控制到复杂的自动控制。其应用领域包括各种机床、纺织机械、印刷机械、塑料机械、电梯等行业。S7-200 PLC系列具有极高的性能价格比。最初投入市场的有S7-200的CPU212和CPU214,而后又相继推出了CPU210和通信功能更强的CPU215和CPU216,最新的S7-200 PLC有CPU221、CPU222、CPU224以及CPU226,可通过扩展I/O单元实现不同的控制。图4-1是S7-200 PLC的各种形式。

1. CPU215

具有PPI(Point to Point Interface)和POFIBUS(工业现场总线)两个接口,是此产品系列中通信功能最佳和实时功能最强的产品,并实现了简单的预处理。

2. CPU216

具两个PPI接口和本机140个I/O点,能够控制大型机械和设备。两个PPI接口能同时连接调制解调器、打印机、变频器和人机对话面板等。

3. CPU221

本机集成6输入/4输出共10个数字量I/O点,没有I/O扩展能力。6 KB程序和数据存储空间,4个独立的30 kHz高速计数器,2路独立的20 kHz高速脉冲输出,1个RS485通信/编程接口,具有PPI通信协议、MPI通信协议和自由方式通信能力。

4. CPU222

本机集成8输入/6输出共14个数字量I/O点,可连接2个扩展模块,最大扩展至78路数字量I/O点或10路模拟量I/O点。6 KB程序和数据存储空间,4个独立的30 kHz高速计数器,2路独立的20 kHz高速脉冲输出,具有PID控制器。1个RS485通信/编程接口,具有PPI通信协议、MPI通信协议和自由方式通信能力。它是具有扩展能力的、适应性更广泛的全功能控制器。

图4-1 S7-200 PLC的各种形式

5. CPU224

本机集成14输入/10输出共24个数字量I/O点。可连接7个扩展模块,最大扩展至168路数字量I/O点或35路模拟量I/O点。13 KB程序和数据存储空间,6个独立的30 kHz高速计数器,2路独立的20 kHz高速脉冲输出,具有PID控制器。1个R5485通信编程口,具有PPI通信协议、MPI通信协议和自由方式通信能力。I/O端子排可很容易整体拆卸。是具有较强控制能力的控制器。

6. CPU226

本机集成24输入/6输出共40个数字量I/O点。可连接7个扩展模块,最大扩展至248路数字量I/O点或35路模拟量I/O点。13 KB程序和数据存储空间,6个独立的30 kHz高速计数器,2路独立的20 kHz高速脉冲输出,具有PID控制器。2个RS485通信/编程接口,具有PPI通信协议、MPI通信协议和自由方式通信能力。I/O端子排可很容易地整体拆卸。它用于较高要求的控制系统,具有更多的I/O点、更强的模块扩展能力、更快的运行速度和功能更强的内部集成特殊功能,可完全适用于一些复杂的中小型控制系统。

4.1.2 S7-200 PLC的主要性能参数

S7-200 PLC的技术参数见表4-1。

表 4－1 S7－200 PLC 的技术参数

CPU 模板	CPU215	CPU216	CPU221	CPU222	CPU224	CPU226
用户程序	4 KB	4 KB	2 KB	2 KB	4 KB	4 KB
用户数据	2.5 KB	2.5 KB	1 KB	1 KB	2.5 KB	2.5 KB
程序结构	循环控制(OB1),中断控制,时间控制					
编程语言	STEP7Micro WIN		LAD,FBD,STL			
本机输入	14	24	6	8	14	24
本机输出	10	16	4	6	10	16
扩展能力	7 个扩展模块		无	2 个扩展块	7 个扩展模块	
可扩展 I/O 数字量	120	128	无	78	168	248
可扩展 I/O 模拟量	16	16	无	10	35	35
通信接口	RS485	RS485	RS485	RS485	RS485	RS485
内部标志	256	256	256	256	256	256
定时器	256	256	256	256	256	256
计数器	256	256	256	256	256	256
高速计数	3(20 kHz)	3(20 kHz)	4(30 kHz)	4(30 kHz)	6(30 kHz)	6(30 kHz)
脉冲输出	2(4 kHz)	2(4 kHz)	2(20 kHz)	2(20 kHz)	2(20 kHz)	2(20 kHz)

4.1.3 S7－200 PLC 的通信功能

西门子 S7－200 PLC 内部集成的 PPI 接口为用户提供了强大的通信功能。PPI 接口为 RS485,可在三种方式下工作:

1. PPI 方式

PPI 通信协议是西门子专为 S7－200 PLC 开发的一个通信协议。可通过普通的两芯屏蔽双绞线进行联网。波特率为 9.6 Kbit/s、19.2 Kbit/s 和 187.5 Kbit/s。S7－200 PLC 上集成的编程接口同时就是 PPI 通信联网接口。利用 PPI 通信协议进行通信非常简单方便,只用 NETR 和 NETW 两条语句即可进行数据信号的传递,不需额外再配置模块或软件。

2. MPI 方式

S7－200 PLC 可以通过内置接口连接到 MPI 网络上,波特率为 19.2 Kbit/s 和 187.5 Kbit/s。它可与 S7－300/S7－400 PLC 进行通信。S7－200 PLC 在 MPI 网络中作为从站,它们彼此间不能通信。

3. 自由通信口方式

自由通信口方式是 S7 - 200 PLC 的一个很有特色的功能。它使 S7 - 200 PLC 可以与任何通信协议公开的其他设备、控制器进行通信,即 S7 - 200 PLC 可以由用户自己定义通信协议(例 ASCII 协议)。波特率最高为 38.4 Kbit/s(可调整),因此使可通信的范围大大增加;使控制系统配置更加灵活、方便。

S7 - 200 系列微型 PLC,用于两个 CPU 间简单的数据交换。用户可通过编程来编制通信协议,用来交换数据(例如:ASCII 码字符),具有 RS232 接口的设备也可用 PC/PPI 电缆连接起来进行自由通信方式通信。

S7 - 200 PLC 中的 CPU222\CPU224、CPU226 都可以通过增加 EM277 PROFIBUS - DP 扩展模块的方法支持 PROFIBUS - DP 网络协议,最高传输速率可达 12 Mbit/s。

4.2 S7 - 300 PLC

教学课件
S7 - 300 PLC

4.2.1 S7 - 300 PLC 简介

S7 - 300 PLC 是西门子公司于 20 世纪 90 年代中期推出的一代 PLC,它采用模块化结构设计,用户可根据自己的应用要求采选择需要的模块,它具有无排风扇设计、易于实现分布和用户友好等特点,具有最高级的工业兼容性,最高允许环境温度达 60 ℃,安装方便,维护简单。 S7 - 300 PLC 的特点是循环周期短,处理速度快,指令集功能强大,产品设计紧凑,模块化结构,适合密集安装。S7 - 300 PLC 有不同档次的 CPU、各种各样的功能模块和 I/O 模块可供选择。S7 - 300 PLC 的外形如图 4 - 2 所示。

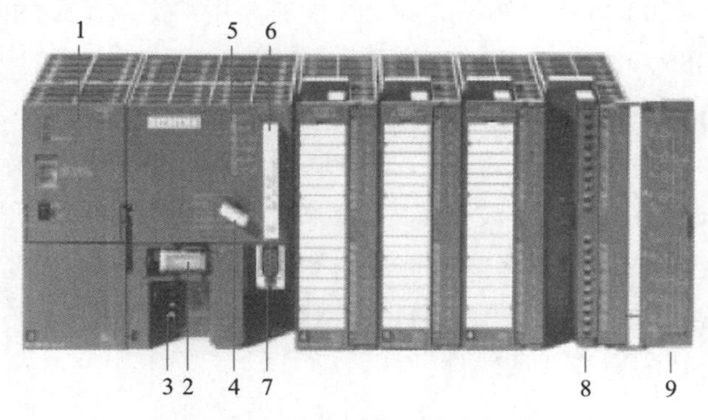

图 4 - 2 S7 - 300 PLC 的外形

1—负载电源(选项) 2—后备电池(CPU313 以上) 3—DC 24 V 接口 4—模式开关 5—状态和故障指示灯 6—存储器卡(CPU313 以上) 7—MPI 接口 8—前连接器 9—前盖

S7 - 300 PLC 的模块之间用 U 形连接器连接,可利用 MPI、PROFIBUS 和工业以太网组成网络,使用 STEP7 组态工具可以对硬件进行组态和设置,CPU 的智能化诊断系统可连续监控系统功能并记录错误和特定的系统事件，多级口令保护可使用户有效保护其专用技术，防止未经允许的复制及修改。

4.2.2 S7 -300 PLC 的主要性能参数

S7 -300 PLC 的主要技术参数见表 4 -2。

表 4 -2 S7 -300 PLC 的主要技术参数

CPU	313	314	315	315 -2DP	316 -2DP	318 -2DP
工作存储器	12KB	24KB	48KB	64KB	128KB	512KB
功能块数量	128 个 FC,128 个 FB,127 个 DB		192 个 FC,192 个 FB,255 个 DB		512 个 FC,256 个 FB,511 个 DB(以上)	
组织块	主程序循环 OB1,日时钟中断 OB10,循环中断 OB35,硬件中断 OB40,再启动控制 OB100 等					
数字 I/O	256	1024	1024	8192	16384	65536
模拟 I/O	64	256	256	512	1024	4096
I/O 映像寄存器	32/32	128/128	128/128	128/128	128/128	256/256
模块总数	8	32	32	32	2	32
CU/EU 数量	1/0	1/3	1/3	1/3	1/3	1/3
内部标志	2048	2048	2048	2048	2048	8192
定时器	128	128	128	128	128	512
计数器	64	64	64	64	64	512

4.2.3 S7 -300 PLC 的模块与编址

采用 S7 -300 PLC 进行系统程序设计时必须确定所组成的 I/O 模块地址，了解 S7 -300 PLC 机架上的槽号有助于识别 S7 -300 PLC 的地址分配。S7 -300 PLC 的槽号分配如图 4 -3 所示。

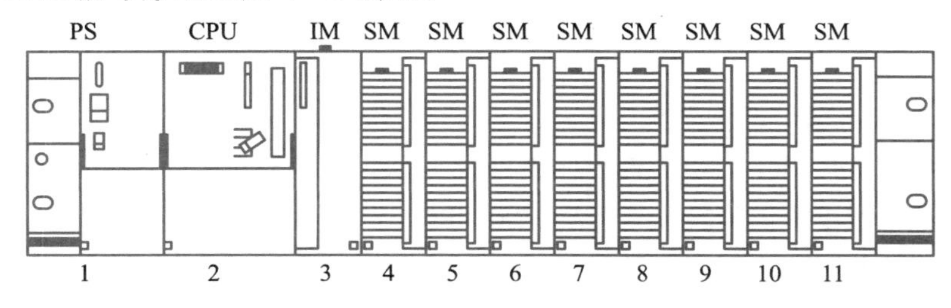

图 4 -3 S7 -300 PLC 的槽号分配

在图 4 -3 所示的 S7 -300 PLC 插槽中，插槽 1 为电源模块；插槽 2 为 CPU 模块，CPU 必须紧靠电源模块，对电源和 CPU 两块模块不分配地址；插槽 3 为接口模块，用于连接扩展机架，即使不使用接口模块，CPU 中也给接口模块分配逻辑地址；从插槽 4 开始为 I/O 模块，根据 I/O 模块插入的位置不同具有确定的 I/O地址。

1. 开关量模块及编址

开关量模块可以插入槽号 4 ~ 11 的所有位置。S7 - 300 PLC 的地址（开关量地址）分配如图 4 - 4 所示。图 4 - 4 中所示的地址范围与模块性质无关。例如在第一个 I/O 模块插槽上插入输入模块，则该模块的输入地址自上而下表示为 I0.0 ~ I3.7；如果插入的是输出模块，则输出地址为 Q0.0 ~ Q3.7。如果插入的不是 32 位模块而是 16 位模块，则地址 2.0 ~ 3.7 自动丢失，但这些丢失的 I/O 地址仍可作为中间继电器（内部标志）使用。如果所插入的模块是开关量 I/O 模块，则 I/O 地址分别计算。例如插入一个数字输入/输出模块，则输入/输出地址分别为 I0.0 ~ I0.7 及 Q0.0 ~ Q0.7。

机架3	电源 PS307	接口模块 IM361	96.0 ~ 99.7	100.0 ~ 103.7	104.0 ~ 107.7	108.0 ~ 111.7	112.0 ~ 115.7	116.0 ~ 119.7	120.0 ~ 123.7	124.0 ~ 127.7
机架2	电源 PS307	接口模块 IM361	64.0 ~ 67.7	68.0 ~ 70.7	72.0 ~ 75.7	76.0 ~ 79.7	80.0 ~ 83.7	84.0 ~ 87.7	88.0 ~ 91.7	92.0 ~ 95.7
机架1	电源 PS307	接口模块 IM361	32.0 ~ 35.7	36.0 ~ 39.7	40.0 ~ 43.7	44.0 ~ 47.7	48.0 ~ 51.7	52.0 ~ 55.7	56.0 ~ 59.7	60.0 ~ 63.7
机架0	电源 CPU	接口模块 IM360	0.0 ~ 3.7	4.0 ~ 7.7	8.0 ~ 11.7	12.0 ~ 15.7	16.0 ~ 19.7	20.0 ~ 23.7	24.0 ~ 27.7	28.0 ~ 31.7

图 4 - 4 S7 - 300 PLC 的地址（开关量地址）分配

除了开关量地址方式外，S7 - 300 PLC 还可以使用字节、字或双字地址方式。例如，IB4 表示由 I4.0 ~ I4.7 共 8 位组成的一个字节的数据，IW8 表示由 IB8 及 IB9 两个字节共 16 位组成的字的内容，QD12 则表示由输出字节 QB12、QB13、QB14 及 QB15 所组成的 32 位数据。在使用非开关量地址时一定要注意高低位的顺序。

2. 模拟量模块及编址

在 S7 - 300 PLC 的每个插槽中都能安装模拟量 I/O 模块。模拟输入模块的功能是将过程模拟信号转换为 S7 - 300 PLC 内部所用的数字信号，模拟输入模块可以连接电压传感器、电流传感器、热电阻、热电阻传感器。测量范围可以由量程卡机械设定，也可以通过 S7 “硬件组态” 的 STEP 7 功能来调整。模拟输出模块是把由 S7 - 300 PLC 处理的数字信号转换为过程要求的模拟信号。S7 - 300 PLC 各 I/O 插槽及模拟量地址如图 4 - 5 所示。

机架3	电源 PS307	接口模块 IM361	640~654	656~670	672~686	688~720	704~718	720~734	736~750	752~766
机架2	电源 PS307	接口模块 IM361	512~526	528~542	544~558	560~574	576~590	592~606	608~622	624~638
机架1	电源 PS307	接口模块 IM361	384~398	400~414	416~430	432~446	448~462	464~478	480~494	496~510
机架0	电源 CPU	接口模块 IM360	256~270	272~286	288~302	304~318	320~334	336~350	352~366	368~382

图 4－5　S7－300 PLC 各 I/O 插槽及模拟量地址

在第 1 个插槽上的模拟量输入/输出地址为 256，每个模拟量模块自动按 16 个字节的地址分配。每个模拟量占用 2 个字节，所以在模拟量地址中只有偶数。模拟量输入地址的标识符是 PIW，模拟量输出地址标识符是 PQW。例如在第 3 个插槽上插入模拟量输入模块，则该模块的第 1 个通道的地址是 PIW288；如果第 4 个插槽上是模拟量输出的模块，则该模板的第 3 个通道的地址是 PQW308。

模拟输入模块所测量到的现场信号通过输入模块转换为二进制信号，这个过程称为模/数（A/D）转换。A/D 转换所能生成的数据在－32768～＋32767 之间，这个数用于表示一个 16 位二进制字，该字的最高位是符号位，如果为“0”则表示正数，如果为“1”则表示负数。模拟量可以用多种数据格式来表示。例如，用整数（INT）方式或十六进制（HEX）方式来表示。如果用二进制（BIN）方式来显示，则还可以看到数字化后各位的值。模拟模块有不同的分辨率，分辨率就是表示模拟量的十六位二进制数的有效位数，模拟数据向高位对齐，低位中没有使用的位用 0 来补充。

3. 其他功能模块

西门子 S7－300 PLC 不仅可连接通用 I/O 模块，还可根据某些特定控制要求选配其他功能模块。例如，FM350－1 计数器模块、FM351 位控模块、FM352 电子凸轮控制器、FM353 步进电动机位控模块、FM354 伺服电动机位控模块、SINUMERIK、FM—NC 智能控制器等。

FM350—1 是一种智能单通道计数模块，用于宽范围的计数任务，它的计数频率最高可达到 500 kHz，计数范围为 32 位。根据需要可设为 0～32 位或±31 位，能进行单次或周期计数过程，可用预先的启动值装载计数器，还可以用两个选择参考值进行比较功能，该模块的使用可减轻 CPU 的负担。

除了通用型 S7－300 PLC 外，西门子公司还生产紧凑型 S7－300C 系列 PLC。S7－300C 系列 PLC，体积更小，更智能化，成本节约更显著。其通信接口、通信功能和分布式 I/O 全部集成，无须其他附加组件，极大地降低了运行成本。由于工程数据都保存在可无电池运行的 CPU 中，因此无须维护。存储容量高达 4MB。指令运行时间更短，使得机器运行更迅速，生产效率更高。三种紧凑型 S7－300C 系列 PLC 分别是：CPU312C（16KB）、CPU313C（32KB）和 CPU314C（48KB）。表 4－3 及表 4－4 是 S7－300C 紧凑型 CPU 的技术参数。

表 4－3 S7－300C 系列 PLC 的技术参数（1）

技术规范	CPU 313C－2 PtP	CPU 313C－2 DP
功能块的数量	128 个 FC，128 个 FB，127 个 DB	
程序处理	主程序循环（OB1）；时间中断（OB10）；时间延迟中断（OB20） 循环中断（OB35）；过程中断（OB40）；重启动（OB100，OB102） 故障/恢复（OB86）/CPU 313C－2 DP 异步出错（OB80…82，85，87）；同步出错（OB121，122）	
指令运行时间	位操作：0.1～0.2 μs 字操作：0.5 μs	位操作：0.1～0.2 μs 字操作：0.5 μs
位存储器 定时器/计数器	位存储器：2048 定时器/计数器：256/256	位存储器：2048 定时器/计数器：256/256
主机架/扩展架	1/3	1/3
全部 I/O 地址 I/O 过程映像寄存器 总数字量通道 总数字量通道	1 024/1 024 B 128/128 B 最大 1 024 最大 256/128	1 024/1 024 B 128/128 B 最大 1 024 最大 256/128
集成功能 计数器 脉冲输出 频率测量	3 个增量编码器，24 V/30 kHz 3 个通道脉宽模块，最大 2.5 kHz 3 个通道，最大 30 kHz	3 个增量编码器，24 V/30 kHz 3 个通道脉宽模块，最大 2.5 kHz 3 个通道，最大 30 kHz
集成输入/输出： 数字量输入 数字量输出	16；DC24 V，可用作过程中断 16；DC 24 V，0.5 A	16；DC 24 V，可用作过程中断 16；DC 24 V，0.5 A
PtP/DP 接口	传送速率：19.2 Kbit/s（全双工） 驱动协议：3 964（R），ASCII	DP 从站数：32 传送速率：12 Mbit/s

表 4-4 S7-300C 系列 PLC 的技术参数(2)

技术规范	CPU 314C-2 PtP	CPU 314C-2 DP
功能块的数量	128 个 FC,128 个 FB,127 个 DB	
程序处理	主程序循环(OB1):时间中断(OB10):时间延迟中断(OB20) 循环中断(OB35):过程中断(OB40):重启动(OB100,OB102) 异步出错(OB80…82,85,87):同步出错(OB121,122)	
指令运行时间	位操作:0.1~0.2 μs 字操作:0.5 μs	位操作:0.1~0.2 μs 字操作:0.5 μs
位存储器 定时器/计数器	位存储器:2 048 定时器/计数器:256/256	位存储器:2 048 定时器/计数器:256/256
主机架/扩展架	1/3	1/3
全部 I/O 地址 I/O 过程映像寄存器 总数字量通道 总数字量通道	1 024/1 024 B 128/128 B 最大 1 024 最大 256/128	1 024/1 024 B 128/128 B 最大 1 024 最大 256/128
集成功能 计数器 脉冲输出	4 个增量编码器,24 V/60 kHz 4 个通道脉宽模块,最大 2.5 kHz 4 个通道,最大 60 kHz	4 个增量编码器,24 V/60 kHz 4 个通道脉宽模块,最大 2.5 kHz 4 个通道,最大 60 kHz
集成输入/输出 数字量输入 数字量输出 模拟量输入 模拟量输出	 24;DC 24 V,可用作过程中断 16;DC 24 V,0.5 A 4: ±10 V,0…10 V, ±20 mA,4…20 mA 2: ±10 V,0…10 V, ±20 mA,4…20 mA	 24;DC 24 V,可用作过程中断 16;DC 24 V,0.5 A 4: ±10 V,0…10 V, ±20 mA,4…20 mA 2: ±10 V,0…10 V, ±20 mA,4…20 mA
PtP /DP 接口	传送速率:19.2 Kbit/s (全双工) 驱动协议:3964(R),ASCII	CP342-5 的 DP 从站数:32 传送速率:12 Mbit/s

4.3 S7-400 PLC

4.3.1 S7-400 PLC 简介

教学课件
S7-400 PLC

西门子 S7-400 PLC 采用模块化设计,性能范围宽广的不同模块可灵活组合,扩展十分方便。S7-400 PLC 外形如图 4-6 所示。系统包括:电源模块、中央处理单元、数字量输入/输出和模拟量输入/输出信号模块、通信处理器、功能模块。各模块的主要功能如下:

图 4－6 S7－400 PLC 外形

① 电源模块(PS):将 S7－400 PLC 连接到 AC 120/230 V 或 DC 24 V 电源上。

② 中央处理单元(CPU):有多种 CPU 可供用户选择,有些带有内置的 PROFIBUS－DP 接口,用于各种性能范围。一个中央控制器可包括多个 CPU 以加强其性能。

③ 信号模板(SM):用于放置数字量输入和输出(DI/DO)、模拟量输入和输出(AI/AO)。

④ 通信处理器(CP):用于点到点连接的串行通信,主站/从站接口,分担 CPU 的通信任务以及工业以太网的连接。

⑤ 功能模块(FM):专门用于智能计数、快速/慢速进给驱动位置控制、凸轮控制、步进电动机/伺服电动机控制等任务。

S7－400 PLC 还提供以下部件以满足用户的需要:

① 接口模块(IM):用于连接中央处理单元和扩展单元。S7－400 PLC 的 CPU 最多能连接 21 个扩展单元。

② 西门子 S5 模块:S5－115U、S5－135U 和 S5－155U 的所有 I/O 模块都可以和相应的扩展单元一起使用。S5 的某些 IP 和 WF 模块可用于 S5 扩展单元,也可直接用于 CPU(通过适配器盒)。

S7－400 PLC 性能优越,环境适应性很强,因此应用范围十分广泛。由于有很高的电磁兼容性和抗冲击、耐振动性能,因而能最大限度地满足各种工业标准。其模块能带电插拔,允许环境温度为 0～60 ℃,机架及模块安装非常简便。

4.3.2 S7－400 PLC 主要性能参数

表 4－5 是 S7－400 PLC 的主要性能参数。

表 4 -5 **S7 -400 PLC** 的主要性能参数

	CPU412 -2	CPU414 -2	CPU416 -2	CPU417 -4
程序存储器	72 KB	128 KB	0.8 MB	2 MB
数据存储器	72 KB	128 KB	0.8 MB	2 MB
S7 定时器	256	256	512	512
S7 计时器	256	256	512	512
位存储器	4 KB	8 KB	16 KB	16 KB
时钟存储器	8(1 个标志字节)	8(1 个标志字节)	8(1 个标志字节)	8(1 个标志字节)
输入/输出	4 KB/4 KB	8 KB/8KB	16 KB/16 KB	16 KB/16 KB
过程 I/O 映像寄存器	4 KB/4 KB	8 KB/8 KB	16 KB/16 KB	16 KB/16 KB
数字量通道	32768/32768	65536/65536	131072/131072	131072/131072
模拟量通道	2048/2048	4096/4096	8192/8192	8192/8192
CPU/扩展单元	1/21	1/21	1/21	1/21
编程语言	STEP7(LAD,FBD,STL),SCL,CFC,GRAPH			
执行时间/定点数	0.2 μs	0.1 μs	0.08 μs	0.1 μs
执行时间/浮点数	0.6 μs	0.6 μs	0.48 μs	0.6 μs
MPI 连接数量	16	32	44	44
传输速率	最高 12 Mbit/s	最高 12 Mbit/s	最高 12 Mbit/s	最高 12 Mbit/s

4.3.3 S7 -400 PLC 的模块与编址

S7 -400 PLC I/O 模块的默认编址与 S7 -300 PLC 不同,它的输入/输出地址分别按顺序排列。数字 I/O 模块的输入/输出默认首地址为 0,模拟 I/O 模块的输入/输出默认首地址为 512。模拟 I/O 模块的输入/输出地址可能占用 32 个字节,也可能占用 16 个字节,它是由模拟量 I/O 模块的通道数来决定。图 4 -7是 S7 -400 PLC 的各种常用 I/O 模块的插槽位置及编址。

机架1	电源模块 PS407	I4.0 ~ I7.7 DI32	Q4.0 ~ Q7.7 DO32	544 ~ 574 AI16	544 ~ 558 AO8	I8.0 ~ I9.7 DI16	接口模块 IM461

机架0	电源 CPU 模块	I0.0 ~ I3.7 DI32	Q0.0 ~ Q3.7 DO32	512 ~ 542 AI16	512 ~ 526 AO8	528 ~ 542 AO8	接口模块 IM460

图 4 -7 S7 -400 PLC 的各种常用 I/O 模块的插槽位置及编址

习题

1. 简述西门子 S7 系列 PLC 各自的特点及编址原则。
2. STEP7 编程语言有几种基本形式？各有什么特点？
3. 西门子 S7－300 PLC 与 S7－400 PLC 的 I/O 编址方式有什么异同点？
4. 请填写以下配置的西门子 S7－300 PLC 的 I/O 地址。

电源 PS307	CPU315－2DP	模拟输入模块 8X +/－10 V	模拟输出模块 8X +/－10 V	数字输入模块 16X24 VDC	数字输出模块 32X24 VDC	数字输出模块 16X24 VDC

5. 如何实现西门子 S7－300 PLC 的集中扩展？
6. 简单说明 PLC 各种模块的功能。

第5章

STEP7指令系统及其应用

可编程序控制器是按照用户的控制要求来进行工作的。程序的编制就是用一定的编程语言对一个控制任务进行描述。可编程序控制器中的程序由操作系统和用户程序两部分组成。操作系统由可编程序控制器的生产厂家提供,它支持用户程序的运行;用户程序是用户为完成特定的控制任务而编写的应用程序。要开发应用程序,就要用到可编程序控制器的编程语言。尽管国内外 PLC 生产厂家采用的编程语言不尽相同,但程序的表达方式基本有以下几种:梯形图、指令表、逻辑功能图和高级语言。绝大部分 PLC 是用梯形图和语句表编程的。

梯形图是一种图形语言,它沿用了传统的继电器控制系统中的继电器触点、线圈、串并联等术语和图形符号,并且还增加了许多功能强大而又使用灵活的指令符号。梯形图比较形象直观,对于熟悉继电器控制系统的人来说,也容易接受,世界上各生产厂家的 PLC 都把梯形图作为第一用户编程语言。

语句表的表达方式类似于汇编语言,尽管它不如梯形图形象直观,程序的输入和修改也不如其他图形方式简单,但是其功能却最强。语句表体现了可编程序控制器的所有功能。

逻辑功能图的表达类似于数字逻辑电路,它把传统的继电器控制系统中的继电器触点、线圈、串并联等术语和图形符号用数字电路中的“与或非”组合逻辑来表示,还具有许多功能强大而又使用灵活的指令符号。逻辑功能图和梯形图一样形象直观,程序的输入和修改也最简单,它更适合熟悉数字逻辑电路的用户使用。

STEP7 是 S7 – 300/400 PLC 的应用程序软件包。S7 系列 PLC 的编程语言非常丰富,有 LAD(梯形图)、STL(语句表)、FBD(功能块图/逻辑功能图)、SCL(标准控制语言)、S7 Graph(顺序控制)、CFC(连续功能图)等,用户可以选择一种语言编程,如果需要,也可混合使用几种语言编程。这些编程语言都是面向用户的,它使控制程序的编程工作大大简化,用户程序开发、输入、调试和修改非常方便。

本章将全面系统地讲解常用的语句表、梯形图以及功能块图编程语言。STEP 7 标准软件支持这三种编程语言的互相转换。需要说明的是:三种编程语言之间转换不是一一对应的,梯形图和功能块图都可以转换为语句表,但是因为语句表体现了可编程序控制器所有功能,所以不一定有他对应的梯形图或者功能图可以转换。STEP 7 指令系统包括:二进制操作、定时/计数操作、数据传送与运算、程序控制操作、组织块和功能块编程等。二进制操作又称为位逻辑操作,它可以对二进制操作数的信号进行扫描并完成逻辑运算。

教学课件

PLC 编程基础

5.1 PLC 编程基础

5.1.1 指令及其结构

编程指令是程序的最小独立单位,用户程序是由若干条顺序排列的指令构成。对应语句表、梯形图和功能块图三种编程语言,尽管它们的表达形式不同,但表示的内容是相同或类似的。

微课

基本逻辑指令及 STEP7 软件认识

1. 指令的组成

(1) 语句指令(STL)

一条语句由一个操作码和一个操作数组成,操作数由标识符和参数组成。操作码定义要执行的功能,它告诉 CPU 该做什么;操作数为执行该操作所需要的信息,它告诉 CPU 用什么去做或到哪去做。例如:

A I1.0

该指令是一条位逻辑操作指令。其中:"A"是操作码,它表示执行"与"操作;"I1.0"是操作数,它指出这是对输入 I1.0 地址内容进行的操作。

有些语句指令不带操作数。它们操作的对象是唯一的,故为简便起见,不再特别说明。例如"NOT"是对逻辑操作结果(RLO)取反。

(2) 梯形逻辑指令(LAD)

梯形逻辑用图形元素表示 PLC 要完成的操作。在梯形逻辑指令中,其操作码是用图素表示的,该图素形象地表明 CPU 做什么,其操作数的表示方法与语句指令相同。图 5-1 是一个梯形逻辑指令示例。

该指令中:┤├、─( )─ 可认为是操作码,表示一个二进制赋值操作。I0.0、I0.1、Q4.0 是操作数,表示赋值的对象是 Q4.0。

梯形逻辑指令也可不带操作数,如"NOT"是对逻辑操作结果取反的操作。

(3) 功能块图指令(FBD)

功能块图指令也使用图形元素表示 PLC 要完成的操作。在功能块图指令中,其操作码是用图素表示的,该图素形象地表明 CPU 做什么,其操作数的表示方法与语句指令相同。图 5-2 是一个功能块图指令示例。

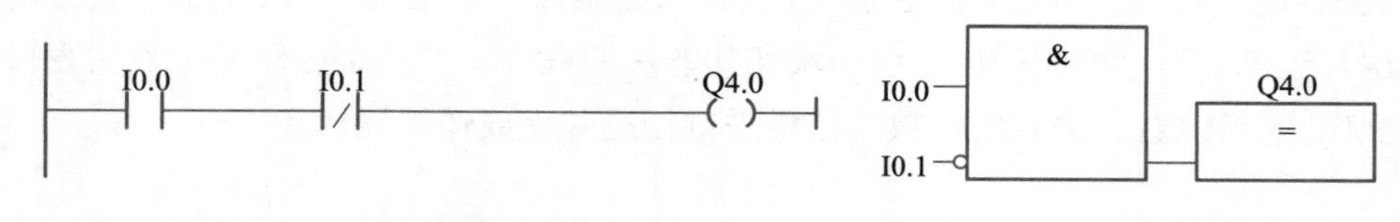

图 5-1 梯形逻辑指令示例　　图 5-2 功能块图指令示例

该指令表示输入 I 0.0 的状态和 I 0.1 "取反"后的状态信号做"与"运

算，运算结果对输出 Q4.0 赋值。

2. 操作数标识符及参数

一般情况下，指令的操作数在 PLC 的存储器中，此时操作数由操作数标识符和参数组成。操作数标识符说明操作数放在存储器的哪个区域及操作数位数，参数则进一步说明操作数在该存储区域内的具体位置。

操作数标识符由主标识符和辅助标识符组成。主标识符表示操作数所在的存储区，辅助标识符进一步说明操作数的位数长度，若没有辅助标识符则操作数的位数是一位。

主标识符有：I（输入过程映像寄存器）、Q（输出过程映像寄存器）、M（位存储器）、PI（外部输入）、PQ（外部输出）、T（定时器）、C（计数器）、DB（数据块）、L（本地数据）。辅助标识符有：X（位）、B（字节）、W（字——2 字节）、D（双字——4 字节）。

S7 系列 PLC 的物理存储器是以字节为基础的，所以存储单元规定为字节单元。位地址参数用一个点与字节地址分开。如：

M10.1/I0.2/Q4.5

当操作数长度是字或双字时，标识符后给出的参数是字或双字内的最低字节单元号。图 5－3 给出了字节、字、双字的相互关系及表示方法。当使用宽度为字或双字的地址时，应保证没有生成任何重叠的字节分配，以免造成数据读写错误。

<table>
<tr><td>7</td><td>…</td><td>0</td><td>7</td><td>…</td><td>0</td><td>7</td><td>…</td><td>0</td><td>7</td><td>…</td><td>0</td><td>位地址</td></tr>
<tr><td colspan="3">IB0</td><td colspan="3">IB1</td><td colspan="3">IB2</td><td colspan="3">IB3</td><td>字节地址</td></tr>
<tr><td colspan="6">IW0</td><td colspan="6">IW2</td><td>字地址</td></tr>
<tr><td colspan="12">ID0</td><td>双字地址</td></tr>
</table>

图 5－3 字节、字、双字的相互关系及表示方法

在 STEP7 中，操作数有两种表示方法：一是物理地址（绝对地址）表示法；二是符号地址表示法。为物理地址定义一个有意义的符号名，可使程序的可读性增强，降低编程时由于笔误而造成的程序错误。

用物理地址表示操作数时，要明确指出操作数的所在存储区，该操作数的位数及具体位置。例如：Q4.0 是用物理地址表示的操作数，其中 Q 表示这是一个在输出过程映像寄存器中的输出位，具体位置是第四个字节的第“0”号位。

STEP7 允许用符号地址表示操作数，如 Q4.0 可用符号名“MOTOR—ON”替代表示。符号名必须先定义后使用，而且符号名必须是唯一的，不能重名。定义符号时要指明操作数所在的存储区、操作数的位数、具体位置及数据类型。

3. 寻址方式

操作数是指令的操作或运算对象。所谓寻址方式是说指令得到操作数的方式，可以直接给出或间接给出。可用作 STEP7 指令操作对象的有常数。S7 系列

PLC 状态字中的状态位。S7 系列 PLC 的各种寄存器、数据块、功能块 FB、FC 等各存储区中的单元。通常使用的 S7 系列 PLC 寻址方式是立即寻址和直接寻址。

(1) 立即寻址

立即寻址是对常数或常量的寻址方式。操作数本身直接包含在指令中,有些指令中的操作数是唯一的,为方便起见不再在指令中特别写出。例如:

```
AW   W#16#117   //将常数 W#16#117 与累加器 1 进行"与"逻辑运算
L    43         //将整数 43 装入累加器 1 中
SET             //将 RLO 置 1
```

(2) 直接寻址

直接寻址包括对寄存器和存储器的直接寻址。在直接寻址的指令中,直接给出操作数的存储单元地址。例如:

```
O    I0.2     //对输入位 I0.2 进行"或"逻辑运算
R    Q4.0     //将输出位 Q4.0 置"0"
=    M1.1     //使 M1.1 的内容等于 RLO 的内容
L    C1       //将计算器 C1 中的计算数值装入累加器 1
T    MW6      //将累加器 1 中的内容传送给 MW6
```

5.1.2 PLC 编程的基本原则

PLC 编程应该遵循以下几种基本原则:

① 输入/输出继电器、内部继电器、定时器、计数器等器件的触点可以重复使用,无须用复杂的程序结构来减少触点的使用次数,但程序中不能出现输入继电器的线圈。

② 梯形图的每个程序段都是从左边(左母线)开始,依次向右排列,输出的结果(即线圈)放在最右边。也就是说输出线圈的右边不能出现任何命令符号(如触点、线圈等),如图 5-4 所示。

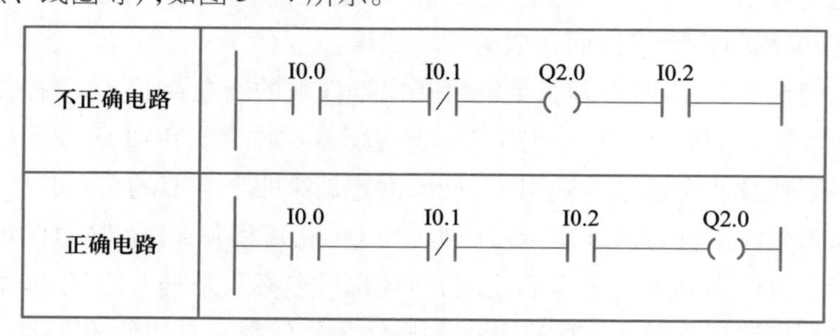

图 5-4 PLC 编程的基本原则(1)

③ 输出不能与左母线直接相连。如果需要,可以通过一个没有使用的中间继电器的动断触点来连接,如图 5-5 所示。

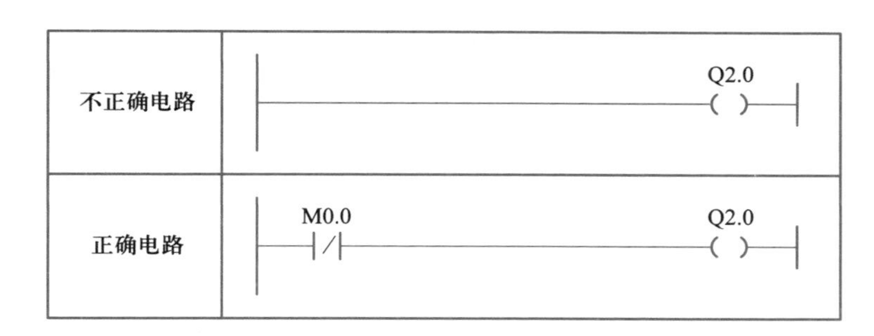

图 5 - 5　PLC 编程的基本原则(2)

④ 同一编号的线圈在一个程序中使用两次称为双线圈输出。双线圈输出容易引起误操作，STEP7 虽然允许这种程序输入，但由于具有后置优先特点，会导致逻辑结果混乱，所以应尽量避免线圈重复使用。

⑤ 两个或两个以上的输出结果(即线圈)可以并联输出，如图 5 - 6 所示。

I0.0　Q4.2　Q6.0
T6　Q7.5

图 5 - 6　PLC 编程的基本原则(3)

⑥ 在编写 PLC 程序时尽量把串联触点较多的电路编在梯形图程序上方。因为如果梯形图程序下方有很多串联触点，如图 5 - 7 所示，则会占用较多内存空间。而图5 - 8中的梯形图程序内存空间占用较少，同理编程时尽量将并联触点较多的放在梯形图程序的左边。

Network 1：Title：

I0.0　Q6.0
I0.1　I0.2

```
Network 1：Title：
O    I    0.0
O
A    I    0.1
AN   I    0.2
=    Q    6.0
```

图 5 - 7　程序安排不妥当的情况

I0.1　I0.2　Q6.0
I0.0

```
Network 1：Title：
A    I    0.1
AN   I    0.2
O    I    0.0
=    Q    6.0
```

图 5 - 8　PLC 编程的基本原则(4)

⑦ 由于 PLC 梯形图编程方法是从继电器控制系统基础上发展起来的，因此它沿用了继电器触点的思维方式，但是由于与继电器控制电路的工作方式不同，(梯形图是遵守顺序执行的原则，即从左到右，从上到下的顺序)所以不可能按

照继电器线路设计方法编制 PLC 梯形图程序。如图 5 - 9 所示为触点垂直布置的桥式电路,如果 PLC 梯形图直接照搬,则无法在编程器中输入,也违背了 PLC 指令执行顺序,正确的梯形图程序如图 5 - 10 所示。

K1
K2
K6
K5
K3
K4
K7

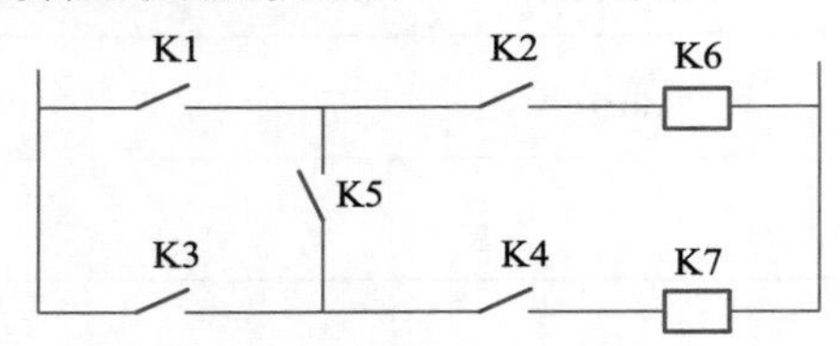

图 5 - 9 不能直接编程的桥式电路

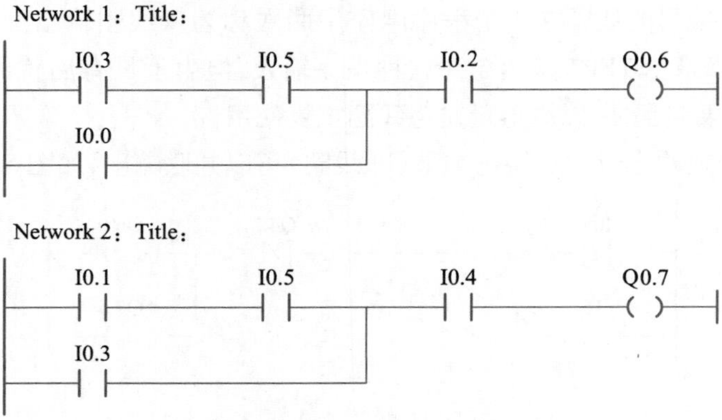

Network 1：Title：
I0.3
I0.5
I0.2
Q0.6
I0.0
Network 2：Title：
I0.1
I0.5
I0.4
Q0.7
I0.3

图 5 - 10 正确的桥式电路梯形图程序

5.1.3 STEP7 软件结构及调用执行

STEP7 的软件结构是将用户程序分成各种不同的类型。STEP7 的软件结构分为系统块和用户块两大类,系统块包括系统功能块(SFB)、系统功能(SFC)和系统数据块(SDB,System Data Block)。用户块包括组织块(OB)、功能块(FB)、功能(FC)以及数据块(DB,Bata Block)。各种软件块的相互关系如图 5 - 11所示。

操作系统
OB1
FC
FB
DB
FB
FC
SFC
DB
SFB
SDB
其他
OBs

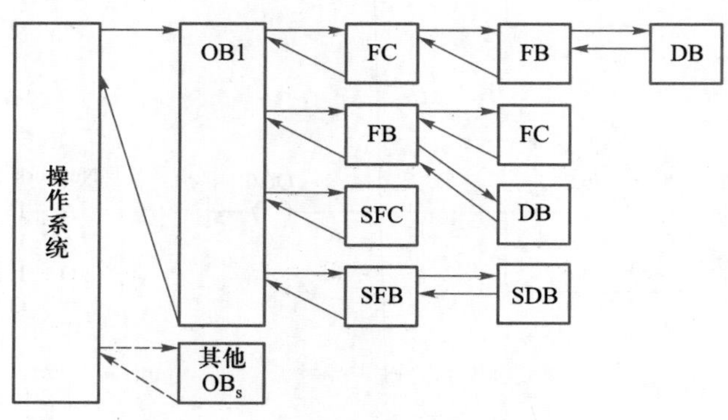

图 5 - 11 各种软件块的相互关系

1. 系统块

系统块是存储在 CPU 操作系统中的取定义的功能或功能块。这些块不占用用户的任何存储空间,系统块可以被用户程序调用。这些块在整个系统中具有相同的接口、相同的名称和相同的编号。所以,可以在不同的 CPU 或 PLC 之间转换用户程序。

2. 用户块

用户块是提供给用户用于管理用户程序代码和数据的区域。根据过程的要求,可以用不同的选项对用户块进行结构化编程。一些程序块每个扫描周期都执行,而一些块只有在需要的时候才调用。用户块也被称为程序块。

3. 组织块

组织块构成了 S7 CPU 和用户程序的接口。可以把全部程序存在 OB1 中,让它连续不断地循环处理;也可以把程序放在不同的块中,使 OB1 在需要的时候调用这些程序块。除 OB1 外,操作系统根据不同的事件可以调用其他的组织块。

4. 功能块

功能块是在逻辑操作块内的功能或功能组,在操作块内分配有存储器,并存储有变量。FB 需要这个背景数据块形式的辅助存储器,通过背景数据块传递参数,而且,一些局部参数也保存在此区,其他的临时变量存储在局部堆栈中。保存在背景数据块内的数据,当功能块关闭时数据仍保持。

5. 功能

功能是类似于功能块的逻辑操作块,但是,其中不分配存储区。FC 不需要背景数据块,临时变量保存在局部堆栈中,直到功能结束。当 FC 执行结束时,使用的变量要丢失。

6. 数据块

数据块是一个永久分配的区域,用于保存其他功能的数据或信息。数据块是可读/写区,并作为用户程序的一部分转入 CPU。

7. 系统功能

系统功能是集成在 S7 CPU 中的已经编程并调试过的功能,包括设置模块参数、数据通信和复制功能等。用户程序可以不用装载直接调用 SFC,SFC 不需要分配数据块。

8. 系统功能块

系统功能块是 S7 CPU 的集成功能。由于 SFB 是操作系统的一部分,用户程序可以不用装载直接调用 SFB。SFB 需要分配背景数据块,数据块必须作为用户程序的一部分装载到 CPU。

9. 系统数据块

系统数据块是由不同 STEP7 工具产生的程序存储区,它存有操作控制器的必要数据。SDB 中存有组态数据、通信连接和参数等信息。

当开发一个结构化程序时,需要通过另一个程序调用一个块。可以把各个子任务存在功能块(FB)和功能(FC)中,当程序调用第二个块时,执行被调用的块的指令。一旦被调用的块执行结束其指令,系统将返回调用块继续执行其余程序指令。

教学课件
位逻辑指令及其应用

5.2 位逻辑指令及其应用

位逻辑指令的运算结果用两个二进制数字1和0来表示。可以对布尔操作数(BOOL)的信号状态扫描并完成逻辑操作,逻辑操作结果称为RLO。

位逻辑指令包括位逻辑运算指令、定时器指令、计数器指令及位测试指令等,它们可以对布尔操作数(BOOL)的信号状态进行扫描并完成逻辑操作。这是用“与”“或”“异或”操作及三者的组合操作来实现的。逻辑操作结果(RLO)用以赋值、置位、复位布尔操作数,也控制定时器和计数器的运行。

5.2.1 基本逻辑指令及其应用

S7系列PLC的基本逻辑指令参看表5-1。

表5-1 S7系列PLC的基本逻辑指令

符号	操作数	功能描述
──┤ ├──	I,Q,M,L,D,T,C	当其初始地址输入状态为1时,输出为1 当其初始地址输入状态为0时,输出为0
──┤/├──		当其初始地址输入状态为0时,输出为1 当其初始地址输入状态为1时,输出为0
──┤NOT├──		当该符号前的“RLO”的值为1时,输出为0 当该符号前的“RLO”的值为0时,输出为1
──( )──	I,Q,M,L,D	当输入有状态时,其逻辑操作结果就为1 当输入没有状态时,其逻辑操作结果就为0
──(#)──		临时变量,保存逻辑操作位的结果并向下输出。也称为连接符

1. “与”和“与非”(A,AN)指令

逻辑“与”在梯形图里用串联的触点回路表示,被扫描的操作数则表示为触点符号,操作数标在触点上方。在PLC中规定:如果触点是动合触点,则动合触点“动作”认为是“1”状态,动合触点“不动作”认为是“0”状态。如果触点是动断触点,则动断触点“动作”认为是“0”状态,动断触点“不动作”认为是“1”状态。图5-12是一个“与”逻辑程序(“1”扫描)。如果串联回路里的I0.0的状态为“1”且I0.1的状态为“1”,则该回路的输出Q4.0就为“1”(继电器触点接通);如果I0.0或I0.1的状态不满足上述条件,则输出

Q4.0 的为“0”(继电器触点断开)。

图 5-12 “与”逻辑程序

在上面的程序中,操作数是被依次扫描的,对信号状态进行“1”扫描,并做逻辑“与”运算,用助记符“A”来标识,相关的操作数指定了要扫描对象。当操作数的信号状态是“1”时,其扫描结果也是“1”。如果操作数的信号状态是“0”,则扫描结果也是“0”。对信号状态进行“0”扫描,并做逻辑“与”运算,用助记符“AN”来标识取反的“与”逻辑操作。当操作数的信号状态是“0”时,其扫描结果就是“1”;如果操作数的信号状态是“1”,则扫描结果就是“0”,如图 5-13 所示。

I0.0 I0.1 Q4.0

AN I 0.0
AN I 0.1
= Q 4.0

图 5-13 “与非”逻辑程序

在第一条语句里,CPU 扫描的是输入 I0.0,本次扫描也被称为首次扫描。首次扫描的结果被直接保存在 RLO(逻辑操作结果)中,下一条语句扫描操作数输入 I0.1,这次扫描的结果和 RLO 中保存的上一次结果相“与”,产生的新结果再存入 RLO。

2. “或”和“或非”(O,ON)指令

逻辑“或”在梯形图里用并联的触点回路表示,被扫描的操作数标在触点上方。在触点并联的情况下,若有一个或一个以上的触点闭合,则该回路就“通电”。在图 5-14 中,驱动信号通过并联触点回路加到输出 Q4.2。若 I0.2 或 I0.3 的信号状态有一个为“1”,则输出 Q4.2 就为“1”;若 I0.2 与 I0.3 的信号状态都是“0”,输出 Q4.2 就为“0”。

在上面的语句表中,操作数是依次被扫描的,其扫描的结果再逻辑“或”。对信号状态进行“1”扫描,并做逻辑“或”运算,用助记符“O”来标识。当操作数的信号状态是“1”时,其扫描结果也是“1”。

I0.2 Q4.2
I0.3

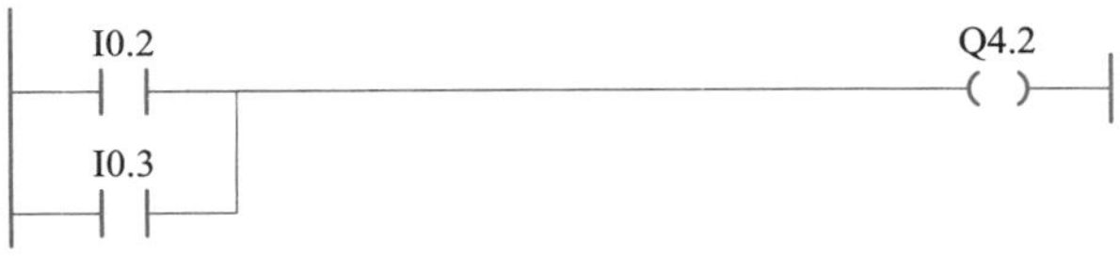

Network 2: Title:
O I 0.2
O I 0.3
= Q 4.2

图 5-14 “或”逻辑程序

对信号状态进行“0”扫描，并做逻辑“或”运算，用助记符“ON”来标识取反的“或”逻辑操作。若操作数的信号状态是“0”时，其扫描结果就是“1”；若操作数的信号状态是“1”，则扫描结果就是“0”，如图5-15所示。

I0.2　　Q4.0
I0.3

```
ON  I  0.2
ON  I  0.3
=   Q  4.0
```

图5-15 “或非”逻辑程序

在第一条语句里，CPU扫描的是输入I0.2。首次扫描的结果被直接保存在RLO（逻辑操作结果）中，并和下一条语句的扫描结果相“或”，产生的新结果再存入RLO。如此逐一进行，在逻辑序列结束处的RLO可用于进一步处理。例如，用来激励一个输出信号。在上面的语句表中，把RLO的值赋给输出Q4.0。

3．“异或”和“异或非”（X，XN）指令

S7系列PLC具有“异或”和“异或非”指令，但该功能只在STL/FBD方式下编程，如图5-16所示。当执行语句表中的第一条指令时，首次扫描的结果被直接保存在RLO中，然后RLO中的值和第二条指令的扫描结果进行“异或”操作，得到的新结果再存入RLO。如此扫描“异或”并刷新RLO，直到赋值指令将RLO的值赋给输出。

在本例里，仅当两个触点（输入I0.4和输入I0.5）的扫描结果不同，即只有一个为“1”时，RLO才为“1”，并赋值给输出使Q4.0为“1”。若两个信号的扫描结果相同（均为“1”或“0”），则Q4.0为“0”。

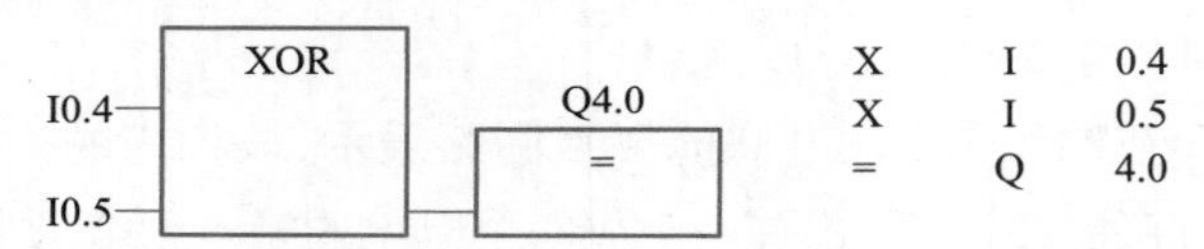

图5-16 “异或”功能逻辑程序

4．嵌套表达式和先“与”后“或”

当逻辑串是串并联的复杂组合时，CPU的扫描顺序是先“与”后“或”。图5-17给出的是触点先“串”后“并”逻辑程序，图5-18给出的是先“并”后“串”逻辑程序。从与其对应的语句表可以看出，复杂逻辑运算的指令规则是：先“与”后“或”逻辑不加括号，先“或”后“与”逻辑加括号。

LAD输出指令像继电器逻辑图中的线圈一样工作。如果电流能够流经电路到达线圈（即RLO为1）的话，则继电器线圈通电，其动合触点闭合；否则线圈不通电，动合触点断开。

5．中间输出指令

如图5-19所示，中间输出指令被安置在逻辑串中间，用于将其前面的位逻辑操作结果（即本位置的RLO值）保存到指定地址，所以有时也称为“连接器”

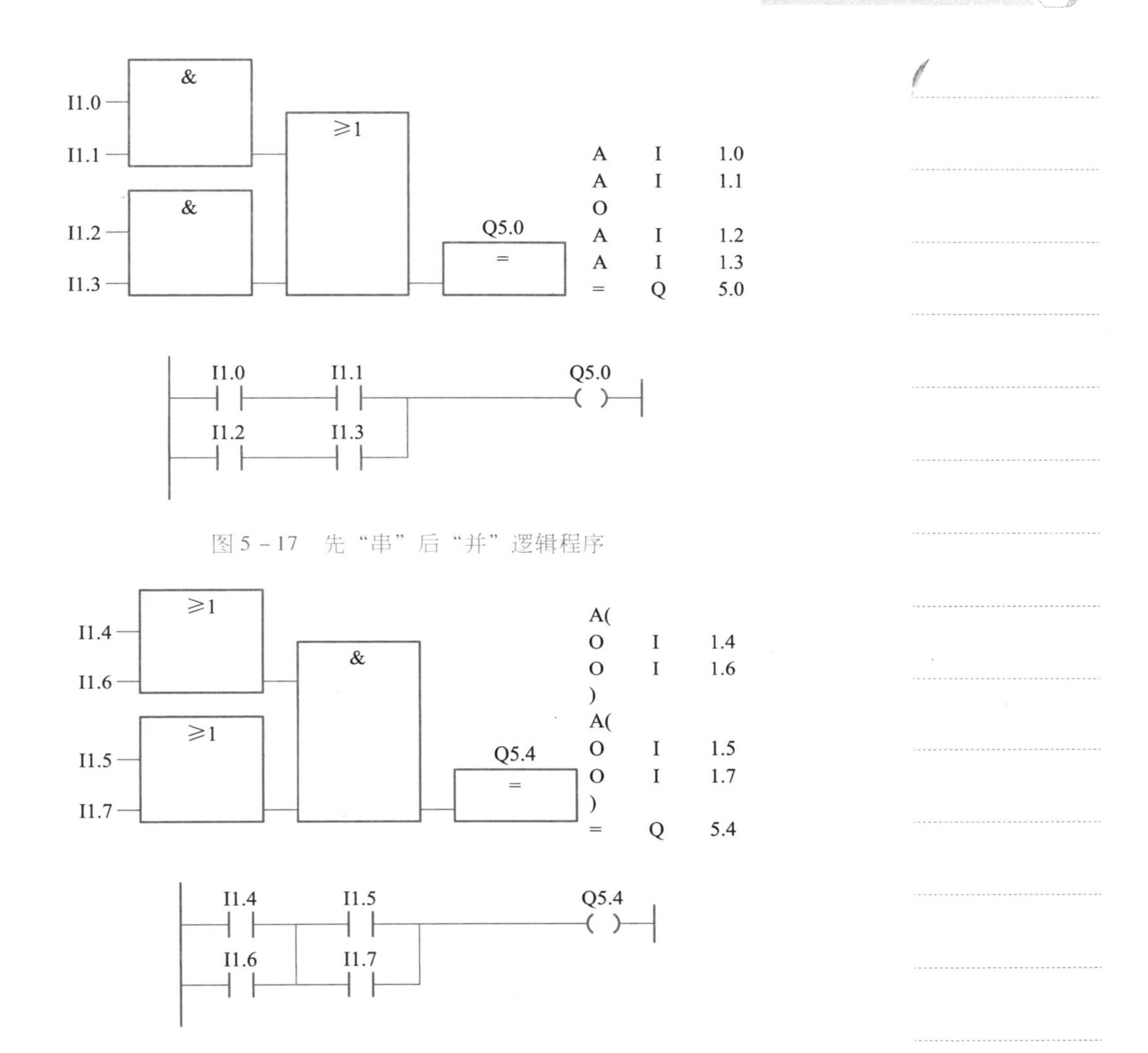

图 5－17 先“串”后“并”逻辑程序

图 5－18 先“并”后“串”逻辑程序

或“中间赋值元件”。它和其他元件串联时，“连接器”指令和触点一样插入。 连接器不能直接连接母线，也不能放在逻辑串的结尾或分支结尾处。从图 5－19(b)可以得到无中间输出逻辑程序实现功能如图 5－20 所示。

I1.0 I1.1 M0.0 (#) I2.0 NOT M1.1 (#) Q4.0 ( )

(a) 梯形图

```
STL:A  I1.0     =M1.1
       I1.1     AM1.1
       =M0.0    =Q4.0
       A M0.0
       A I2.0
       NOT
```

(b) 语句表

图 5－19 中间输出逻辑

由此可以看出，中间输出指令可以实现多级输出，从而提高编程效率。

例 1：电动机正反转控制线路。

在电动机正反转控制线路中，最重要的就是要保证电动机正转接触器和反

图 5-20 无中间输出逻辑程序

转接触器在任何情况下，都不能同时接通。最基本的方法是采用接触器互锁控制线路。电动机正反转控制线路如图 5-21 所示。这里改用 PLC 来完成此控制线路。表 5-2 是电动机正反转 PLC 控制线路 I/O 分配表，图 5-22 是电动机正反转控制线路 PLC 控制程序。

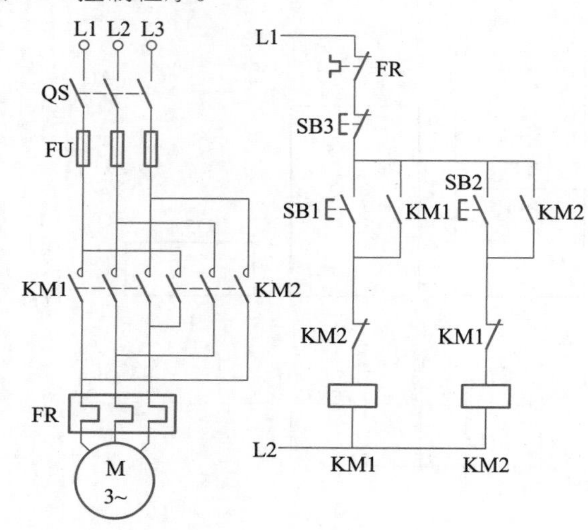

图 5-21 电动机正反转控制线路

微课
电动机正反转编程并模拟运行

表 5-2 电动机正反转 PLC 控制线路 I/O 分配表

FR	I 0.0	热保护，动断触点
SB3	I 0.1	停止按钮，动断触点
SB1	I 0.2	正向起动按钮，动合触点
SB2	I 0.3	反向起动按钮，动合触点
KM1	Q 4.0	正向运行接触器线圈
KM2	Q 4.1	反向运行接触器线圈

上面的接触器互锁的正反转控制线路防止了主电路短路，但如果要使电动机反转，就必须首先按停止按钮，这种操作显然很不方便。如果加上按钮互锁电路，可以方便地实现换向功能。带按钮互锁功能的电动机正反转控制线路如图 5-23所示，对应的 PLC 控制程序参看图 5-24。

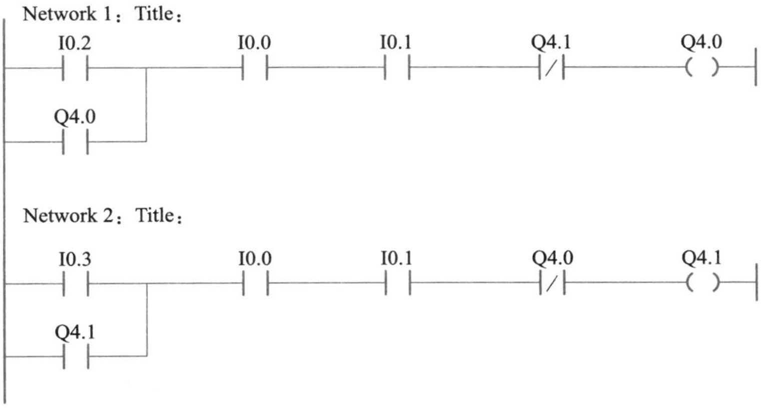

Network 1：Title：
I0.2
I0.0
I0.1
Q4.1
Q4.0
Q4.0
Network 2：Title：
I0.3
I0.0
I0.1
Q4.0
Q4.1
Q4.1

图 5－22 电动机正反转控制线路 PLC 的控制程序

L1 L2 L3
QS
FU
KM1
KM2
FR
M
3~
L1
FR
SB3
SB1
KM1
SB2
KM2
KM2
KM1
L2
KM1
KM2

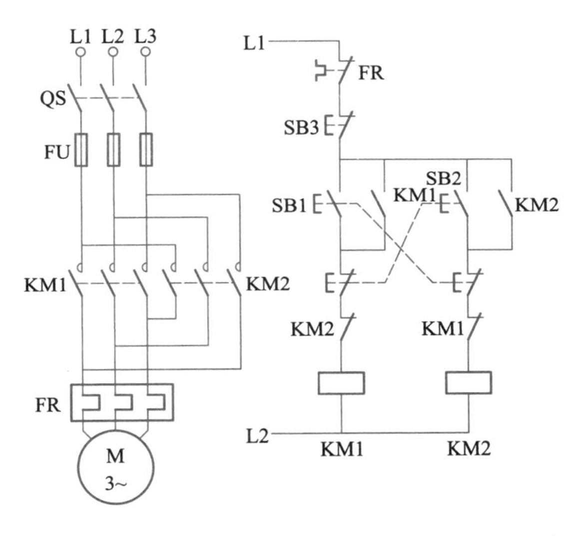

图 5－23 带按钮互锁功能的电动机正反转控制线路

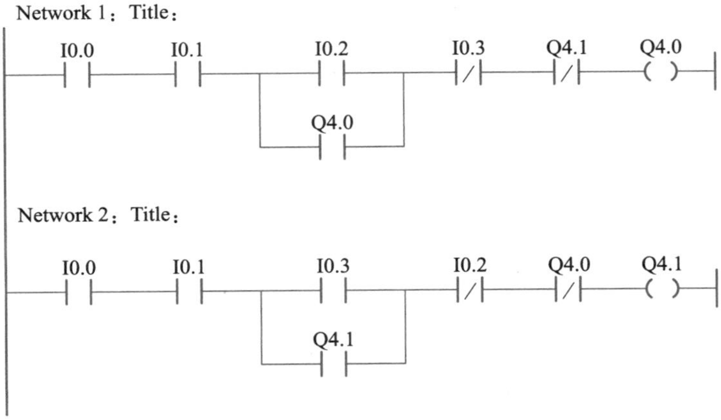

Network 1：Title：
I0.0
I0.1
I0.2
I0.3
Q4.1
Q4.0
Q4.0
Network 2：Title：
I0.0
I0.1
I0.3
I0.2
Q4.0
Q4.1
Q4.1

图 5－24 带按钮互锁功能的电动机正反转控制线路的 PLC 控制程序

例2：顺序控制线路。

顺序控制线路中的SQ1、SQ2、SQ3、SQ4及SQ5分别表示各工作步的条件。KA1、KA2、KA3、KA4及KA5表示各个工作状态中间继电器，5个中间继电器分别实现相应工作应执行的控制功能。当按下SQ1时，KA1得电自锁，而且为下一步做好准备；当第二步条件SQ1满足时，KA2得电自锁，断开第一步并且为第三步做好准备；依次类推。表5－3是顺序控制I/O分配表，图5－25是顺序控制功能的PLC程序。

表5－3　顺序控制I/O分配表

SB1	I0.1	停止按钮
SQ1	I0.2	起动（第一步条件）
SQ2	I1.1	第2步条件
SQ3	I1.2	第3步条件
SQ4	I1.3	第4步条件
SQ5	I1.4	第5步条件
KA1	Q4.1	第1步输出
KA2	Q4.2	第2步输出
KA3	Q4.3	第3步输出
KA4	Q4.4	第4步输出
KA5	Q4.5	第5步输出

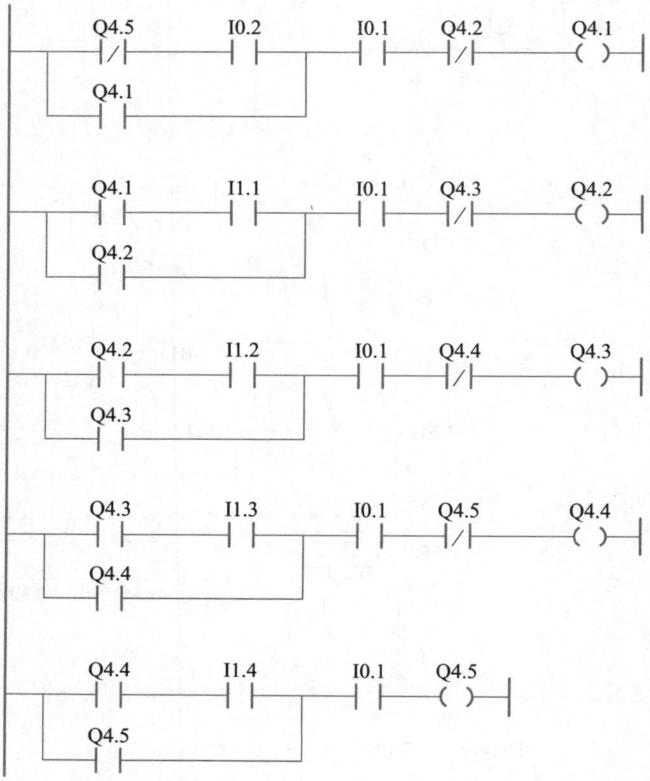

图5－25　顺序控制功能的PLC控制程序

例3：两台电动机的关联控制

在某机械装置上装有两台电动机，第一台电动机可进行正反转，只有第一台电动机运行时，第二台电动机才能起动。第二台电动机为单向运行，两台电动机同由一个按钮的动断触点控制停止。表5－4是该关联控制系统的I/O分配表，电动机关联控制PLC控制程序如图5－26所示。

5.2.2 置位/复位指令及其应用

1. 置位/复位指令

置位/复位指令也是一种输出指令。使用置位指令时，如果RLO＝1，则指定地

表 5－4 关联控制系统的 I/O 分配表

SB1	I0.0	总停按钮(动断触点)
SB2	I0.1	电动机 1 正向起动(动合触点)
SB3	I0.2	电动机 1 反向起动(动合触点)
SB4	I0.3	电动机 2 起动按钮(动合触点)
KM1	Q2.1	电动机 1 正向运行
KM2	Q2.2	电动机 1 反向运行
KM3	Q2.3	电动机 2 运行

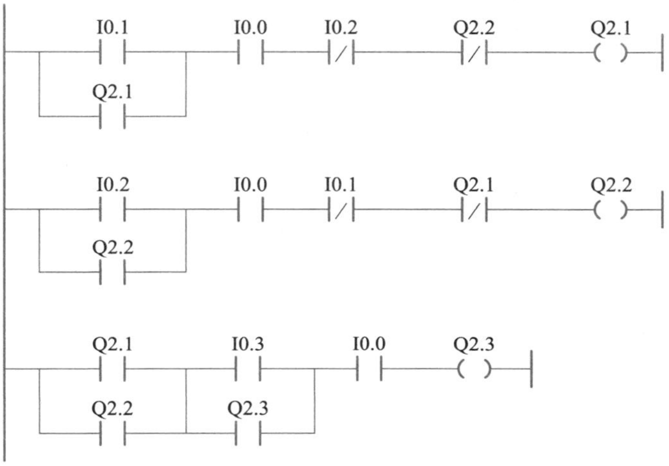

图 5－26 电动机关联控制 PLC 控制程序

址被置“1”，而且一直保持，直到被复位为“0”；使用复位指令时，如果 RLO = 1，则指定地址复位为“0”，而且一直保持，直到被置位为“1”，如图 5－27 所示。

在图 5－27 中，一旦 I1.0 闭合，即使它又断开，线圈 Q4.0 一直保持接通状态，只有当 I2.0 闭合(即使它又断开)，才能使线圈 Q4.0 断开。置位/复位指令时序图如图 5－28 所示。

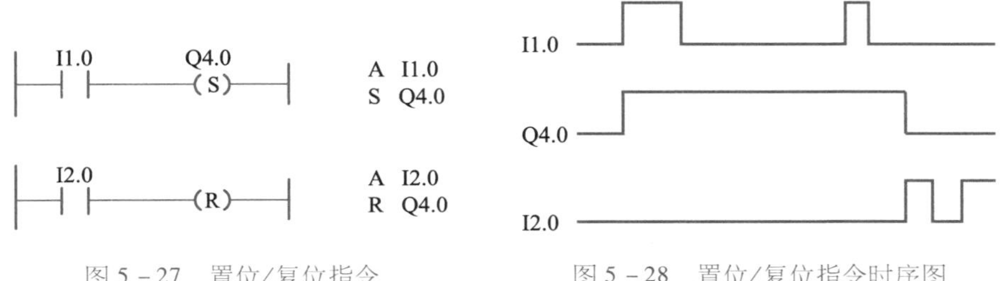

图 5－27 置位/复位指令　　图 5－28 置位/复位指令时序图

2. 触发器指令

触发器有置位复位触发器(SR 触发器)和复位置位触发器(RS 触发器)两

种，见表 5－5。

表 5－5　触发器指令及其功能描述

符号	操作数	功能描述
RS	I. Q. M. D. L	当 RLO 为“1”时执行复位或置位操作
SR		当 RLO 为“1”时执行置位或复位操作
--[R]		当 RLO 为“1”时执行复位操作
--[S]		当 RLO 为“1”时执行置位操作

在图 5－29 中给出的 RS 触发器的功能是：如果输入 I0.0 的信号状态为“1”，并且输入 I0.1 的信号状态为“0”，则输出 Q4.0 的信号状态变为“1”（Q4.0 的线圈得电）。当输出 Q4.0 线圈得电后，不论输入 I0.0 的触点是打开还是闭合，输出 Q4.0 的线圈都能通过 Q4.0 的触点保持得电状态。只有在动合触点 I0.1 闭合时，才能使输出 Q4.0 断电（Q4.0 的信号状态变为“0”）。而且不论输入 I0.0 的触点如何变化，都不能使 Q4.0 通电。在这个继电器逻辑图中，输入 I0.0 的触点触发置位操作，输入 I0.1 的触点触发复位操作。当输入 I0.0 和 I0.1 均闭合时，按指令的执行顺序，由于是复位指令在后，所以输出Q4.1最终被复位，故称为复位优先型 SR 触发器。

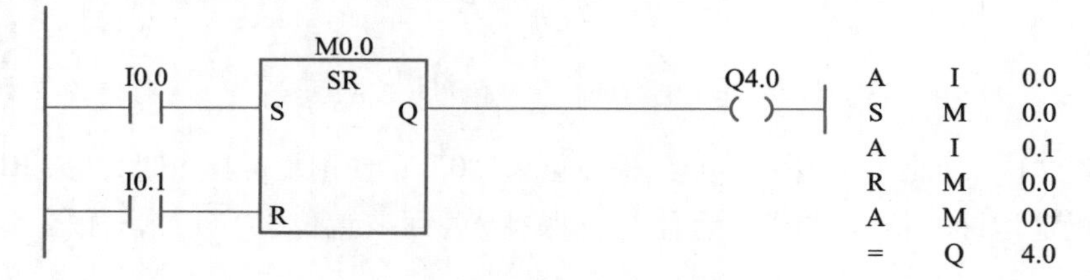

图 5－29　复位优先型 SR 触发器

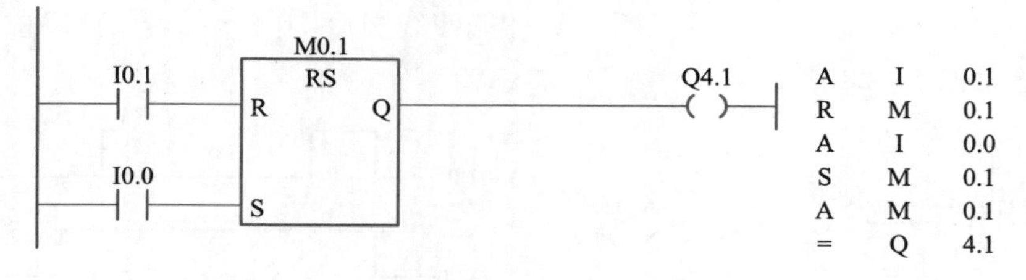

图 5－30　置位优先型 RS 触发器

在图 5－30 中给出的 RS 触发器的功能是：输入 I0.1 的触点控制 RS 触发器复位，输入 I0.0 的触点控制 RS 触发器置位。当输入 I0.0 和 I0.1 均闭合时，按指令的执行顺序，由于是置位指令在后，所以输出 Q4.1 最终被置位，故这种方式的 RS 触发器称为置位优先型 RS 触发器。

在以上两种表达方式中，置位功能与复位功能的顺序不同，如果置位条件 I0.0 与复位条件 I0.1 不同时满足，二者之间将没有区别。而当两个条件同时满足时，在复位功能程序下的运算结果为 Q4.0 = 0，而置位功能程序下的运算结果为 Q4.1 =1。这种因置位/复位指令顺序不同，导致的逻辑运算结果不同称为“优先功能”。选择哪种优先功能，要根据控制功能的要求而定。图 5 –31 是置位优先型 RS 触发器和复位优先型 RS 触发器的时序图。

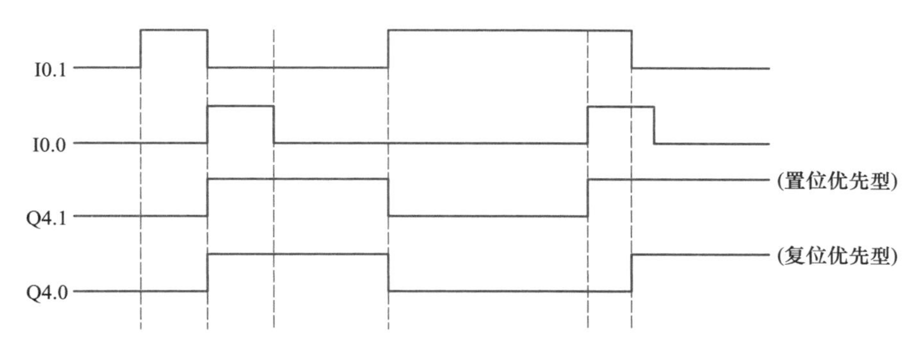

图 5 –31　置位优先型 RS 触发器和复位优先型 RS 触发器时序图

例 4：抢答器控制。

关于抢答器的功能都比较熟悉：当某组抢到答题权时本组指示灯亮，同时禁止其他抢答台指示灯亮。当答题完毕后，由主持人按动复位按钮使之恢复初始状态。表 5 –6 是抢答器功能 I/O 分配表，抢答器控制的程序如图 5 –32 所示（以三个抢答器为例）。

抢答器

表 5 –6　抢答器功能 I/O 分配表

SB1	I0.0	1 号台抢答按钮（动合触点）
SB2	I0.1	2 号台抢答按钮（动合触点）
SB3	I0.2	3 号台抢答按钮（动合触点）
SB0	I0.7	复位按钮（动断触点）
HL1	Q4.0	1 号台抢答指示灯
HL2	Q4.1	2 号台抢答指示灯
HL3	Q4.2	3 号台抢答指示灯

抢答器程序设计及接线

在第一个程序段内，如果置位端 S 的输入 I0.0 为“1”，并且其他两个程序段的输出都为“0”，则 Q4.0 输出为“1”，1 号抢答器的显示灯亮，其他抢答器的显示灯不再亮；当复位端 R 的输入 I0.7 为“0”时，Q4.0 显示灯灭，开始准备下一次抢答。

在第二个程序段内，如果置位端 S 的输入 I0.1 为“1”，并且其他两个程序段的输出都为“0”，则 Q4.1 输出为“1”，2 号抢答器的显示灯亮，其他抢答器

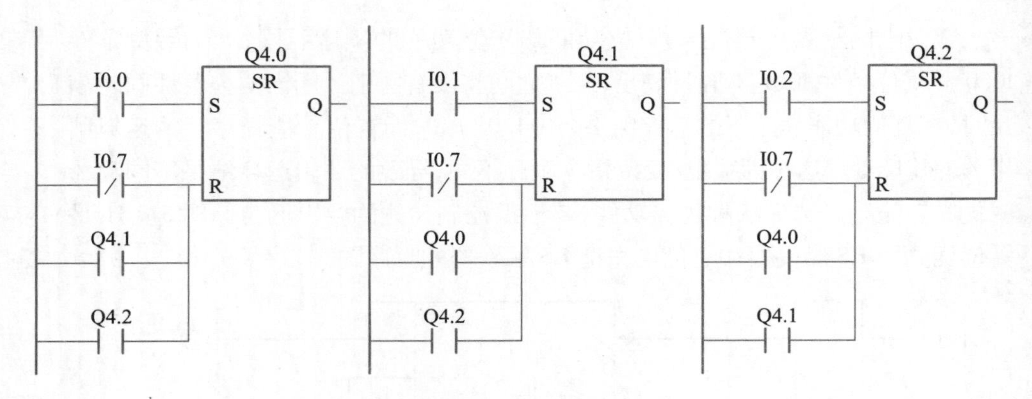

图5－32 三个抢答器PLC程序

的显示灯不再亮；当复位端R的输入I0.7为“0”时，Q4.1显示灯灭，开始准备下一次抢答。

在第三个程序段内，如果置位端S的输入I0.2为“1”，并且其他两个程序段的输出都为“0”，则Q4.2输出为“1”，3号抢答器的显示灯亮，其他抢答器的显示灯不再亮；当复位端R的输入I0.7为“0”时，Q4.2显示灯灭，开始准备下一次抢答。

5.2.3 边沿识别指令及其应用

边沿识别指令的功能是当信号状态变化时有输出，当信号状态变化时就产生跳变沿，当从0变到1时，产生一个上升沿（或正跳沿）；若从1变到0，则产生一个下降沿（或负跳沿）。信号脉冲的宽度为一个扫描周期。跳变沿检测的原理是：在每个扫描周期中，把信号状态和它在前一个扫描周期的状态进行比较，若不同则表明有一个跳变沿。因此，前一个周期里的信号状态必须被存储，以便能和新的信号状态相比较。图5－33是关于边沿识别指令的功能说明。

在OBI的扫描周期中，CPU扫描并形成RLO值。若该RLO值是0，且上次RLO值是1，这说明指令检测到一个RLO的变化沿，那么RLO输出宽度为一个扫描周期的“1”信号。如果RLO在相邻的两个扫描周期中相同（全为1或0），则RLO没有输出。S7中有两类跳变沿检测指令：一种是对触点跳变沿直接检测指令，另一种是对RLO的跳变沿的条件检测指令。边沿识别指令及其功能描述参看表5－7。

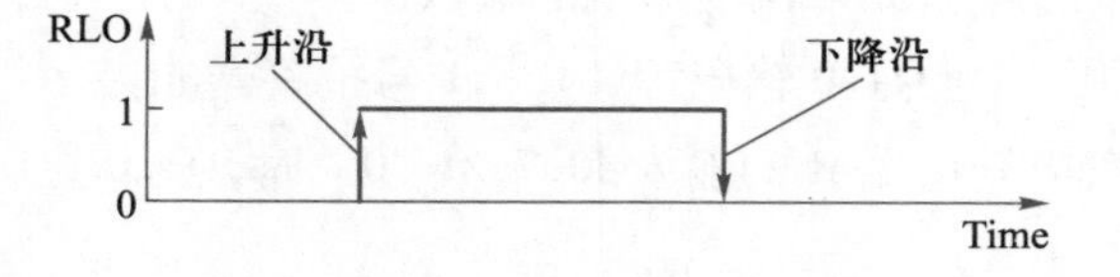

图5－33 关于边沿识别指令的功能说明

表 5 –7　边沿识别指令及其功能描述

符号	参数	操作数	功能描述
--[N]-		I,Q,M,L,D	逻辑操作结果下降沿触发(直接检测)
--[P]-			逻辑操作结果上升沿触发(直接检测)
NEG	Q	I,Q,M,L,D	触点下降沿触发(条件型)
POS	Q		触点上升沿触发(条件型)

1. 上升沿识别指令

图 5 – 34 是使用 RLO 上升沿识别指令的测试程序。这个例子中,若 CPU 检测到输入 I0.0 有一个正跳沿,将使得输出 M0.0 的线圈在一个扫描周期内通电。对输入 I0.0 动合触点扫描的 RLO 值存放在辅助存储位 M0.1 中。

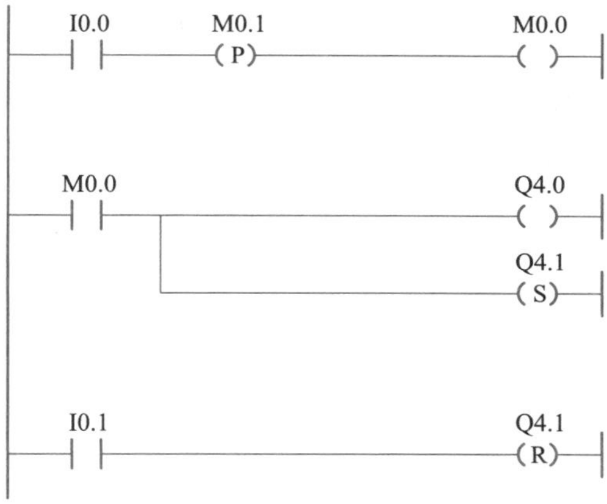

I0.0　M0.1(P)　M0.0( )
M0.0　Q4.0( )　Q4.1(S)
I0.1　Q4.1(R)

图 5 – 34　上升沿识别指令的测试程序

在图 5 – 34 所示的 RLO 上升沿识别指令的测试程序中,输入信号 I0.0 的状态首先存入 M0.1,系统把 I0.0 的状态与 M0.1 的状态进行比较,如果 I0.0 的状态与 M0.1 的状态不同,输出信号 M0.0。才可得到一个扫描周期的“1”信号。为了通过程序检查该指令的功能,在第二段程序中设置了赋值指令和置位指令,从程序测试功能可以看出,赋值指令 Q4.0 端看不到输出信号,而置位指令 Q4.1 端可以看到输出信号,这表明 M0.0 是一个周期很短的脉冲信号。图 5 – 34所示的 RLO 上升沿识别指令功能的波形图如图 5 – 35 所示。

2. 下降沿识别指令

图 5 – 36 是使用 RLO 下降沿识别指令的测试程序。这个例子中,若 CPU 检测到输入 I0.0 有一个下降沿,将使得输出 M1.0 的线圈在一个扫描周期内通电。对输入 I1.0 动合触点扫描的 RLO 值存放在辅助存储位 M1.1 中。

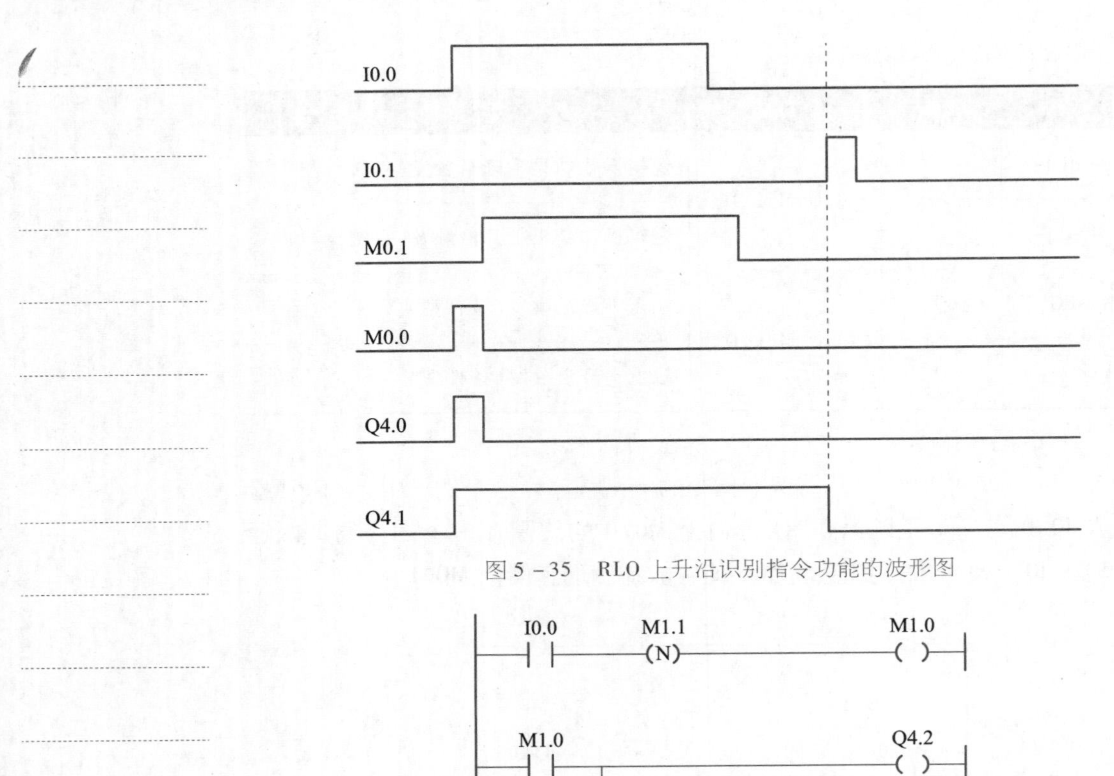

图 5－35　RLO 上升沿识别指令功能的波形图

图 5－36　下降沿识别指令的测试程序

3．地址正沿检测指令

POS 地址正沿检测指令的功能是把存储在 POS 地址的信号状态与存储在 M－BIT 地址先前的信号状态进行比较，如果当前的 RLO 状态为“1”，而先前的状态为“0”（上升沿检测），则在操作之后的 RLO 位将为“1”。

图 5－37 是一个地址正沿检测指令的测试程序。在该程序中，I0.0 为检测条件，当输入 I0.0 的信号状态为“1”时，执行检测任务；当 I0.1 有上升沿，输出 Q4.0 的信号状态为“1”。

图 5－37　地址正沿检测指令的测试程序

4. 地址负沿检测指令

NEG 地址负沿检测指令的功能是把存储在 NEG 地址的信号状态与存储在 M－BIT 地址先前的信号状态进行比较，如果当前的 RLO 状态为“0”，而先前的状态为“1”（下降沿检测），则在操作之后的 RLO 位将为“1”。

图 5－38 是一个地址负沿检测指令的测试程序。在该程序中，当输入 I0.0 的信号状态为“1”时，执行检测指令；当 I0.1 有下降沿时，输出 Q4.0 的信号状态为“1”。

I0.1
I0.0 NEG Q Q4.0
M0.5 M_BIT

图 5－38 地址负沿检测指令的测试程序

5.2.4 跳步指令及其应用

跳步指令是指逻辑块内的跳转指令，这些指令中止程序原有的线性逻辑，跳到另一处执行程序。跳转指令的操作数是地址标号，该地址标号指出程序要跳往何处，标号最多为 4 个字符，第一个字符必须是字母，其余字符可为字母或数字。图 5－39 是一个跳步指令的控制程序结构。跳步指令及其功能参看表 5－8。

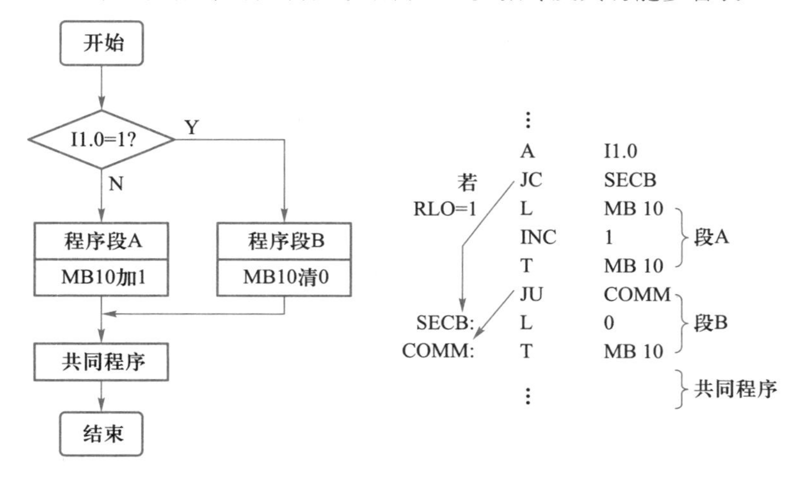

图 5－39 跳步指令的控制程序结构

表 5－8 跳步指令及其功能

符号	参数	功能描述
－－(JMP)	无	有条件跳转：当 RLO 为 1 时，程序跳转到相应的跳转标识
		无条件跳转：程序直接跳转到相应的跳转标识

续表

符号	参数	功能描述
--(JMPN)	无	当 RLO 为 0 时，则程序跳转到相应的跳转标识
LABEL	第一个字符必须是字母	标识是定义跳转目标，为跳转指令的目的地而标识的。跳转标识必须存在每个有条件跳转或无跳转指令

跳转标号还必须写在程序跳转的目的地址前，称为目标地址标号。在一个逻辑块内，目标地址标号不能重名。在语句表中，目标地址标号与目标指令用冒号分隔。在梯形图中，目标地址标号必须在一个网络的开始。在编程器上从梯形逻辑浏览器中选择 LABEL(标号)，出现空方块，将标号名填入方块中。由于 STEP 7 的跳转指令只在逻辑块内跳转，所以在不同逻辑块中的目标地址标号可以重名。

梯形图逻辑控制指令只有两条，可用于无条件跳转或条件跳转控制。由于无条件跳转时对应语句表指令 JU，所以不影响状态字。在梯形图中目的地址标号只能在梯形图网络开始处，条件跳转指令影响状态字。图 5-40 给出了无条件跳转与有条件跳转程序。

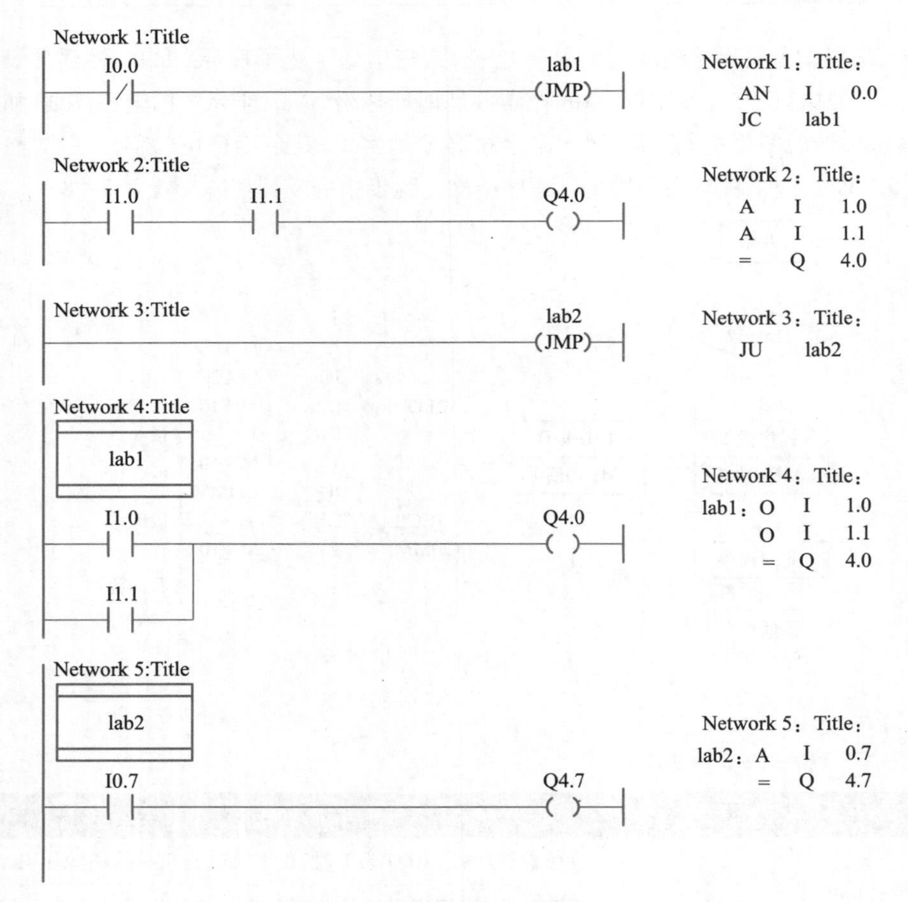

图 5-40 无条件跳转与有条件跳转程序

在图 5-40 所示的程序中，当 I0.0 为 0 时，执行跳转到由标签 lab1 所标识的 Network 4，Network 2 和 Network 3 不被执行。当 I0.0 为 1 时，顺序执行 Network 2 和 Network 3。执行到 Network 3 时，直接跳转到 lab2 所标识的 Network 5。

例 5：星—三角减压起动与正常起动选择控制

控制要求：当 I0.0 为 0 时，系统执行星—三角减压起动程序。当 I0.0 为 1 时，系统执行正常起动。I0.0 是星—三角减压起动与正常起动选择开关。表 5-9 是星—三角减压起动与正常起动选择控制的 I/O 分配表，图 5-41 是实现选择控制功能的 PLC 程序。

微课

PLC 控制电动机星—三角减压起动

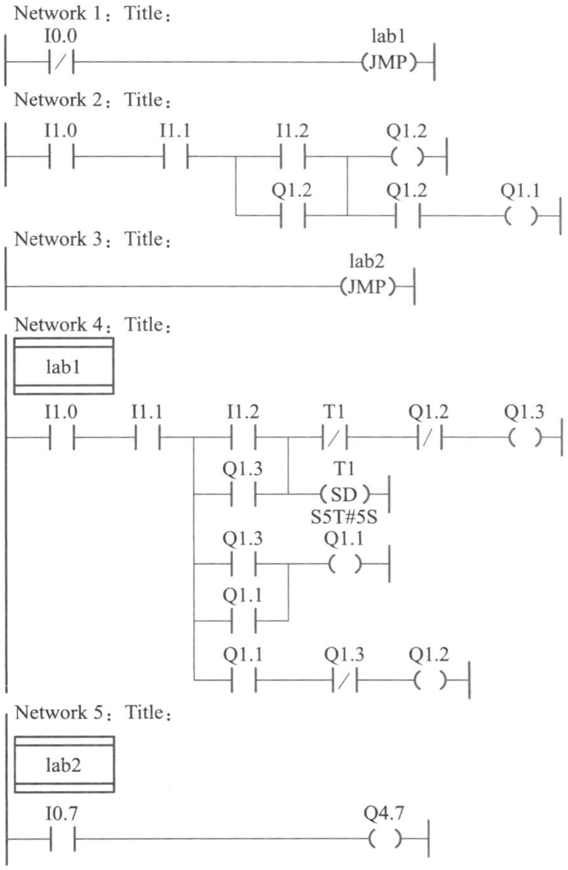

表 5-9 星—三角减压起动与正常起动选择控制的 I/O 分配表

FR5	I1.0	热保护元件
SB1	I1.1	停止按钮，动断触点
SB2	I1.2	起动按钮，动合触点
KM1	Q1.1	电源接触器
KM2	Q1.2	三角形接触器
KM3	Q1.3	星形接触器
KT	T1	星—三角转换时间

Network 1: Title:
I0.0 lab1 (JMP)
Network 2: Title:
I1.0 I1.1 I1.2 Q1.2
Q1.2 Q1.2 Q1.1
Network 3: Title:
lab2 (JMP)
Network 4: Title:
lab1
I1.0 I1.1 I1.2 T1 Q1.2 Q1.3
Q1.3 T1 (SD) S5T#5S
Q1.3 Q1.1
Q1.1
Q1.1 Q1.3 Q1.2
Network 5: Title:
lab2
I0.7 Q4.7

图 5-41 选择控制功能的 PLC 程序

STEP 7 指令系统具有非常丰富的跳转功能，它们可以与其他运算功能配合使用，各种条件跳转指令及其功能请参考表 5－10。

表 5－10 各种条件跳转指令及其功能

指 令	说 明
JC	当 RLO＝1 时跳转
JCN	当 RLO＝0 时跳转
JCB	当 RLO＝1 且 BR＝1 时跳转。指令执行时将 RLO 保存在 BR 中
JNB	当 RLO＝0 且 BR＝0 时跳转。指令执行时将 RLO 保存在 BR 中
JBI	当 BR＝1 时跳转。指令执行时，OR、FC 清 0，STA 置 1
JNBI	当 BR＝0 时跳转。指令执行时，OR、FC 清 0，STA 置 1
JO	当 OV＝1 时跳转
JOS	当 OS＝1 时跳转。指令执行时，OS 清 0
JZ	累加器 1 中的计算结果为零跳转
JN	累加器 1 中的计算结果为非零跳转
JP	累加器 1 中的计算结果为正跳转
JM	累加器 1 中的计算结果为负跳转
JMZ	累加器 1 中的计算结果小于等于零（非正）跳转
JPZ	累加器 1 中的计算结果大于等于零（非负）跳转
JUO	实数溢出跳转

5.2.5 主控指令及其应用

主控指令特别适合对公共支路的编程。掌握主控指令与中间标志之间的区别，并合理使用是非常重要的。表 5－11 是主控指令的符号及功能说明。

表 5－11 主控指令的符号及功能说明

符号	参数	功能描述
－（CALL）	FC/SFC 或 FB/SFB 编号	调用一个功能或功能块
－（MCR<）	无	主控继电器接通
－（MCR>）	无	主控继电器断开
－（MCRA）	无	主控继电器起动
－（MCRD）	无	主控继电器停止
－（RET）	无	退出功能块

CALL 指令用来调用不带参数的功能（FC）或系统功能（SFC），只有当 CALL 线圈的 RLO 为“1”时才执行调用。RET 指令用于有条件地放弃一个功能块。

主控继电器接通指令用于将 RLO 保存在 MCR 堆栈中,主控继电器断开指令用于将 RLO 从 MCR 堆栈中删除,主控继电器起动指令用于起动主控继电器,主控继电器停止指令用于停止主控继电器。

图 5 - 42 是使用(CALL)调用功能及(RET)退出功能示例。调用功能 FC10,当 I1.1 值为 1 时,退出功能/功能块。

图 5 - 43 是一个使用主控继电器功能的程序。程序的 Network 1 表示主控继电器功能起动,Network 2 的 I0.0 以及 I0.1 为 Network 2 ~ Network 4 的主控触点,当 I0.0 与 I0.1 的逻辑结果为“1”时,(MCR <)与(MCR >)之间的程序正常执行。如果 I0.0 或 I0.1 有任意一个的值为“0”时,(MCR <)与(MCR >)之间的区域无效。由于程序段 Network 6 在(MCR <)与(MCR >)之外,因此该段程序不受 I0.0 以及 I0.1 的控制。(MCRD)用于关闭主控电路继电器。

图 5 - 42 (CALL)调用功能及(RET)退出功能示例

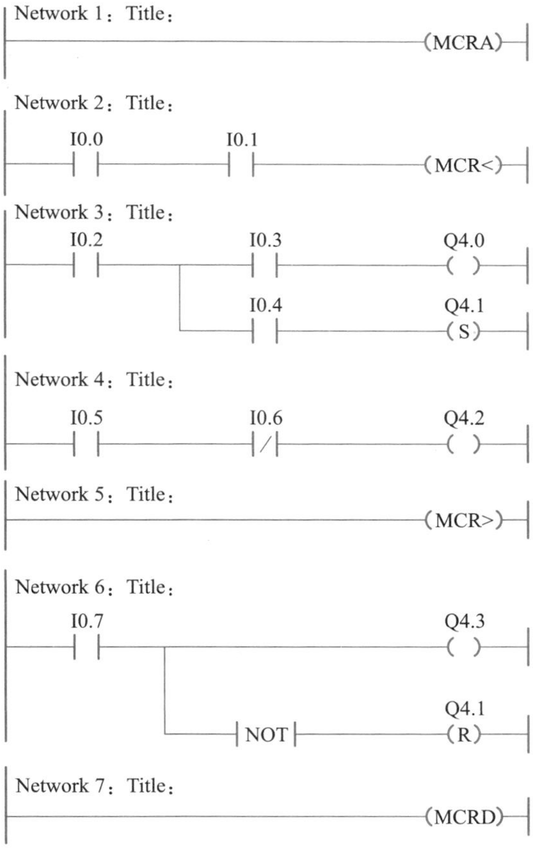

图 5 - 43 主控继电器功能程序

例 6:电动机调速控制线路

某种电动机可以通过改变绕组的接法而改变转速。当按动低速起动按钮时电动机为低速运行方式,当按动高速起动按钮后电动机为高速运行方式。其工作过程为:按下低速按钮 SB2 时,KM1 得电并自锁,KM1 的动断互锁触点断开

KM2 及 KM3 支路。按下高速按钮 SB3 时，SB3 的动断触点首先断开 KM1 的自锁触点，并使 KM1 断电，同时 SB3 的动合触点闭合，使 KM2 和 KM3 先后得电并自锁，KM2 的动断触点对 KM1 互锁。

系统要求电动机只能低速起动，起动后的电动机可以进行高速/低速切换。表 5－12 是实现电动机调速控制线路的 I/O 分配表，图 5－44 是满足以上功能的 PLC 程序。程序中的 M0.0 是电动机低速起动标志，当 M0.0 为“1”时，表示系统已经低速起动，如果 M0.0 为“0”，则系统不能直接高速起动。

表 5－12　电动机调速控制线路的 I/O 分配表

SB1	I0.1	停止开关	KM1	Q2.1	低速运行
SB2	I0.2	低速起动	KM2	Q2.2	高速运行
SB3	I0.3	高速起动	KM3	Q2.3	
FR5	I0.5	低速热保护器	L1	Q2.5	低速指示灯
FR6	I0.6	高速热保护器	L2	Q2.6	高速指示灯

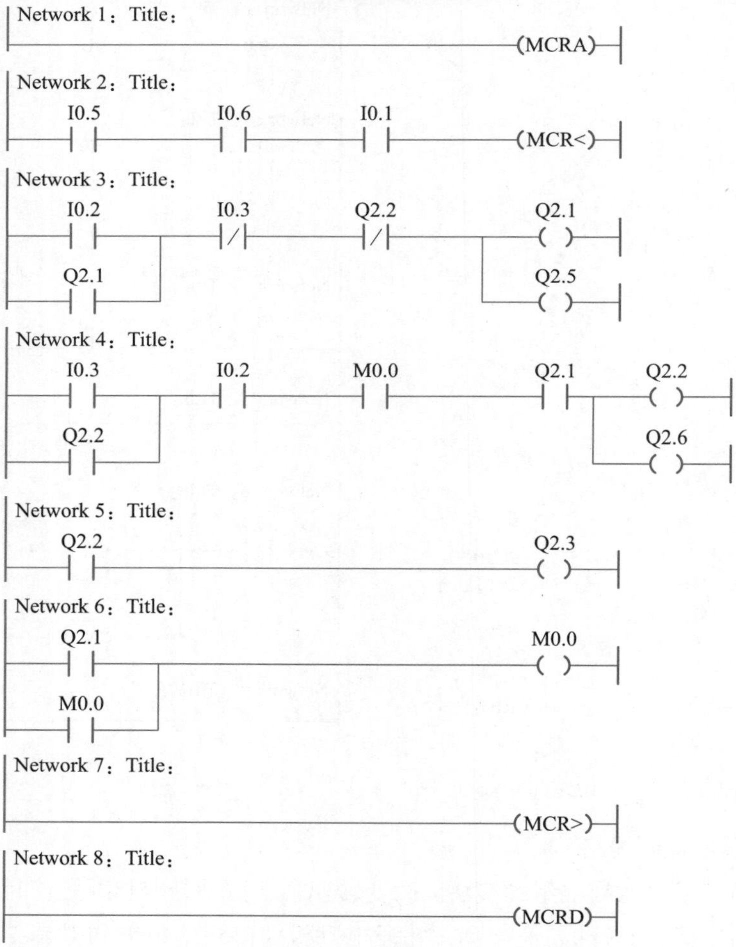

图 5－44　电动机调速控制线路的 PLC 程序

5.3 数据块及数据传送指令

教学课件
数据块及数据传送指令

5.3.1 数据块结构及数据格式

在工程实践中,经常会遇到很多过程数据。例如经常修改的置数值,或由于材料工艺的变化而修改的时间,以及一些需要比较的基值等。这些数据可以集中存储在数据块(DB)中,这样做的好处是既可以节省用户程序内存,也可以方便地修改程序参数。假设由于材料或工艺的变化,要求修改 T5 的定时时间,当使用 LS5T#15S 指令编程时,必须找到该指令后才能修改,找到该指令对于一个不太复杂的系统而言也非易事,而对于采用数据字方式的程序而言,只需找到该数据块即可修改。当然,修改定时时间只是解释该功能的一种原理解释,对于大量的运算及存储功能更需要使用数据块。

数据块是数据而不是程序,程序中只有打开数据块时,对应的数据才有效;打开新数据块后,自动关闭原数据块;程序执行 BE 指令后,关闭数据块。如果程序中所使用的数据字没有生成或数据块未打开,则 CPU 进入停止状态。

表 5-13 是数据块格式示例。关于数据块的数据地址在 S7 系统中是这样规定的:数据块的“Address”列,对应数据号;“Type”列,对应数据类型;“Initial value”是该数据的初始值。

表 5-13 数据块格式示例

Address	Name	Type	Initial value
0.0		STRUCT	
+0.0	d2	BYTE	B#16#D5
+2.0	d3	WORD	W#16#C47F
+4.0	d5	INT	-3681
+6.0	d7	REAL	2.359000e+002
+10.0	d8	S5TIME	SST #10MS
+12.0	q2	ARRAY [1..20]	
*2.0		WORD	
=52.0		END_STRUCT	

5.3.2 数据传送指令

西门子 S7 系列 PLC 按字节、字、双字对存储区访问,对其进行运算的指令,称为数字指令。它包括:装入和传送指令、比较指令、转换指令、逻辑运算指令、算术运算指令及数字系统功能指令。

累加器是处理器中的一种专用寄存器,可作为“缓冲器”使用。信息的传送与变换一般通过累加器进行,而不是在存储区“直接”进行。S7 的 CPU 有两个 32 位的累加器,即累加器 1 和累加器 2。累加器 1 是主累加器,累加器 2 是辅助累加器,与累加器 1 进行运算的数据存储在累加器 2 中。

装入(L)和传送(T)指令可以在存储区之间或存储区与过程输入、输出之间交换数据。 CPU 执行这些指令不受逻辑操作结果 RLO 的影响。L 指令将源操作数装入累加器 1 中,而累加器 1 中原有的数据移入累加器 2 中,累加器 2 中原有的内容被覆盖。T 指令将累加器 1 中的内容写入目的存储区中,累加器 1 的内容保持不变。L 和 T 指令可对字节(8 位)、字(16 位)、双字(32 位)数据进行操作,当数据长度小于 32 位时,数据在累加器右对齐(低位对齐),其余各位填“0”。

MOVE 指令能传送数据长度为 8 位、16 位或 32 位的所有基本数据类型(包括常数)。若目的操作数与源操作数类型不同(数据位数不同),则多余的位必须用“0”填充。数据传送指令的符号及端子说明见表 5 - 14。

表 5 - 14 数据传送指令的符号及端子说明

FBD 符号	LAD 符号	端子说明
MOVE EN ENO IN OUT	MOVE EN OUT IN ENO	EN:允许输入端 IN:源操作数输入端 OUT:目的操作数输出端 ENO:允许输出端

如果允许输入端 EN 的“RLO”为“1”,就执行传送操作,使输出 OUT 等于输入 IN,并使 ENO 为“1”;如果输入端 EN 的“RLO”为“0”,则不进行传送操作,并使 ENO 为0,ENO 总保持与 EN 相同的信号状态。图 5 - 45 是一个输入/输出传送程序实例。它的功能是:当 M10.0 为“1”时,IW0 的内容被送到 QW4 进行显示,同时 M100.0 变为“1”状态。如果 M10.0 为“0”时,则不进行传送操作,M100.0 为“0”状态,所以 EN 端和 ENO 端的状态永远保持一致。

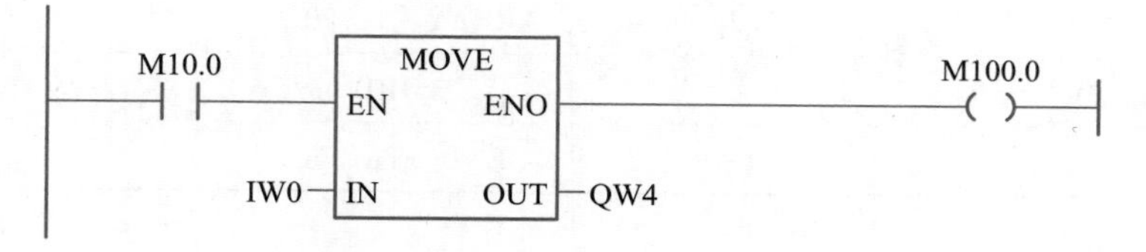

图 5 - 45 输入/输出传送程序实例

5.4 定时指令及其应用

教学课件
定时指令及其应用

西门子 S7 系列 PLC 提供了多种形式的定时器：脉冲定时器（SP）、扩展脉冲定时器（SE）、接通延时定时器（SD）、保持型接通延时定时器（SS）和关断延时定时器（SF）。

在 CPU 的存储器中留出了定时器区域，该区域用于存储定时器的定时时间值。每个定时器为 2B，称为定时字。在 S7－300 PLC 中，定时器区域为 512B，因此最多允许使用 256 个定时器，具体还要参照 CPU 型号，如 CPU315 为 T0～T255（共 256 个），而 CPU 312 为 T0～T127（共 128 个）。定时时间由实基和定时值两部分组成。定时时间等于时基与定时值的乘积。当定时器运行时，定时值不断减 1，直至减到 0，减到 0 表示定时时间到。定时时间到后，会引起定时器触点的动作。

微课
定时器指令

PLC 中的定时器相当于时间继电器。在使用时间继电器时，要为其设置定时时间，当时间继电器起动后。若定时时间到，继电器的触点动作。该触点可以控制其他输出或中间继电器。图 5－46 是 S7－300/400 PLC 定时器的 LAD/FBD 符号。定时器各端子的数据类型及说明参看表 5－15。

脉冲延时	扩展脉冲延时	接通延时	自锁接通延时	关断延时
T no. S_PULSE S Q TV BI R BCD	T no. S_PEXT S Q TV BI R BCD	T no. S_ODT S Q TV BI R BCD	T no. S_ODTS S Q TV BI R BCD	T no. S_OFFDT S Q TV BI R BCD

图 5－46　S7－300/400 PLC 定时器的 LAD/FBD 符号

表 5－15　定时器各端子的数据类型及说明

参数	数据类型	存储区	说　明
No.	TIMER	—	定时器编号
S	BOOL	I，Q，M，D，L	启动输入
TV	S5TIME	I，Q，M，D，L	设置定时时间（S5TIME 格式）
R	BOOL	I，Q，M，D，L	复位输入
Q	BOOL	I，Q，M，D，L	定时器状态输出（触点开闭状态）
BI	WORD	I，Q，M，D，L	剩余时间输出（二进制码格式）
BCD	WORD	I，Q，M，D，L	剩余时间输出（BCD 码格式）

S7 系列 PLC 中的定时器比时间继电器还增加了一些功能,如复位定时器、重置定时时间(定时器再起动)、查看当前剩余定时时间等。S7 系列 PLC 中的定时器不仅功能强,而且类型多。以下介绍各种定时器的运行原理及使用方法。

5.4.1 脉冲定时器

脉冲定时器(SP)是一种产生一个“长度脉冲”,即接通一定时间的定时器,当其输入信号由“0”变“1”后,计时器开始计时,输出变为“1”的状态。输出为“1”的时间与输入为“1”的时间一样长,但不会超过给定的时间。图 5-47 为脉冲定时器的程序实例。当第 1 个启动信号来时,输出端 Q4.0 就由“0”变为“1”,经过定时时间后,由“1”变“0”。当第 2 个启动信号来时,输出端 Q4.0 从“0”变为“1”,但此时启动信号小于定时时间,则此时的信号随着启动信号的断开而断开。当第 3 个启动信号来时,因为遇到了复位信号,所以输出端立即由“1”变“0”,并且复位信号消失后,输出也不会再重新恢复“1”状态。图 5-47 是脉冲定时器的 LAD/STL 程序实例。

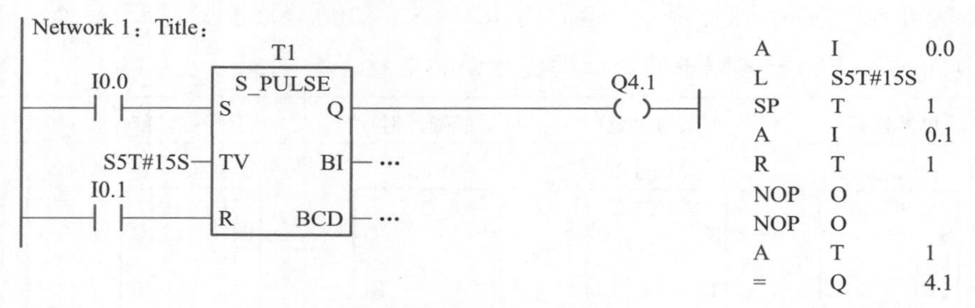

图 5-47 脉冲定时器的 LAD/STL 程序实例

图 5-48 是脉冲定时器的输入/输出波形图。

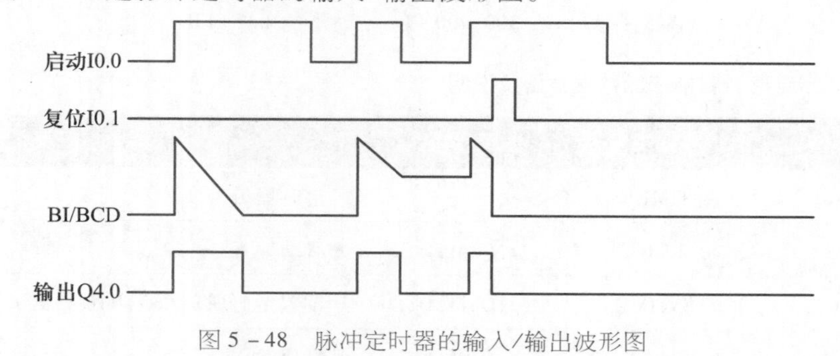

图 5-48 脉冲定时器的输入/输出波形图

5.4.2 扩展脉冲定时器

只要扩展脉冲定时器(SE)的输入信号有一个从“0”到“1”的变化,计时器就一直计时。接通的时间通过指令给定的时间来限制。与脉冲定时器不同,

SE 计时功能与启动信号的宽度无关。图 5 -49 是扩展脉冲定时器程序实例。

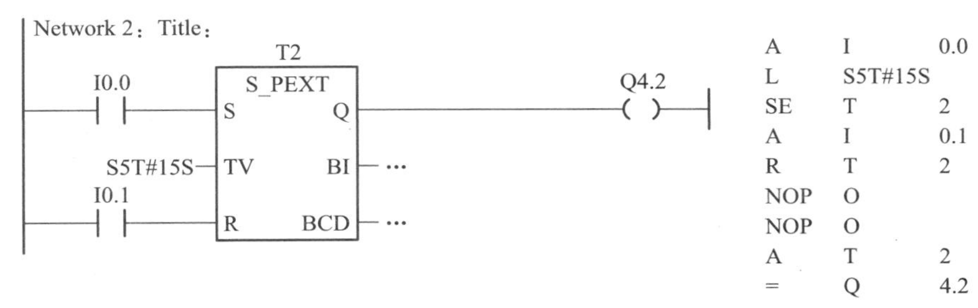

图 5 -49 扩展脉冲定时器程序实例

当有第 1 个启动信号时,输出端 Q4.0 的状态由 “0” 变为 “1” ,经过固定时间后,信号由 “1” 变为 “0” 。当有第 2 个启动信号时,输出端 Q4.0 的状态与第 1 种信号相同。当有第 3 个启动信号时,输出端 Q4.0 的状态在遇到复位信号后,立即由 “1” 变 “0” 。图 5 -50 是扩展脉冲定时器的输入/输出波形图。

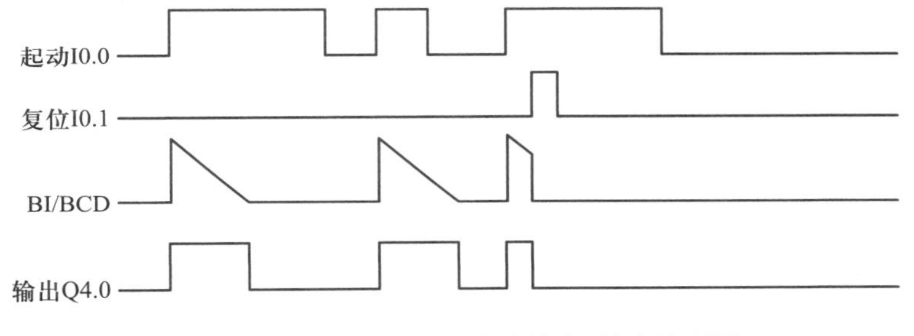

图 5 -50 扩展脉冲定时器的输入/输出波形图

5.4.3 接通延时定时器

接通延时定时器(SD)适用于控制中,有些控制动作要比输入信号滞后一段时间开始,但和输入信号一起结束的情况。接通延时定时器的程序实例如图 5 -51所示。

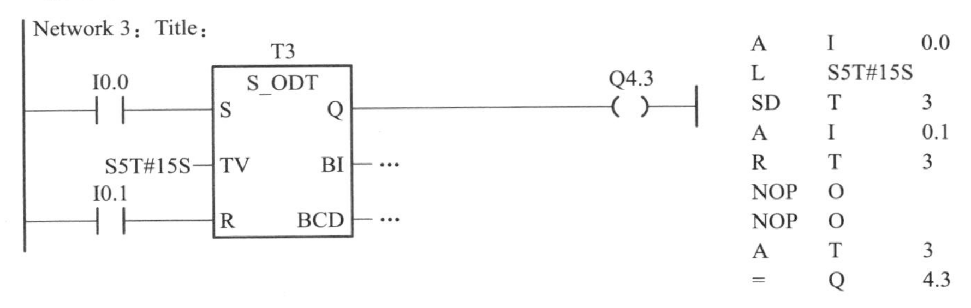

图 5 -51 接通延时定时器程序实例

当接通延时定时器(SD)的起动信号接通后计时器开始计时,经过指令给定的时间后,输出接通并保持,如果启动信号断开,输出也同时断开,如果输入信号接通的时间小于指令给定的时间，则计时器没有输出，这种计时方式完全等同于延时接通时间继电器。图 5 – 52 是接通延时定时器的输入/输出波形图。

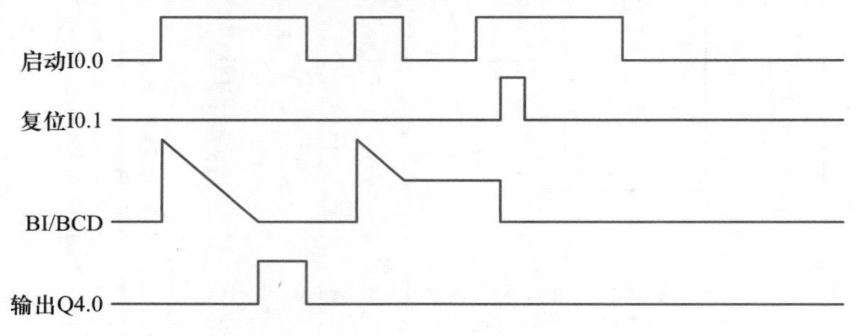

图 5 – 52 接通延时定时器的输入/输出波形图

当第 1 个启动信号接通时；经过固定的一段时间后，输出信号由“0”变“1”，当启动信号断开时，输出信号也同时断开。当第 2 个启动信号接通时，此时由于启动信号接通的时间小于指令给定的时间，则此时没有输出。当第 3 个启动信号接通时，由于遇到了复位信号，因此也没有输出信号。

5.4.4 保持型接通延时定时器

与其他四种定时方式不同，保持型接通延时定时器(SS)对输入信号和输出信号都能记忆。只要输入信号接通，计时器就开始计时，输出的接通状态也将保持下去。如果要第二次起动该定时器，必须增加计时器复位指令，SS 不能自动复位，换句话说，使用保持型接通延时定时器必须附加计时器复位指令。图 5 – 53 是保持型接通延时定时器程序实例。图 5 – 54 是保持型接通延时定时器的输入/输出波形图。

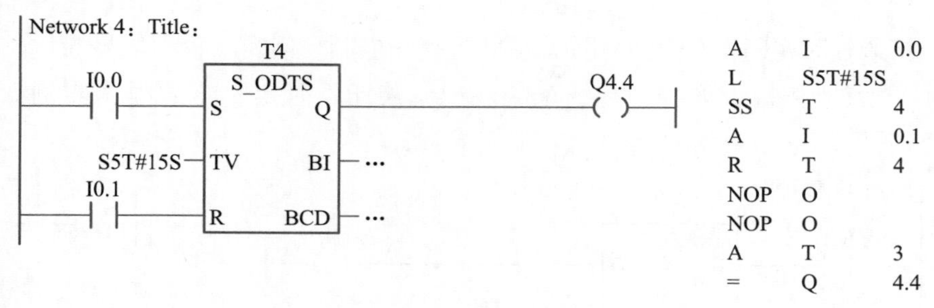

图 5 – 53 保持型接通延时定时器程序实例

5.4.5 关断延时定时器

关断延时定时器(SF)是为了满足输入信号断开，而控制动作要滞后一定时间才停止的控制要求。

当关断延时定时器(SF)的输入信号接通时，输出立即接通。当输入信号断

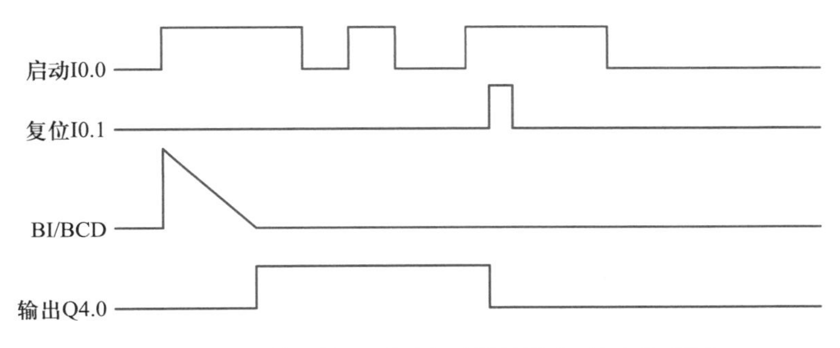

图 5 - 54 保持型接通延时定时器的输入/输出波形图

开后，计时器开始计时，计时时间到时，则输出断开。如果断开时间小于定时时间，则该断开输入信号时间内不影响输出，输出信号断开延时要等待下一次输入信号断开才有效。与其他定时器不同，断开延时是下降沿计时。图 5 - 55 是关断延时定时器程序实例，其波形图见图 5 - 56。

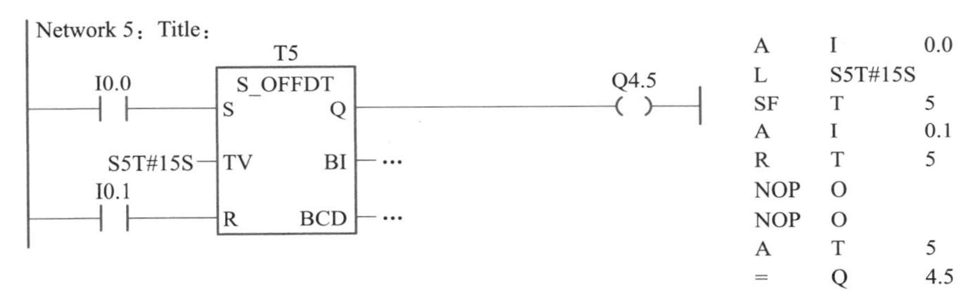

图 5 - 55 关断延时定时器程序实例

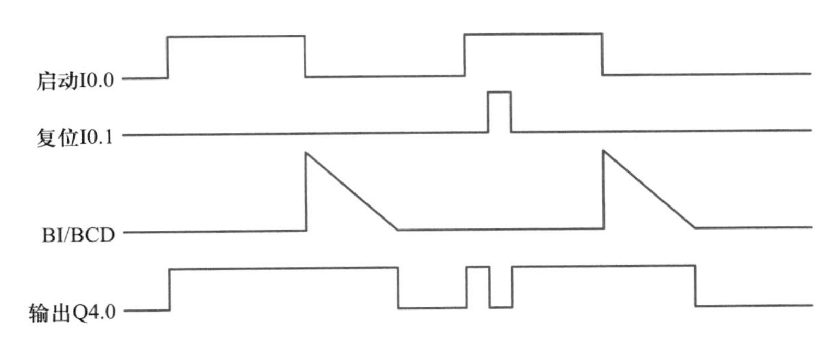

图 5 - 56 关断延时定时器的输入/输出波形图

为了更清楚地理解几种定时器的区别，这里把不同启动信号及复位信号下的各种定时器输出波形汇总，如图 5 - 57 所示。

由图 5 - 57 所示波形可以看出：①定时器只在变化沿起动，SF 为下降沿计时，其他为上升沿计时。②SS 必须编写复位指令，其他定时器可依控制要求而定。③SE 为“触发”型定时器，而 SP、SD 及 SF 为“条件”型。

STEP7 指令系统对上述的定时器功能同时设置了位方式的 LAD/FBD 指令。在位方式指令下的定时功能将更加简化，但对 SS 必须编写复位程序段。位方式的定时器符号及说明参看表 5 - 16。

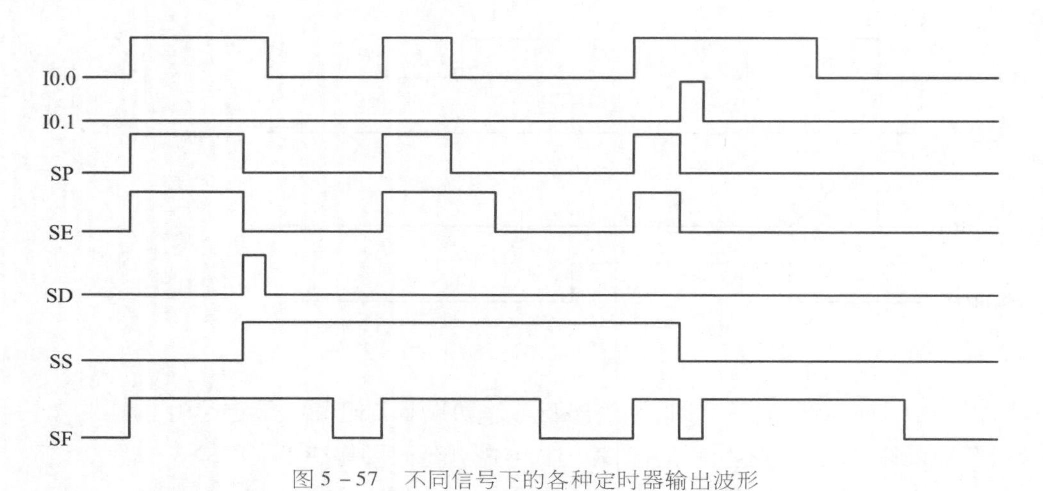

图 5－57　不同信号下的各种定时器输出波形

表 5－16　位方式的定时器符号及说明

LAD 指令	STL 指令	功能	说　明
–(　)––(SP)	––[SP]	脉冲定时器	定时器以脉冲定时器方式工作
–(　)––(SE)	––[SE]	扩展脉冲定时器	定时器以扩展脉冲定时器方式工作
–(　)––(SD)	––[SD]	接通延时定时器	定时器以接通延时定时器方式工作
–(　)––(SS)	––[SS]	保持型接通延时定时器	定时器以保持接通延时定时器方式工作
–(　)––(SF)	––[SF]	关断延时定时器	定时器以关断延时定时器方式工作

5.4.6 定时指令的应用

例 7:星—三角减压起动控制线路

当电动机容量较大时,不允许直接起动,应采用减压起动。减压起动的目的是为了减小起动电流,但电动机的起动转矩也将随之降低,因此减压起动仅用于空载或轻载场合。常用的减压起动的方法有星—三角减压起动、定子电阻串电阻起动及自耦变压器起动等。而星—三角减压起动又是最普遍使用的方法。图 5－58是具有星—三角减压起动功能的继电器控制线路。

电路功能:按下起动按钮 SB1,电源接触器 KM 及 KM Y接触器接通,电动机绕组呈星形联结状态,起动电流较小。同时 KT 开始计时,10 s 以后 KM Y接触器断开,KM △ 接触器接通,电动机在三角形联结状态下正常工作。若热保护器件 FR 动作,或按下起动按钮 SB2 都会使电动机停止工作。表 5－17 是星—三角减压起动的继电器控制线路的 I/O 分配表。图 5－59 是星—三角减压起动功能的继电器控制系统 PLC 程序。

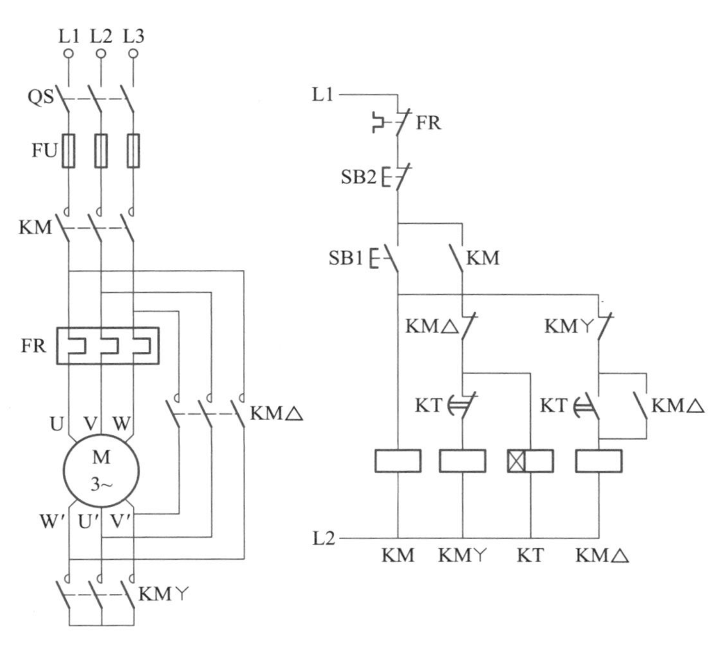

图 5-58 星—三角减压起动的继电器控制线路

表 5-17 星—三角减压起动继电器控制线路 I/O 分配表

FR	I0.0	热保护,动断触点
SB1	I0.1	起动按钮,动合触点
SB2	I0.2	停止按钮,动断触点
KM	Q4.0	电源接触器线圈
KMY	Q4.1	星接触器线圈
KM△	Q4.2	角接触器线圈

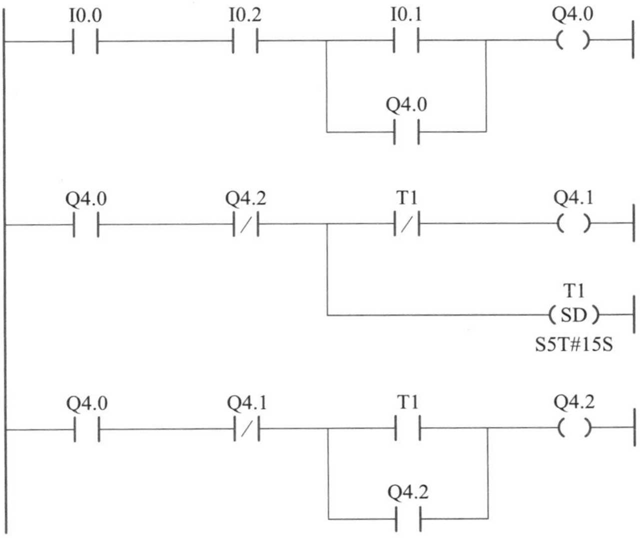

图 5-59 星—三角减压起动控制系统 PLC 程序

例 8:图 5－60 是三个输出 Q2.1、Q2.2 以及 Q2.3 之间的控制关系波形图,当 I0.1 有一个从“0”到“1”的信号时,输出动作。试设计满足如图 5－60 所示控制关系的 PLC 程序。

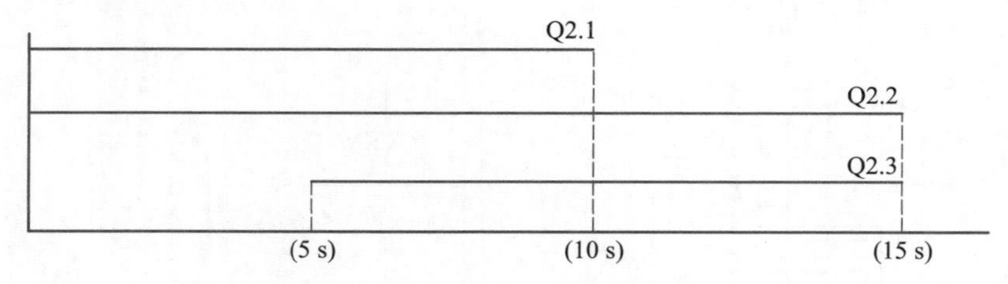

图 5－60 三个输出 Q2.1、Q2.2 以及 Q2.3 之间的控制关系波形图

根据图 5－60 所示控制关系波形图,编写 PLC 程序如图 5－61 所示。

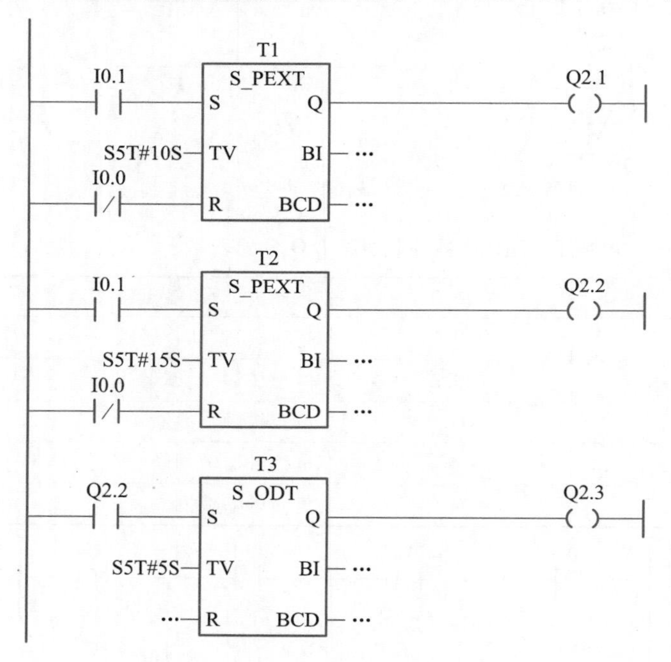

图 5－61 三个输出控制关系的 PLC 程序

例 9:脉冲发生器。

脉冲发生器是工程实践中常用的控制信号,在 S7－300/400 PLC 中没有直接提供给用户的脉冲信号,用户必须自己编程或通过 CPU 进行设置。本节只是希望通过脉冲发生器的几种编程方法来说明定时器的应用。

图 5－62 是利用一个定时器构成脉冲发生器的程序。当开始运行时,T3 初始状态为“0”,MI0.2 为“1”,此时扩展脉冲定时器开始计时。程序执行下一个循环时,MI0.2 变为“0”状态,T3 仍然计时(因为 T3 是扩展脉冲定时器)。T3 计时到了后,状态为“0”。如果 MI0.0 为“1”,则 M10.1 为“0”,使 M10.0 的复位端 R 有效。如果 M10.0 为“0”,则 M10.1 为“1”,使 M10.0 的置位端 S 有效。

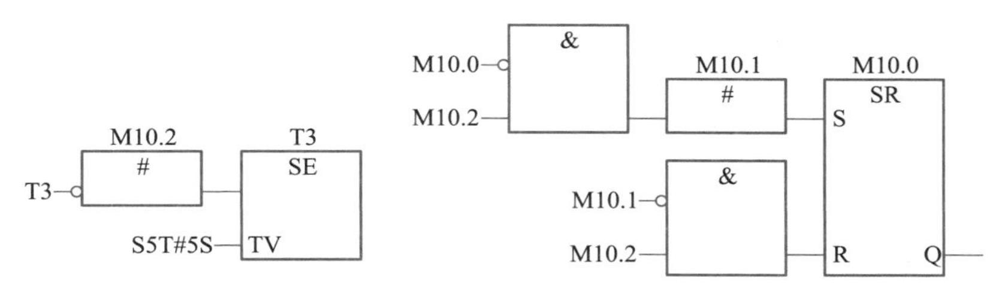

图 5-62　脉冲发生器程序 1(一个定时器)

图 5-63 是利用两个定时器构成脉冲发生器的程序。当开始运行时,T1 和 T2 的初始状态为“0”,此时接通延时定时器 T1 开始计时。T1 延时 10 s 后定时器 T2 开始计时,定时器 T2 延时 5 s 后的状态为“1”,T2 的输出“1”使 T1/T2 恢复初始状态并进行下一次循环计时。

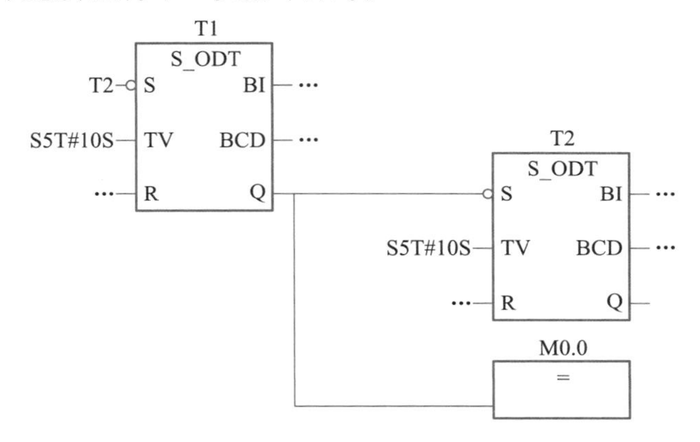

图 5-63　脉冲发生器程序 2(两个定时器)

图 5-64 也是利用两个定时器构成脉冲发生器的程序。假设开始运行时,M100.0 初始状态为“0”,则接通延时定时器 T1 开始计时。T1 延时 1s 后输出“1”状态,M100.0 被置“1”。当 M100.0 被置“1”后,定时器 T2 开始计时,定时器 T2 延时 0.5 s 后的输出状态为“1”,T2 的输出“1”,使 M100.0 被置“0”。恢复初始状态并进行下一次循环。

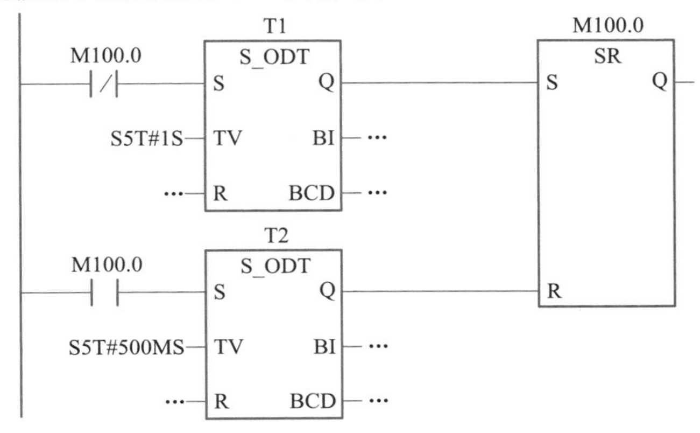

图 5-64　脉冲发生器程序 3(两个定时器)

例 10:时间控制的电动机自动换向控制。

控制要求:电动机起动后正向运行,以后每隔 15 s 换向运行,当按下停止按钮时,电动机停止。设起动按钮输入地址为 I2.0,停止按钮输入地址为 I2.1,正反向输出分别为 Q4.0、Q4.1。

首先确定电动机正反转控制的 I/O 元件,列出 I/O 分配表。表 5－18 是时间控制的自动换向控制功能的 I/O 分配表,图 5－65 是自动换向控制功能的 PLC 程序。

表 5－18 时间控制的自动换向控制功能的 I/O 分配表

FR1	I0.0	电动机热保护继电器
SB1	I2.1	电动机停止按钮
SB2	I2.0	电动机起动按钮
KM1	Q4.0	电动机正向运行接触器
KM2	Q4.1	电动机反向运行接触器
	T1	电动机正向运行时间
	T2	电动机反向运行时间

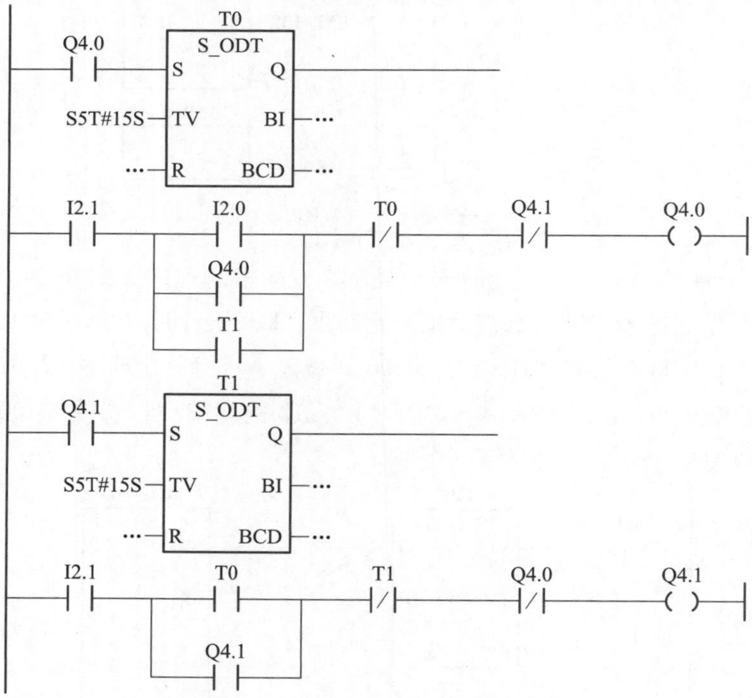

图 5－65 自动换向控制功能的 PLC 程序

例 11:带延时功能的顺序控制传送机。

顺序控制传送机由三条传送带上下首尾相接组成。当按下起动按钮 SB2 时,传送带 1 将起动;延时 10 s 后传送带 2 运行;再经过 10 s 延时后传送带 3 运行。当按下 SB3 时传送带停止运行，传送带的停止顺序与起动顺序相反，即首先停止传送带 3，然后停止传送带 2，最后停止传送带 1。带延时功能的顺序控制传送机 I/O 分配参看表 5－19，图 5－66 是顺序控制传机 PLC 控制程序。

表 5－19　顺序控制传送机 I/O 分配表

SB1	I0.1	急停按钮
SB2	I0.2	起动按钮
SB3	I0.3	停止按钮
FR5	I0.5	热保护 1
FR6	I0.6	热保护 2
FR7	I0.7	热保护 3
KT2	T1	传送带 2 运行延时定时器
KT4	T2	传送带 3 运行延时定时器
KM1	Q4.1	传送带 1 运行接触器
KM2	Q4.2	传送带 2 运行接触器
KM3	Q4.3	传送带 3 运行接触器

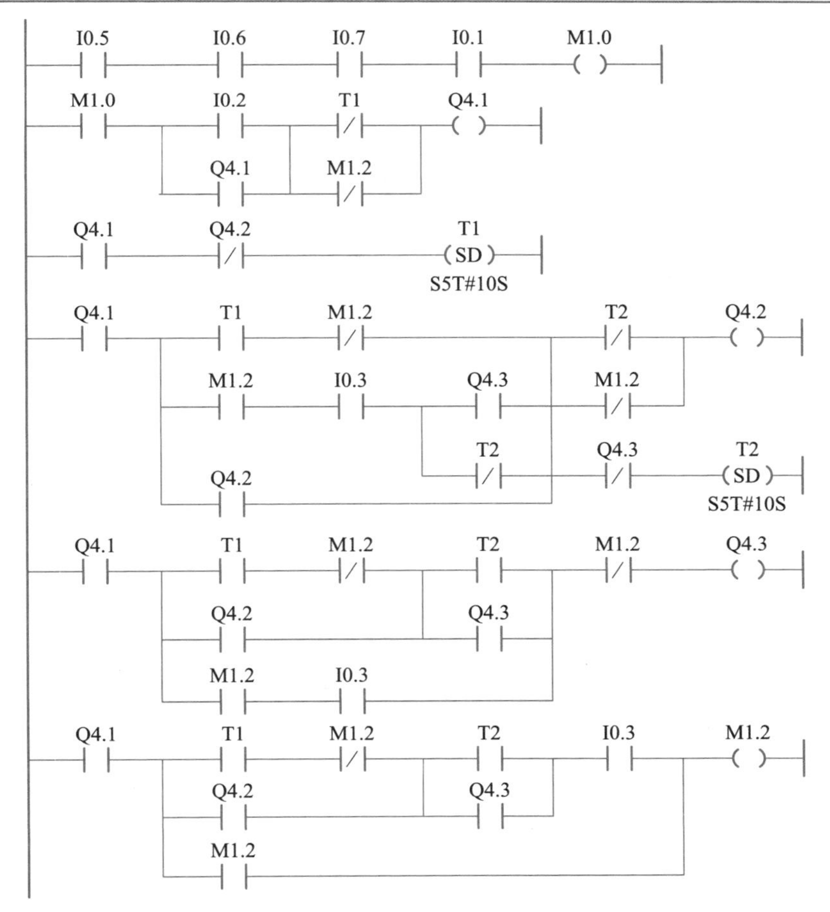

图 5－66　顺序控制传送机 PLC 程序

5.4.7 程序设计指导

熟悉了 PLC 的基本控制指令后,就可以进行 PLC 系统的程序设计。编写 PLC 控制程序的基本步骤是:确定控制系统的运行方案,根据工艺要求设定运行状态,确定系统的输入/输出元件及 I/O 分配表,确定程序结构及各分支程序的功能,编制各分支程序及主控程序,输入程序并进行工作测试与程序修改,加工并存储已编好的程序。下面以一个装配线的控制来说明程序设计的一般步骤及方法。

1. 分析系统类型,选择 PLC 机型,确定控制方式

图 5 - 67 是装配线结构及元件图。装配线由三个预装配位及一个总装配位组成,当每个预装配工作完成时,把预装配元件放入传送带并按动对应的信号元件 SB1、SB2 或 SB3,状态显示灯 HL1、HL2 及 HL3 发光时,控制装置才能接受预装配完成的信号。当系统接收预装配完成的信号后,信号状态指示灯灭。当最后一个预装配完成后,传送带电动机起动,电动机运行时间由第三装配位到总装配位的传送时间而定。只要传送带运行,总装配位上的指示灯 L4 就闪光,传送带停止之后 HL4 转为常亮状态。当总装配位上的装配工作完成后,按动 SB4 钮表示总装配已完成,这时 HL4 变暗,HL1、HL2 及 SL3 变为“常亮”状态。

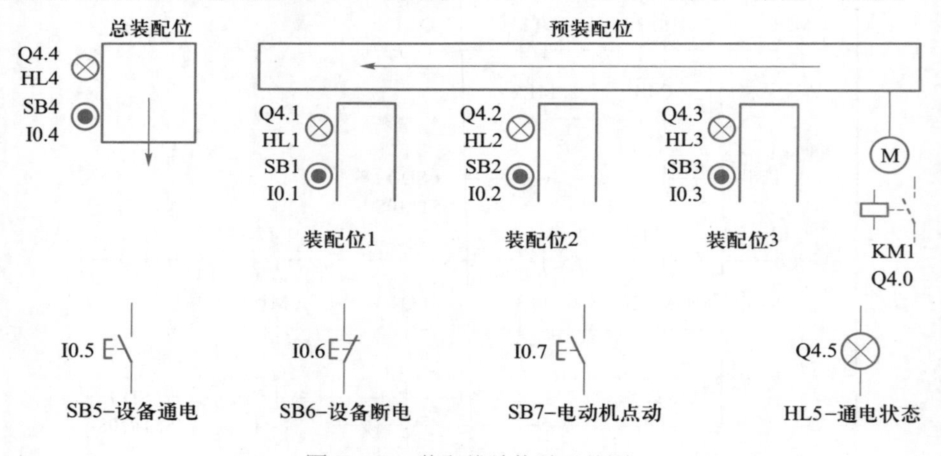

图 5 - 67 装配线结构及元件图

SB5 是系统的起动按钮,SB6 是系统的停止按钮,控制装置工作时 HL5 “常亮”。SB7 是控制装置传送带电动机的点动按钮。

通过对以上功能要求的分析可知,该系统是一个带时间控制的一般逻辑控制系统,普通 PLC 的 I/O 点足够该系统使用,对 PLC 的存储容量,运算速度也无特殊要求,各种 PLC 都能满足控制要求。

2. 系统 I/O 分配

根据控制要求确定该系统的 I/O 分配见表 5 - 20。

表 5 –20 装配线控制系统 I/O 分配表

SB5	I0.5	起动按钮,动合
SB6	I0.6	停止按钮,动断
SB7	I0.7	点动按钮,动合
SB1	I0.1	预装配位 1 完成
SB2	I0.2	预装配位 2 完成
SB3	I0.3	预装配位 3 完成
SB4	I0.4	总装配完成(传送带空)
HL1	Q4.1	预装配位 1 显示
HL2	Q4.2	预装配位 2 显示
HL3	Q4.3	预装配位 3 显示
HL4	Q4.4	总装位显示
HL5	Q4.5	控制装置状态显示
KM1	Q4.0	电动机接触器

3. 程序设计

西门子 S7 系列 PLC 的特点之一是控制程序的结构化设计或分步式设计,为了体现结构化程序的结构特点及测试功能,这里采用结构化程序设计方法,该控制系统的结构化程序结构及程序功能定义为

FC51:控制装置的运行及脉冲信号。

FC52:三个预装配位控制。

FC53:总装配位的控制。

FC54:传送带电动机控制。

编写各分支程序 FC51、FC52、FC53 及 FC54 如图 5 –68 ~ 图 5 –71 所示。

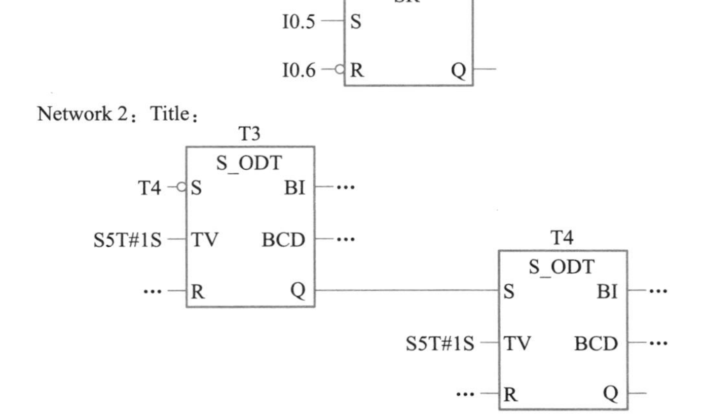

图 5 –68 FC51:控制装置的运行及脉冲信号

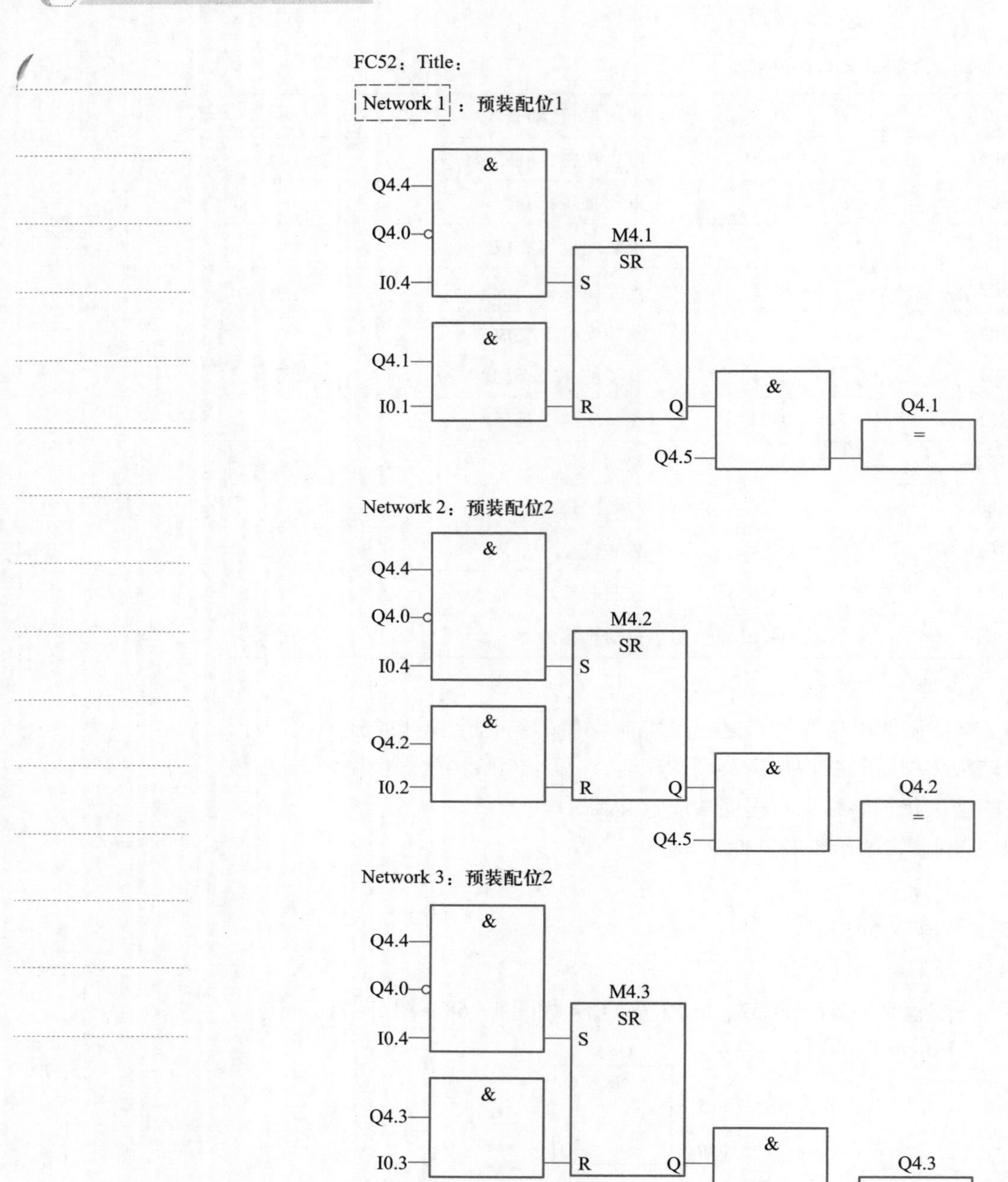

图 5－69　FC52：三个预装配位控制

4．程序输入、输出、修改及测试

把 FC51～FC54 以及 OB1 输入到 PLC 中并显示，如有错误应进行修改，程序测试按以下步骤进行：

① 按下 SB5（I0．5），则 Q4．5＝1。

② 按下 SB4（I0．4），则 Q4．1，Q4．2，Q4．3 均为“1”。

FC53：Title：

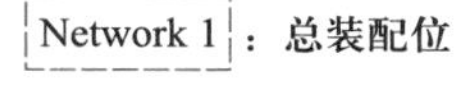

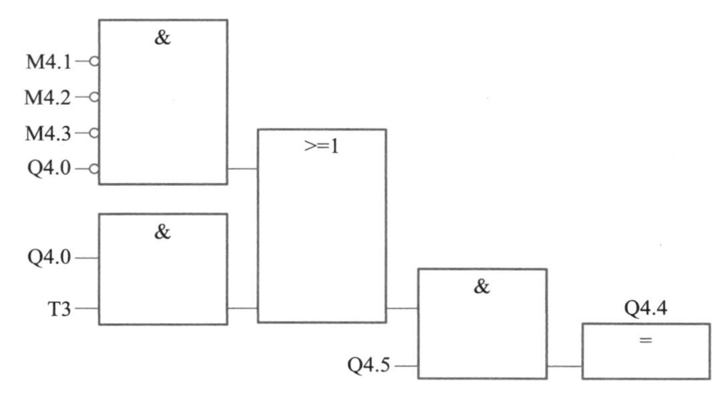

图 5－70　FC53：总装配位控制

FC54：Title：

Network 1：传送带运行/停止

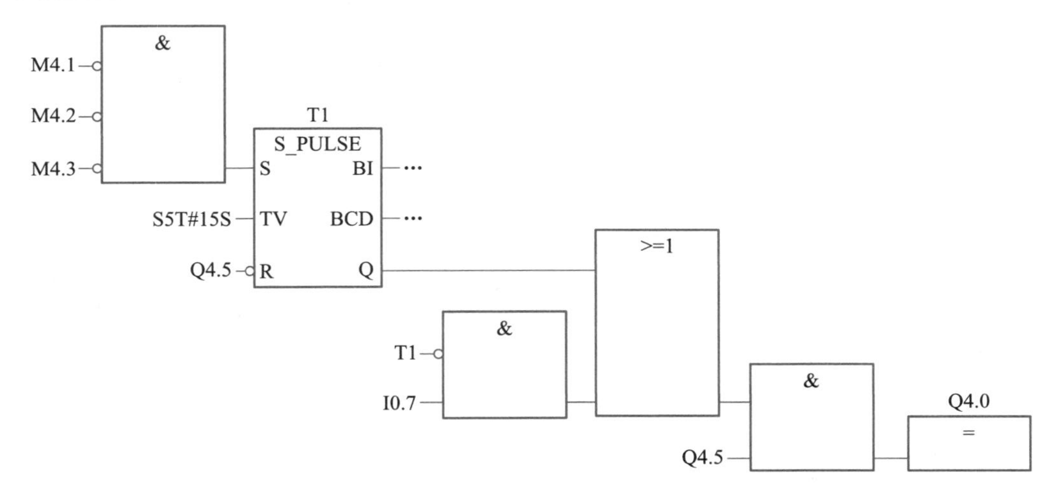

图 5－71　FC53：传送带电动机控制

③ 按下 SB1(I0.1)，则 Q4.1＝0；按 SB2(I0.2)，则 Q4.2＝0；按 SB3(I0.3)则 Q4.3＝0；同时 Q4.0＝1，电动机运行，L4(Q4.4)闪光，15 s 后 Q4.0＝0，L4(Q4.4)常亮。

④ 按下 SB4(I0.4)，系统重复下一次过程。

⑤ 按下 SB7(I0.7)，Q4.0＝1，L4 闪光，松开 SB7(I0.7)，Q4.0＝0，L4 正常指示。

⑥ 按 SB6(I0.6)，Q4.5＝0，设备停机。

系统运行正常后，应对程序进行备份，以备系统检修维护使用。

5.5 计数及比较指令

教学课件
计数及比较指令

5.5.1 计数指令及应用

S7 系列 PLC 中的计数器用于对 RLO 正跳沿计数。计数器是一种复合单元,它由表示当前计数值的字和表示其状态的位组成。S7 系列 PLC 中有三种计数器,分别是加计数器、减计数器和可逆计数器。在 CPU 中保留一块存储区作为计数器计数值存储区,每个计数器占用两个字节,称为计数器字。计数器字中的第 0 ~ 11 位表示计数值(二进制格式),计数范围是 0 ~ 999。计数值达到上限 999 时停止累加。计数值到达下限 0 时,也不再减小。对计数器进行置数(设置初始值)操作时,累加器 1 低字中的内容被装入计数器字。计数器的计数值将以此为初值增加或减小。可以用多种方式为累加器 1 置数,但要确保累加器 1 低字符合图 5 - 72 规定的计数格式。计数器各端子的数据类型及说明参看表 5 - 21。

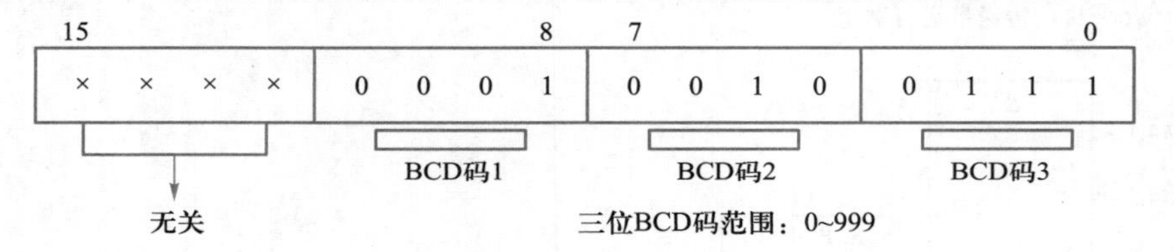

图 5 - 72 计数器的计数格式

表 5 - 21 计数器各端子的数据类型及说明

参数	数据类型	存储区	描述
Cno	COUNTER	C	计数器号,范围与 CPU 有关
CU	BOOL	I,Q,M,D,L	加计数输入
CD	BOOL	I,Q,M,D,L	减计数输入
S	BOOL	I,Q,M,D,L	计数值预置值输入
PV	WORD	I,Q,M,D,L	计数器预置值的范围 0 ~ 999
R	BOOL	I,Q,M,D,L	复位输入
Q	BOOL	I,Q,M,D,L	计数器输出状态
CV	WORD	I,Q,M,D,L	当前计数值(整数格式)
CV_BCD	WORD	I,Q,M,D,L	当前计数值(BCD 格式)

图 5 - 73 是一个可逆计数器的功能程序实例。当 I0.0 为“1”时,计数器的内容加“1”,当 I0.1 为“1”时,计数器的内容减“1”,当 I0.2 为“1”时,计数器的内容被置为“24”,当 I0.3 为“1”时计数器复位。MW0 表示计数器 C1 的二进制当前值,MW2 表示计数器 C1 的 BCD 码当前值,当计数器的值为

"0"时,Q4.0的状态为"0",否则为"1"。

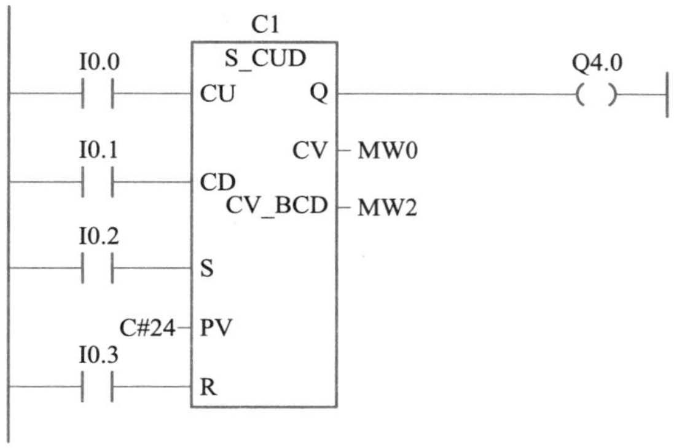

```
A    I     0.0
CU   C     1
A    I     0.1
CD   C     1
A    I     0.2
L    C#24
S    C     1
A    I     0.3
R    C     1
L    C     1
T    MW    0
LC   C     1
T    MW    2
A    C     1
=    Q     4.0
```


图5-73 可逆计数器的功能程序实例

5.5.2 比较指令及应用

比较指令用于比较累加器2与累加器1中的数据大小。比较时应确保两个数的数据类型相同,数据类型可以是整数、双整数或实数。比较的输入端分别为IN1和IN2,比较操作是用IN1和IN2比较。若比较的结果为真,则RLO为"1",否则为"0"。比较指令及功能参看表5-22。

表5-22 比较指令及功能

指令	描述
==I	在累加器2低字中的整数是否等于累加器1低字中的整数
==D	在累加器2中的双整数是否等于累加器1中的双整数
==R	在累加器2中的32位实数是否等于累加器1中的实数
<>I	在累加器2低字中的整数是否不等于累加器1低字中的整数
<>D	在累加器2中的双整数是否不等于累加器1中的双整数
<>R	在累加器2中的32位实数是否不等于累加器1中的实数
>I	在累加器2低字中的整数是否大于累加器1低字中的整数
>D	在累加器2中的双整数是否大于累加器1中的双整数
>R	在累加器2中的32位实数是否大于累加器1中的实数
<I	在累加器2低字中的整数是否小于累加器1低字中的整数
<D	在累加器2中的双整数是否小于累加器1中的双整数
<R	在累加器2中的32位实数是否小于累加器1中的实数
>=I	在累加器2低字中的整数是否大于等于累加器1低字中的整数
>=D	在累加器2中的双整数是否大于等于累加器1中的双整数
>=R	在累加器2中的32位实数是否大于等于累加器1中的实数

续表

指令	描　述
< = I	在累加器 2 低字中的整数是否小于等于累加器 1 低字中的整数
< = D	在累加器 2 中的双整数是否小于等于累加器 1 中的双整数
< = R	在累加器 2 中的 32 位实数是否小于等于累加器 1 中的实数

例 12:当数据字 DBW15 的值大于 105 时,输出 Q4.0 为 1。当数据字 DBW15 的值小于 77 时,输出 Q4.1 为 1;数值在 77 ~ 105 范围内时,输出 Q4.0 和 Q4.1 均为 0。图 5 - 74 是数值监控的功能块/语句表程序。

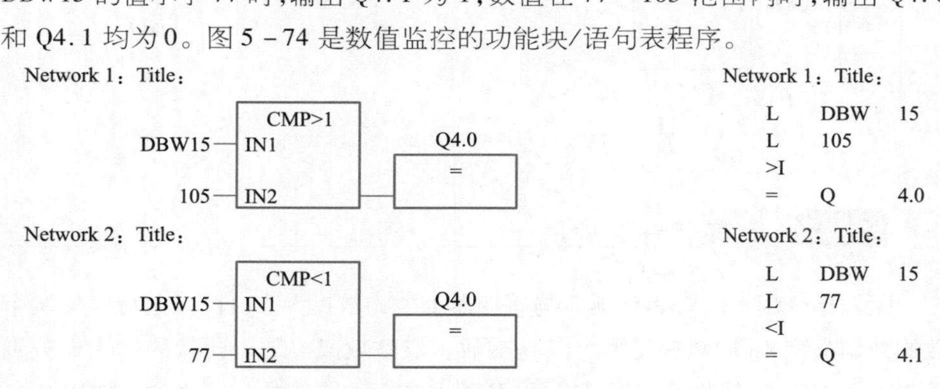

图 5 - 74　数值监控的功能块/语句表程序

例 13:循环计数。

当计数脉冲 I0.0 为“1”时,计数器 C1 加“1”。MW2 存储计数器 C1 的二进制当前值。MW2 的内容与常数 12 进行比较,如果 MW 2 的内容大于或等于 12,则输出 M10.0 为“1”,且使计数器 C1 复位,计数器重新开始从“0”计数。图 5 - 75 是循环计数的梯形图程序。

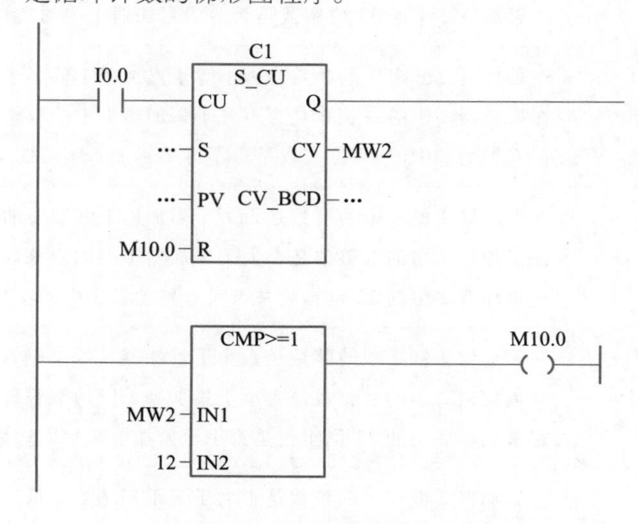

图 5 - 75　循环计数的梯形图程序

5.6 参数/变量声明及其应用

教学课件
参数/变量声明及其应用

在编写功能模块时，可以使用参数作为接口，将模块外的状态传递到模块内或将模块内的状态传递到模块外，这样可提高模块的通用性。

西门子 PLC 提供输入、输出、输入/输出以及临时变量四种参数类型，每种参数都可设置为表 5-23 所给出的基本数据类型。

表 5-23　各种参数/变量的基本数据类型

数据类型	说明	数据长度	示　例
BOOL	布尔型	1 Bit	True
BYTE	字节型	8 Bit	B16#10
WORD	字型	16 Bit	2#0001_0000_0000_0000
DWORD	双字	32 Bit	2#0001_0000_0000_0000_0001_0000_0000_0000
INT	整型	16 Bit	29
DINT	双精度整型	32 Bit	L#23
REAL	实型	32 Bit	1.21e+17
S5TIME	S5 型时间	16 Bit	S5T#7M3S
TIME	日期时间型	32 Bit	T#2D_2S
DATE	日期型	16 Bit	D#2004-2-14
TIME_OF_DAY	时间型	32 Bit	TOD#1:3:23.12
CHAR	字符型	8 Bit	‘B’，‘k’

作为 PLC 系统设计人员，所碰到的设计对象千差万别，输入/输出也会各式各样，但常用的控制功能是相对确定的。如果对这样的控制功能编写出一个通用程序，然后在具体应用时，再对这些变量进行实际参数赋值，则系统的设计将会大大简化。以下将以电动机的星—三角起动为例详细说明参数/变量程序的编程及应用。

例 14：星—三角起动功能的参数/变量程序编程及应用。

首先编写星—三角起动功能的参数/变量声明，参数/变量声明表将包括变量/参数名称、功能及类型等，表 5-24 是星—三角起动功能 FC1 的变量/参数声明。

与实际地址的星—三角起动功能程序结构相同，变量/参数名称前的“#”号是系统软件自动生成的，编程时不需要输入。FC1 的变量/参数程序如图 5-76所示。

表5－24 星—三角起动功能FC1的变量/参数声明

变量/参数名	变量/参数说明	声明类型	变量/参数类型
Stop	停止按钮	in	BOOL
HotProt	热保护器	in	BOOL
Start	起动按钮	in	BOOL
Timer_No	计时器	in	TIMER
SetTime	星—三角转换延迟时间	in	S5TIME
KMPower	电动机电源接触器	out	BOOL
KMStar	电动机星形联结接触器	out	BOOL
KMAngle	电动机三角形联结接触器	out	BOOL

Network 1：Title：
#Start #HotProt #Stop #KMPower
#KMPower
Network 2：Title：
#KMPower #KMAngle #Timer_No #KMStar
Network 3：Title：
#KMPower #KMAngle #Timer_No
(SD)
#SetTime
Network 4：Title：
#KMPower #KMStar #Timer_No #KMAngle
#KMAngle

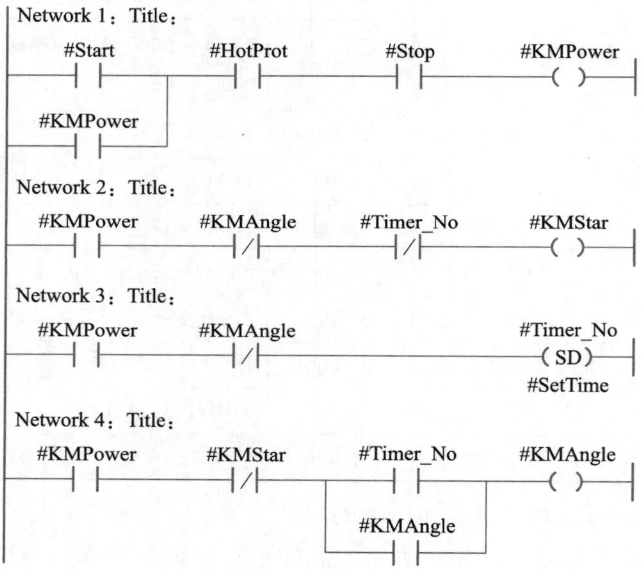

图5－76 星—三角起动功能(FC1)的变量/参数程序

如果图5－76所示的星—三角起动功能变量/参数程序已经存在，当使用其他功能块调用FC1时，该功能块将以图5－83所示的形式在程序段中出现，根据各电动机控制的实际地址填写对应的变量/参数栏并装载到PLC中。图5－77是在OB1中两次使用FC1功能的实例。

注意：第二次调用FC1时Timer_No的值不要和第一次调用FC1的Timer_No的值相同，否则这两个功能将使用一个计时器，而产生不必要的错误。

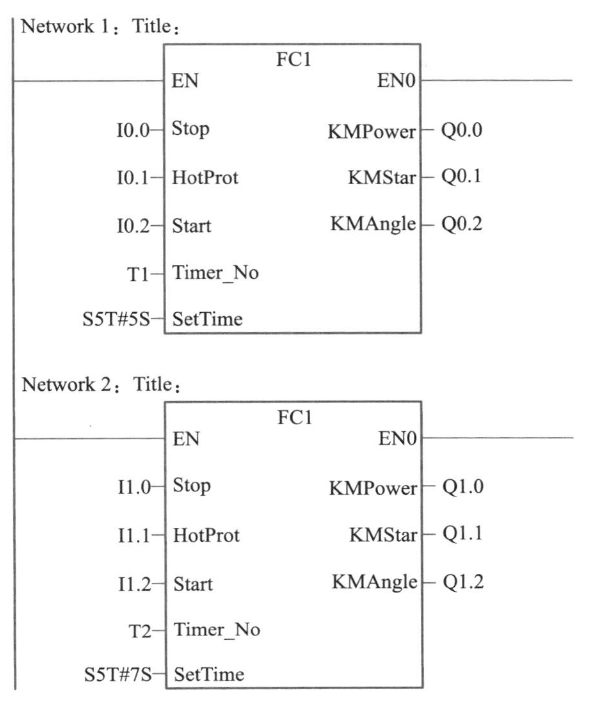

图 5－77　在 OB1 中两次使用 FC1 功能的实例

5.7 移位/循环、转换及数学运算指令

5.7.1 移位/循环指令

移位指令可以将累加器 1 的低字或整个累加器的内容进行左移或右移一定的位数。二进制数左移一位相当于将原数值乘以 2，右移一位相当于将原数值除以 2。表 5－25 是移位/循环指令的 FBD/LAD 格式。移位/循环功能各端子的数据类型及说明参看表 5－26。参数 N 表示移位的次数，移出的空位根据不同的指令由 0 或符号位的状态填充。

教学课件
移位/循环、转换及数学运算指令

表 5－25　移位/循环指令的 FBD/LAD 格式

左移字	右移字	循环左移双字 RLD	循环右移双字 RRD
SHL_W EN ENO IN OUT N	SHR_W EN ENO IN OUT N	ROL_DW EN ENO IN OUT N	ROR_DW EN ENO IN OUT N

表 5-26 移位/循环功能各端子的数据类型及说明

参数	数据类型	存储区	描述
EN	BOOL	I,Q,M,L,Q	允许输入
ENO	BOOL	I,Q,M,L,Q	允许输出
IN	WORD	I,Q,M,L,Q	需要移位的数
N	WORD	I,Q,M,L,Q	要移动的位数
OUT	WORD	I,Q,M,L,Q	移位的结果

1. 16 位整数左移指令

当使能输入端 EN = 1 时,执行整数左移指令。将来自输入端 IN 的整数左移 N 位后,移出的空位由 0 补充,由 OUT 端输出。N 端输入要移位的次数,如果 N 大于 16,则将 CC0 和 OV 位复位,并且输出端 OUT 输出为 0。16 位整数左移指令的功能如图 5-78 所示。

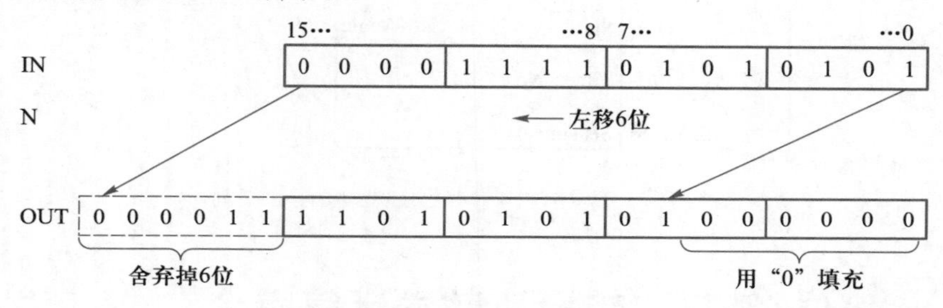

图 5-78 16 位整数左移指令的功能

例如:图 5-79 是 16 位整数左移指令的功能示例。当 I0.0 为“1”,将 IN(MW2)中的数向左移,N(MW4)中是所要移动的位数,如果没有超出范围,结果存放在 OUT(MW6)中,则 ENO 连接的 Q2.0 为“1”,否则为“0”。

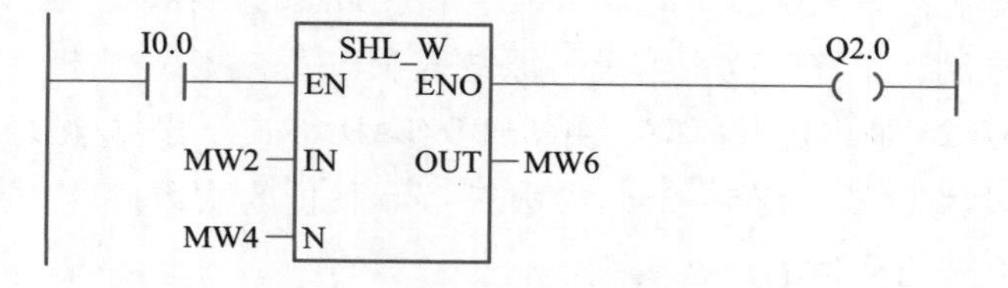

图 5-79 16 位整数左移指令的功能示例

2. 16 位整数右移指令

当使能输入端 EN = 1 时,执行整数右移指令。将来自输入端 IN 的 16 位整数右移 N 位后,由 OUT 端输出。移出的空位由符号位的状态填充,如果是正数,以 0 填充,如果是负数,以 1 填充。N 端输入要移位的次数,如果 N 大于 16,则其作用与 N = 16 相同。16 位整数右移指令的功能如图 5-80 所示。

例如:图 5-81 是 16 位整数右移指令的功能示例。当 I0.0 为“1”,将 IN(MW2)中的数向右移,N(MW4)中是所要移动的位数,如果没有超出范围,结

果存放在 OUT(MW6)中,则 ENO 连接的 Q2.0 为“1”,否则为“0”。

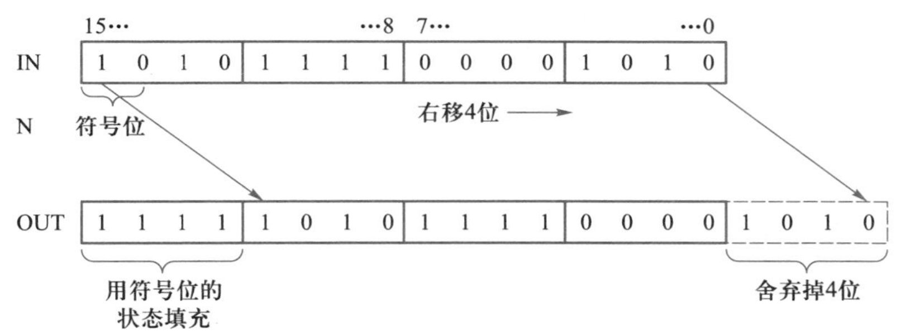

图 5-80 16 位整数右移指令的功能

I0.0 SHR_W EN ENO Q2.0
MW2 IN OUT MW6
MW4 N

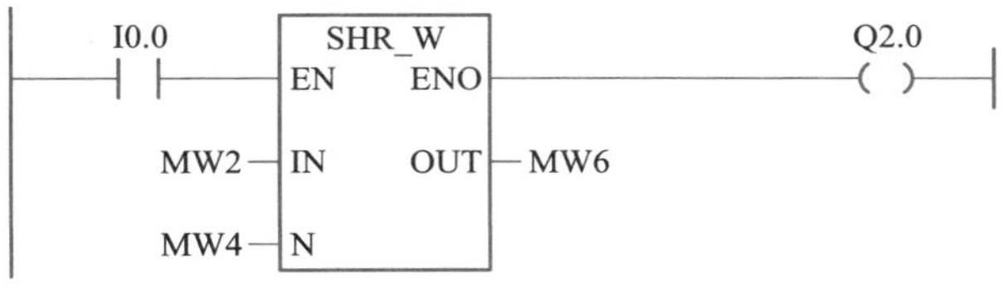

图 5-81 16 位整数右移指令的功能示例

3. 32 位左循环指令

当使能输入端 EN = 1 时,执行双字左循环指令。将来自输入端 IN 的 32 位双字左循环 N 位后,由 OUT 端输出,N 端输入要移位的次数。如果 N 不等于 0,则执行该指令后,CC0 和 OV 位总是等于 0。32 位左循环指令的功能如图 5-82 所示。

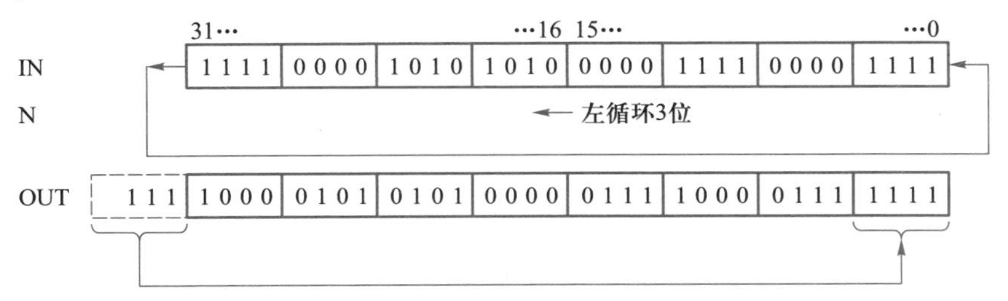

图 5-82 32 位左循环指令的功能

例如:图 5-83 是 32 位左循环指令的功能示例。当 I0.0 为“1”,将 IN(MD0)中的数向左移,N(MW4)中是所要移动的位数,如果没有超出范围,结果存放在 OUT(MD10)中,则 ENO 连接的 Q2.0 为“1”,否则为“0”。

I0.0 ROL_DW EN ENO Q2.0
MD0 IN OUT MD10
MW4 N

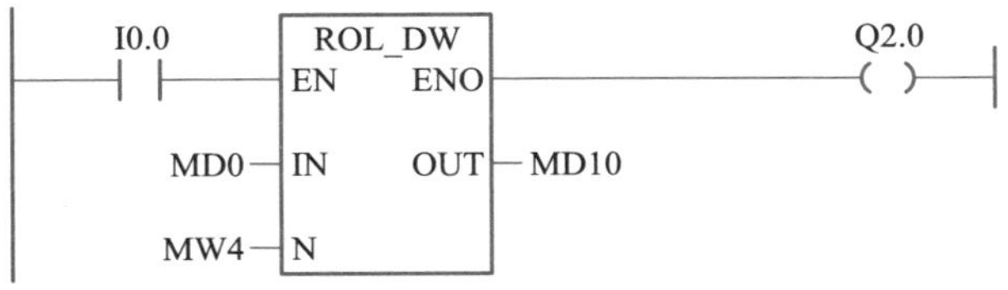

图 5-83 32 位左循环指令的功能示例

4. 32 位右循环指令

当使能输入端 EN = 1 时，执行双字右循环指令。将来自输入端 IN 的 32 位双字右循环 N 位后，由 OUT 端输出，N 端输入要移位的次数。如果 N 不等于 0，则执行该指令后，CC0 和 OV 位总是等于 0。32 位右循环指令的功能如图 5 - 84 所示。

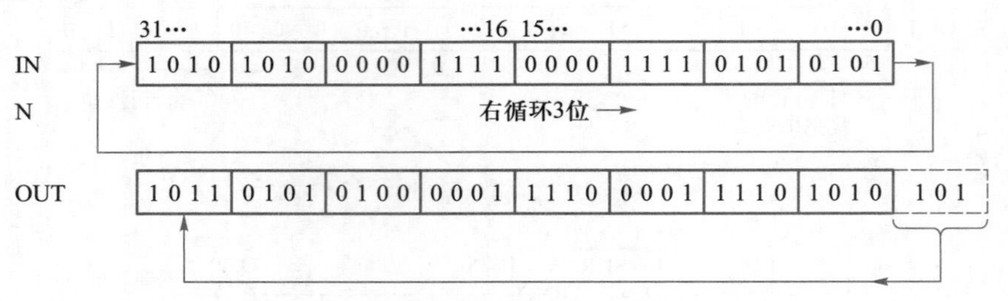

图 5 - 84 32 位右循环指令的功能

例如：图 5 - 85 是 32 位右循环指令的功能示例。当 I0.0 为“1”，将 IN(MD0)中的数向右移，N(MW4)中是所要移动的位数，如果没有超出范围，结果存放在 OUT(MD6)中，则 ENO 连接的 Q2.0 为“1”，否则为“0”。

图 5 - 85 32 位右循环指令的功能示例

5.7.2 转换指令

转换指令将累加器 1 中的数据进行类型转换，转换的结果仍存储在累加器 1 中。能够实现的转换操作有：BCD 码和整数及长整数间的转换，实数和长整数间的转换，数的取反、取负，字节扩展等。常见的转换指令及功能参看表 5 - 27。

表 5 - 27 常见的转换指令及功能

指令	说 明
BTI	将累加器 1 低字中的 3 位 BCD 码数转换为 16 位整数
BTD	将累加器 1 中的 7 位 BCD 码数转换为 32 位整数
ITB	将累加器 1 低字中的 16 位整数转换为 3 位 BCD 码数
ITD	将累加器 1 低字中的 16 位整数转换为 32 位整数
DTB	将累加器 1 中的 32 位整数转换为 7 位 BCD 码数
DTR	将累加器 1 中的 32 位整数转换为 32 位浮点数

1. BCD 码数转换为 16 位整数

将累加器 1 低字中的 3 位 BCD 码数转换为 16 位整数，装入累加器 1 的低字中(0～11 位)，低字的最高位(15 位)为符号位。累加器 1 的高字及累加器 2 的内容不变。BCD 码数转换为 16 位整数的功能如图 5－86 所示。

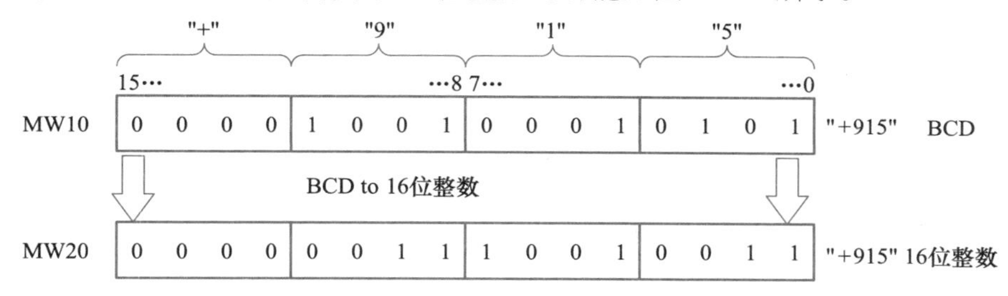

图 5－86 BCD 码数转换为 16 位整数

2. BCD 码数转换为 32 位整数

将累加器 1 中的 7 位 BCD 码数转换为 32 位整数，装入累加器 1 中，(0～27 位)，最高位(31 位)为符号位。 BCD 码数转换为 32 位整数的功能如图 5－87 所示。

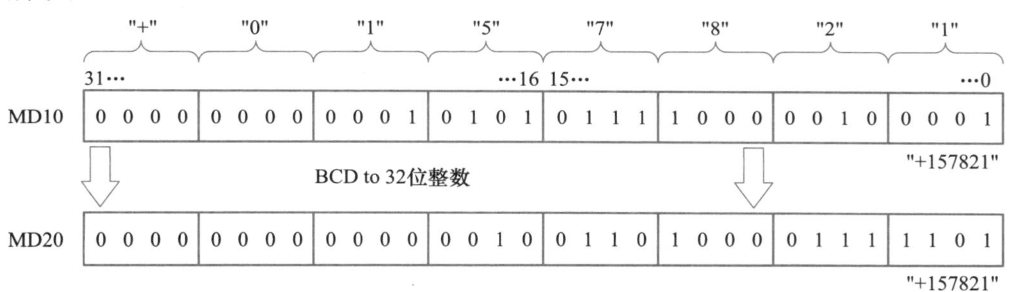

图 5－87 BCD 码数转换为 32 位整数

3. 16 位整数转换为 3 位 BCD 码数

将累加器 1 低字中的 16 位整数转换为 3 位 BCD 码数，16 位整数的范围是 －999～＋999。如果欲转换的数据超出范围，则有溢出发生，同时将 OV 和 OS 位置位。累加器 1 的低字中(0～11 位)存放三位 BCD 码，(12～15)位作为符号位，(0000)表示正数，(1111)表示负数。累加器 1 高字(16～31 位)不变。16 位整数转换为 3 位 BCD 码数的功能如图 5－88 所示。

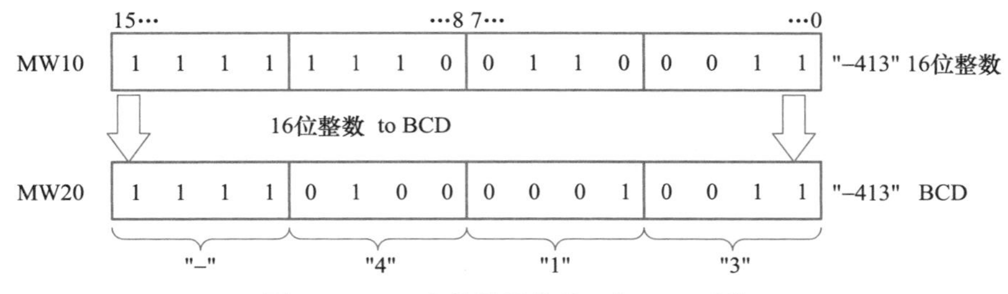

图 5－88 16 位整数转换为 3 位 BCD 码数

4．32 位整数转换为 7 位 BCD 码数

将累加器 1 中的 32 位整数转换为 7 位 BCD 码数，32 位整数的范围是 -9 999 999 ~ +99 999 990 如果欲转换的数据超出范围，则有溢出发生，同时将 OV 和 OS 位置位。累加器 1 中(0 ~ 27 位)存放 7 位 BCD 码，(28 ~ 31)位作为符号位，(0000)表示正数，(1111)表示负数。32 位整数转换为 7 位 BCD 码数的功能如图 5 - 89 所示。

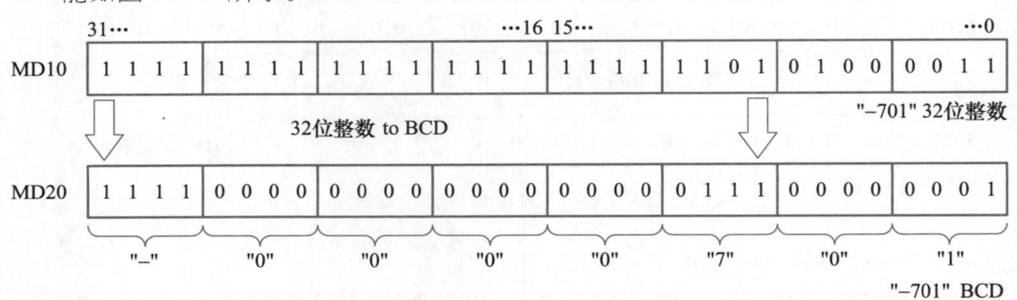

图 5 - 89　32 位整数转换为 7 位 BCD 码数

5．32 位整数转换为 32 位浮点数

将累加器 1 中的 32 位整数转换为 32 位浮点数的功能如图 5 - 90 所示。

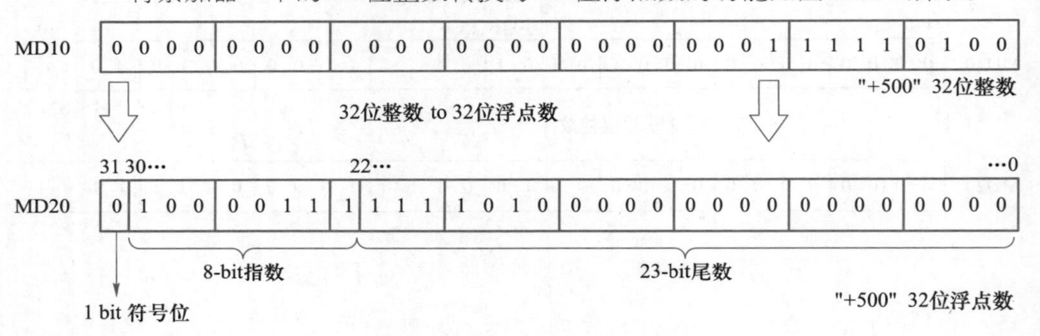

图 5 - 90　32 位整数转换为 32 位浮点数

6．实数和长整数间的转换

因为实数的数值范围远大于 32 位整数，所以有的实数不能成功地转换为 32 位整数。如果被转换的实数格式非法或超出了 32 位整数的表示范围，则在累加器 1 中得不到有效结果，而且状态字中的 OV 和 OS 被置 1。实数和长整数间的转换指令及功能见表 5 - 28。

表 5 - 28　实数和长整数间的转换指令及功能

指令	说　明
RND	将实数化整为最接近的整数。小于五舍，大于五入，若小数部分等于五，则选择偶数结果。如 100.5 化整为 100，而 101.5 化整为 102

续表

指令	说　明
RND +	将实数化整为大于或等于该实数的最小整数
RND -	将实数化整为小于或等于该实数的最大整数
TRUNC	取实数的整数部分(截尾取整)

实数和长整数间的转换指令都是将累加器 1 中的实数化整为 32 位整数,因化整的规则不同,所以在累加器 1 中得到的结果也不一致,需要特别注意。

7. 数的取反、取补

对累加器中的数求反码,即逐位将“0”变为“1”,“1”变为“0”。对累加器中的整数求补码,则逐位取反,再对累加器中的内容加 1。对一个整数求补码相当于对该数乘以 -1,实数取反是将符号位取反。注意与计算机中反码、补码意义上的区别。

数的取反、取补指令及功能见表 5 -29。

表 5 -29　数的取反、取补指令及功能

指令	说　明
INVI	对累加器 1 低字中的 16 位整数求反码
INVD	对累加器 1 中的 32 位整数求反码
NEGI	对累加器 1 低字中的 16 位整数求补码(取反码再加 1)
NEGD	对累加器 1 中的 32 位整数求补码(取反码再加 1)
NEGR	对累加器 1 中的 32 位实数的符号位求反码

5.7.3 数字运算指令

在 STEP 7 中可以对整数、长整数和实数进行加、减、乘、除算术运算。算术运算指令在累加器 1 和 2 中进行,在累加器 2 中的值作为被减数或被除数。算术运算的结果保存在累加器 1 中,累加器 1 原有的值被运算结果覆盖,累加器 2 中的值保持不变。

CPU 在进行算术运算时对 RLO 不产生影响。但算术运算的结果将对状态字的某些位产生影响,这些位是:CC1、CC0、OV 和 OS。在位操作指令和条件跳转指令中,经常要对这些标志位进行判断来决定进行什么操作。常见的数学运算指令及功能见表 5 -30。

表5-30 常见的数学运算指令及功能

指令	功能
ADD_I	将累加器1、2低字中的内容相加,结果保存在累加器1低字中
SUB_I	将累加器2低字中的内容与累加器1低字中的内容相减,结果保存在累加器1低字中
MUL_I	将累加器1、2低字中的内容相乘,结果保存在累加器1低字中
DIV_I	将累加器2低字中的内容与累加器1低字中的内容相除,结果保存在累加器1低字中,余数保存在累加器1高字中
ADD_DI	将累加器1、2中的内容相加,结果保存在累加器1中
SUB_DI	将累加器2中的内容与累加器1的内容相减,结果保存在累加器1中
MUL_DI	将累加器1、2中的内容相乘,结果保存在累加器1中
DIV_DI	将累加器2中的内容与累加器1中的内容相除,结果保存在累加器1中
MOD_DI	将累加器2中的内容与累加器1中的内容相除,余数保存在累加器1中

1. 16位整数算术运算指令

16位整数相加指令的功能是将累加器1低字中的16位整数与累加器1低字中的16位整数相加,相加的结果保存在累加器1低字中。

16位整数相减指令的功能是用累加器2低字中的16位整数减去累加器1低字中的16位整数,结果保存在累加器1低字中。

16位整数相乘指令的功能是用累加器1低字中的16位整数乘以累加器2低字中的16位整数,结果(32位整数)保存在累加器1中。

16位整数相除指令的功能是用累加器2低字中的16位整数除以累加器1低字中的16位整数,商保存在累加器1低字中,余数保存在累加器1高字中。

2. 32位整数算术运算指令

32位整数相加指令的功能是将累加器1中的32位整数与累加器2中的32位整数相加,相加的结果保存在累加器1中。

32位整数相减指令的功能是用累加器2中的32位整数减去累加器1中的32位整数,相减的结果保存在累加器1中。

32位整数相乘指令的功能是用将累加器1中的32位整数与累加器2中的32位整数相乘,相乘的结果保存在累加器1中。

32 位整数相除指令的功能是用累加器 2 中的 32 位整数除以累加器 1 中的 32 位整数，商保存在累加器 1 中，未给出余数（用 MOD 指令可获得除法的余数）。

5.7.4 数字逻辑运算指令

数字逻辑运算指令将两个字(16 位)或两个双字(32 位)逐位进行逻辑运算。两个数中的一个在累加器 1 中，另一个可以在累加器 2 中或在指令中以立即数(常数)的方式给出。字逻辑运算指令的逻辑运算结果放在累加器 1 低字中，双字逻辑运算结果存放在累加器 1 中，累加器 2 的内容保持不变。

逻辑运算结果影响状态字的标志位。如果逻辑运算的结果为 0，则 CC1 位被复位为 0。如果逻辑运算的结果非 0，则 CC1 被置为 1。在任何情况下，状态字中的 CC0 和 OV 位都被复位为 0。表 5 - 31 是数字逻辑运算指令的梯形图/功能块格式。表 5 - 32 是梯形图/功能块各端子的功能说明。

表 5 - 31 数字逻辑运算指令的梯形图/功能块格式

字"与"	字"或"	字"异或"
WAND_W EN IN1 OUT IN2 ENO	WOR_W EN IN1 OUT IN2 ENO	WXOR_W EN IN1 OUT IN2 ENO

表 5 - 32 梯形图/功能块各端子的功能说明

参数	数据类型	存储区	功能描述
EN	BOOL	I,Q,M,L,D	允许输入
ENO	BOOK	I,Q,M,L,D	允许输出
IN1	WORD	I,Q,M,L,D	第一个逻辑操作值
IN2	WORD	I,Q,M,L,D	第二个逻辑操作值
OUT	WORD	I,Q,M,L,D	结果逻辑操作值

1. 16 位字逻辑"与"指令

图 5 - 91 是 16 位字逻辑"与"指令程序示例。如果 I0.0 为"1"，将 IN1(MW4)与 IN2(MW6)中的值按位做"与"运算，如果没有超出范围，结果存放在 OUT(MW8)中，ENO 连接的 Q2.0 为"1"，否则为"0"。

2. 16 位字逻辑"或"指令

图 5 - 92 是 16 位字逻辑"或"指令程序示例。如果 I0.0 为"1"，将 IN1(MW4)与 IN2(MW6)中的值按位做"或"运算，如果没有超出范围，结果存放在 OUT(MW8)中，ENO 连接的 Q2.0 为"1"，否则为"0"。

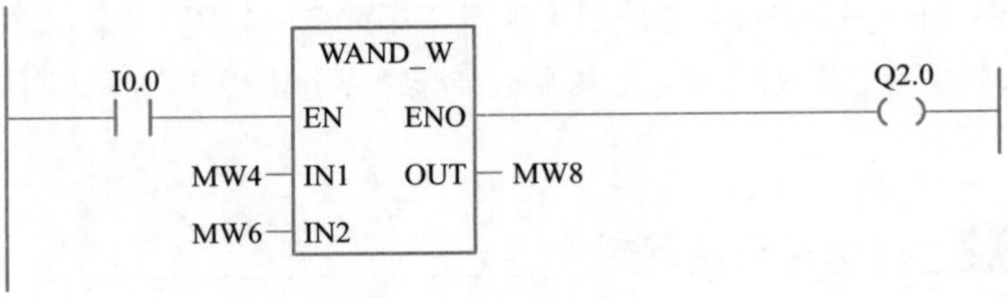

图 5－91 16 位字逻辑“与”指令程序示例

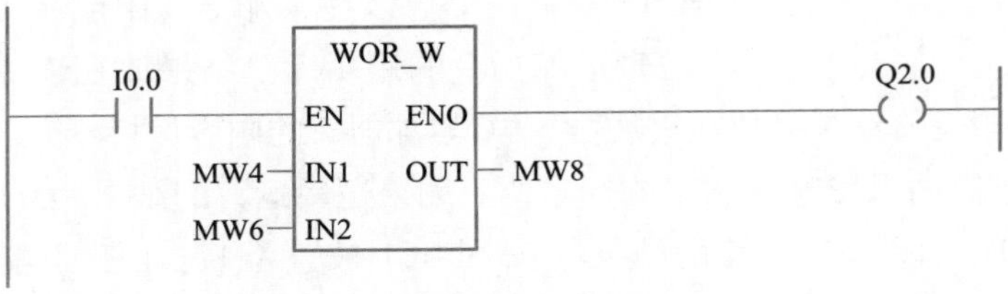

图 5－92 16 位字逻辑“或”指令程序示例

3．16 位字逻辑“异或”指令

图 3－93 是 16 位字逻辑“异或”指令程序示例。如果 I0.0 为“1”，将 IN1（MW4）与 IN2（MW6）中的值按位做“异或”运算，如果没有超出范围，结果存放在 OUT（MW8）中，ENO 连接的 Q2.0 为“1”，否则为“0”。

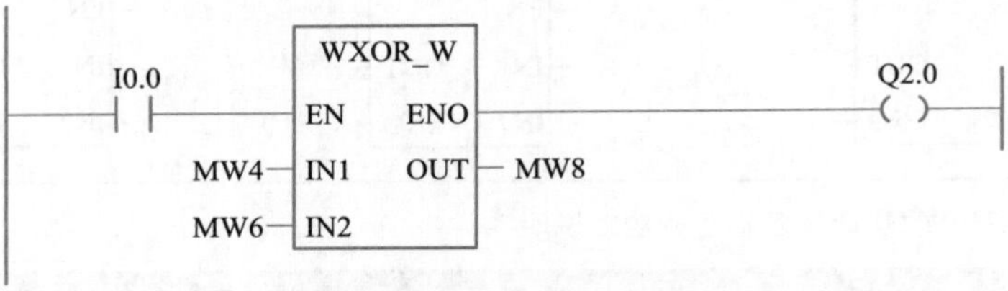

图 5－93 16 位字逻辑“异或”指令程序示例

5.7.5 高级数学运算指令

高级数学运算指令包括实数运算、绝对值运算、平方值/平方根值运算、对数/指数运算、三角函数运算等。高级数学运算指令及功能见表 5－33。

表 5－33 高级数学运算指令及功能

ADD_R	将累加器 1、2 中的 32 位浮点数相加，结果保存在累加器 1 中
SUB_R	将累加器 2 中的 32 位浮点数减去累加器 1 中的 32 位浮点数，结果保存在累加器 1 中
MUL_R	将累加器 1、2 中的 32 位浮点数相乘，结果保存在累加器 1 中
DIV_R	将累加器 2 中的 32 位浮点数除以累加器 1 中的 32 位浮点数，结果保存在累加器 1 中

续表

ABS	对累加器 1 中的 32 位浮点数取绝对值,结果保存在累加器 1 中
SQRT	对累加器 1 中的 32 位浮点数求平方根值,结果保存在累加器 1 中
SQR	对累加器 1 中的 32 位浮点数求平方值,结果保存在累加器 1 中
LN	对累加器 1 中的 32 位浮点数求自然对数值,结果保存在累加器 1 中
EXP	对累加器 1 中的 32 位浮点数求以 e 为底的指数,结果保存在累加器 1 中
SIN	对累加器 1 中的角度为弧度的浮点数求正弦值,结果保存在累加器 1 中
COS	对累加器 1 中的角度为弧度的浮点数求余弦值,结果保存在累加器 1 中
TAN	对累加器 1 中的角度为弧度的浮点数求正切值,结果保存在累加器 1 中
ASIN	对累加器 1 中的浮点数求反正弦值,结果保存在累加器 1 中
ACOS	对累加器 1 中的浮点数求反余弦值,结果保存在累加器 1 中
ATAN	对累加器 1 中的浮点数求反正切值,结果保存在累加器 1 中

习题

1. S5 系列 PLC 与 S7 系列 PLC 有几种定时方式？各是什么？
2. S7 系列 PLC 有几类比较功能？几种比较方式？各是什么？
3. S7 系列 PLC 如何表示定时时间“18 秒”？
4. 数据块的功能是什么？“CALL　DB×××”指令的意义。
5. 写出图 5－94 所示梯形图对应的 PLC 指令

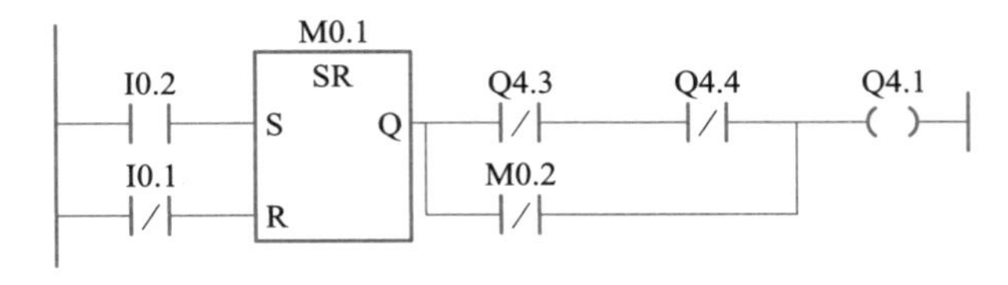

图 5－94　题 5 图

6. 编程实现把 DB10 的 DBW2 的内容左移三位后与 MW100 做加法运算，运算结果送入 DB12 的 DBW10。

7. 编程实现如果 DB5 的 DW100 的内容大于零,程序转移执行 FC20。

8. 编程实现把 DB10/DBW2 的 BCD 数转换为整数,运算结果存入 MW20。

9. 画出图 5－95 所示电路的 PLC 控制线路,给出 I/O 分配表,并写出对应的 STEP 7 程序。

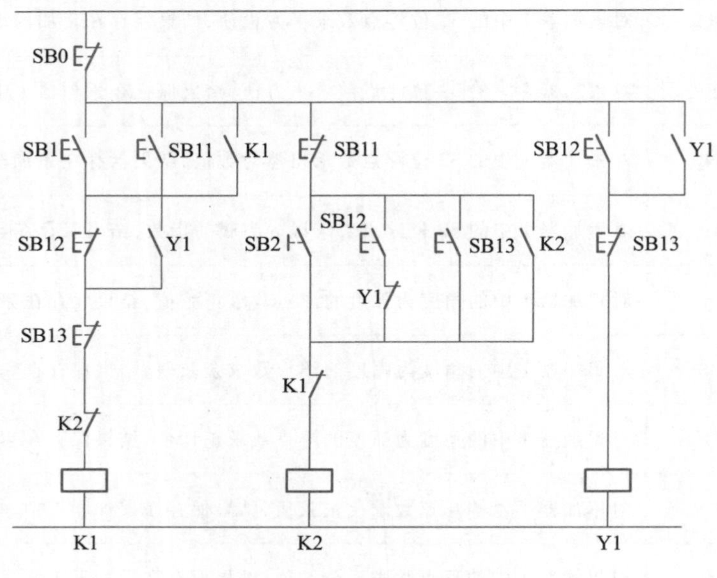

图 5－95 题 9 图

10. 送料系统控制。

控制要求:由图 5－96 所示的送料系统示意图可知,料仓设置“料仓空”传感器 B1,料仓出料口由电磁阀 Y1 控制,是否有料送出由传感器 B2 检测。传送带 1、2 分别由电动机 M1 和 M2 驱动,SB0 为事故急停按钮,SB1 为停止按钮,SB2 为起动按钮。系统正常工作时指示灯 HL1 亮,系统出现故障时指示灯 HL2 亮,电动机 M1 及 M2 分别由 KM1、KM2 控制,并分别安装有热保护继电器 FR1、FR2。

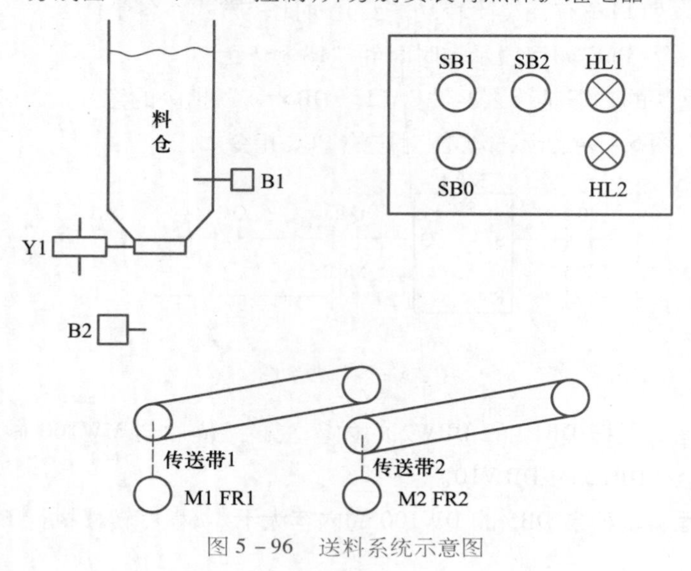

图 5－96 送料系统示意图

当料仓内有料时（B1 =1），按下起动按钮 SB2 后，电动机 M1 起动，传送带 1 运行，2 s 后电磁阀 Y1 动作，料仓送料。如果有料送出（B2 =1），则电动机 M2 起动，传送带 2 运行，工作指示灯 HL1 亮。如果料口被卡住（无料送出 B2 =0），则 2 s 后故障指示灯 HL2 闪光。

按停止按钮 SB1 后，Y1 关闭，HL1 灭，5 s 后传送带 1 停止，再过 5 s 后传送带 2 停止。

按急停按钮 SB0 后，或 FR1、FR2 动作时电磁阀 Y1 立即关闭，传送带 1、2 立即停止，故障指示灯 HL2 亮。

如果料仓已空（传感器 B1 =0），超过 2 s 后系统自动进入停止状态，并且故障指示灯 HL2 亮。

请根据上述要求写出 I/O 分配表，编写 PLC 程序并将程序输入到 PLC 进行调试。

第6章 数控机床电气控制线路

数控机床(CNC)在各行各业中的应用十分普及,其数量越来越多。数控机床是机床自动化的集中体现,数控机床的电气控制线路与普通的机床电气控制线路有所不同,除了常用的电气控制线路外,它还有数控系统。数控系统结构框图如图6-1所示。

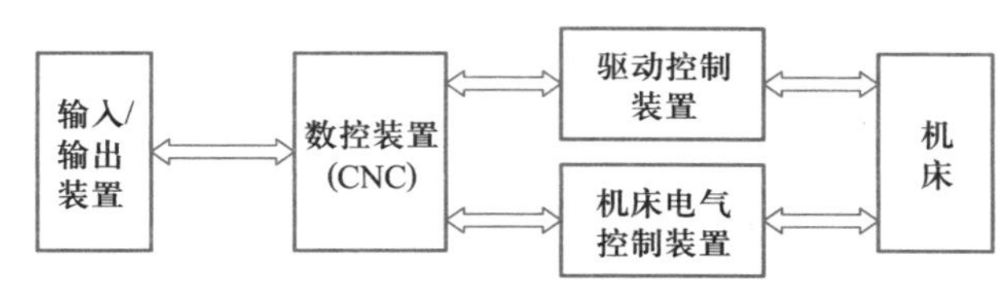

图6-1 数控系统结构框图

数控系统是整个数控机床的核心,机床的自动操作要求命令均由数控系统发出。驱动装置位于数控系统与机床之间,驱动装置根据控制电动机的不同,其控制电路的形式也不一样。步进电动机有步进驱动装置,直流电动机有直流驱动装置,交流伺服电动机有交流伺服驱动装置等。

机床电气控制装置也是位于数控装置与机床本体之间,它主要接收数控装置发出的开关命令,控制机床主轴的起停、正/反转、换刀、冷却、润滑、液压、气压等相关信号。

本章以实例简要介绍数控机床的电气控制线路,以便读者了解数控机床电气控制线路中数控系统、驱动、主轴变频、电动机之间的相互连线和工作关系。

6.1 数控车床电气控制线路

教学课件
数控车床电气控制线路

6.1.1 数控车床的主要工作情况

数控车床的机械部分比同规格的普通车床更为紧凑和简洁。主轴传动为一级传动,去掉了普通机床主轴变速齿轮箱,采用了变频器实现主轴无级调速。进给移动装置采用滚珠丝杠,传动效率高、精度高、摩擦力小。一般经济型数控车床的进给均采用步进电动机。进给电动机的运动由数控装置实现信号控制。

数控车床的刀架能自动转位。换刀电动机有步进、直流和异步电动机之分,这些电动刀架的旋转、定位均由数控装置发出信号,控制其动作。而其他的冷却、液压等电气控制跟普通机床差不多。

下面经济型CK0630型数控车床为例,介绍普通数控车床。

6.1.2 CK0630型数控车床的性能指标

1. 机械主要性能指标

① 主轴转速80~2 000 r/min;② 主轴电动机功率1.5 kW;③ 最小设置量 *X* 轴0.005 mm,*Z* 轴0.01 mm;④ 八工位自动回转刀架。

2. 电气主要性能指标

① 输入电源3~380 V;② 标雅ISO指令编程;③ 机床回零功能;④ 具有螺纹加工功能;⑤ 机床硬限位,报警解除功能;⑥ 主轴无级调速,主轴正反转控制;⑦ 手动/自动换刀,3位编码刀号或4~8位非编码刀号;⑧ 冷却开关控制。

6.1.3 数控车床电气控制线路分析

如图6-2及图6-3所示为数控车床电气组成总框图和机床电气控制线路的原理图。

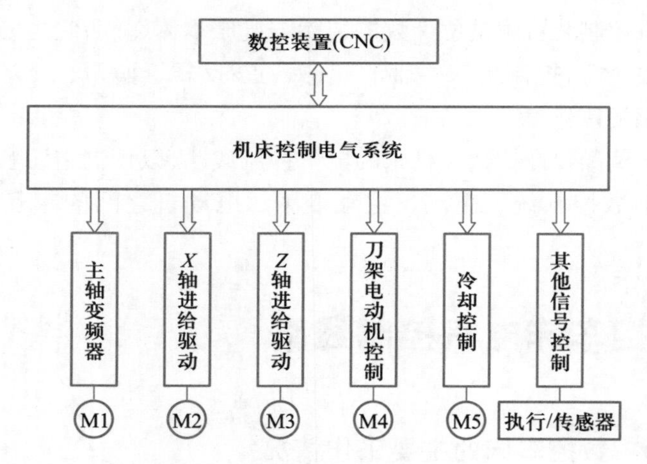

图6-2 数控车床电气组成总框图

由图6-2可知,数控车床分别由数控装置(CNC)、机床控制电气系统 *X* 和 *Z* 轴进给驱动、电动机主轴变频器、刀架电动机控制、冷却控制及其他信号控制电路组成。

图6-3为数控车床电气控制线路,图6-3(a)为主电路,分别控制主轴电动机、刀架电动机及冷却泵电动机。图6-3(b)为控制电路。

下面简要介绍数控系统的接口、变频器、步进驱动、刀架控制等电路。

1. 数控系统

数控系统(又称数控装置)跟外界输入/输出信号的交换都是经过处理的;其中输入/输出信号经过了光电隔离措施,如图6-4所示为数控系统内部I/O接口原理图。

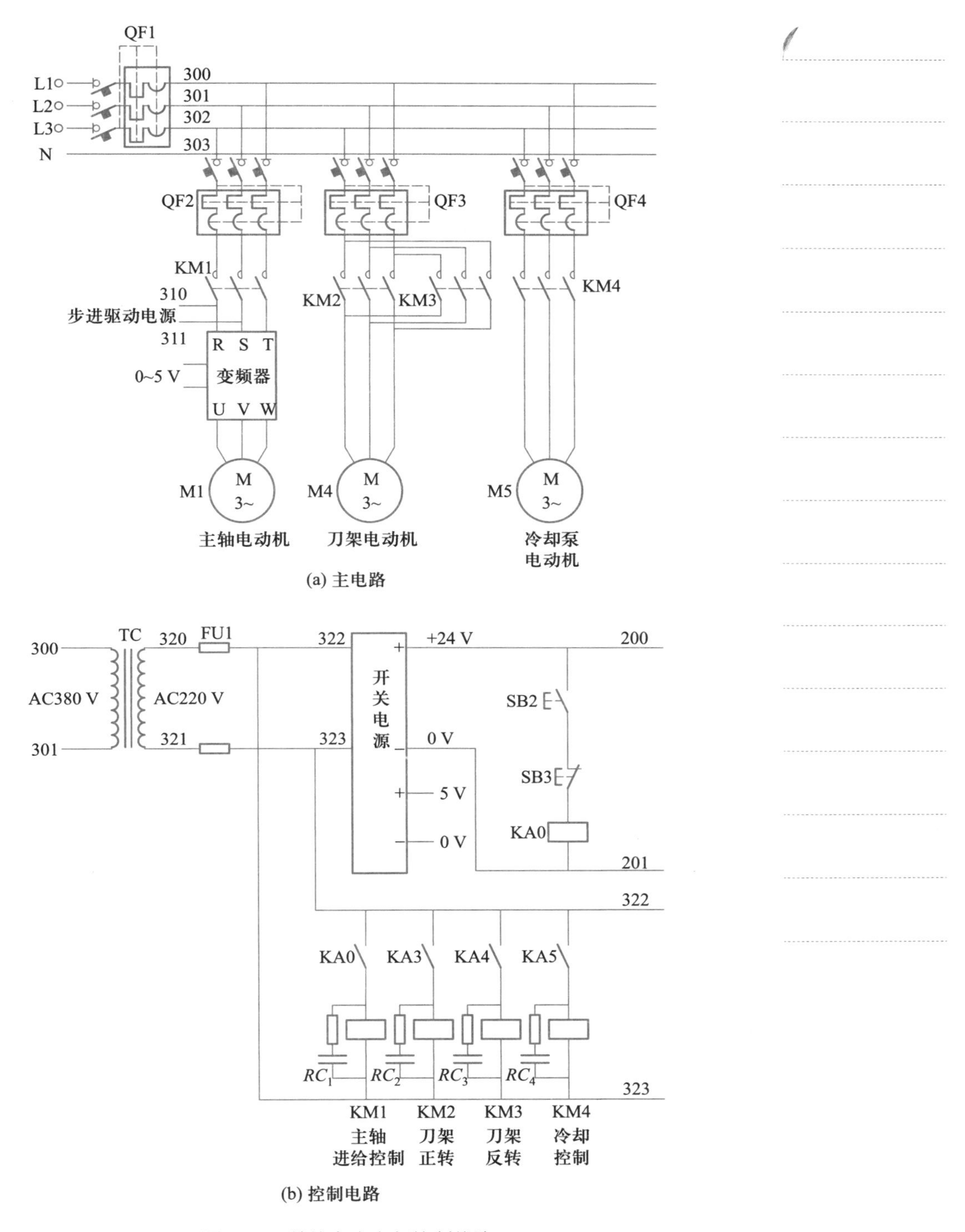

图 6－3 数控车床电气控制线路

在图 6－4(a)中,当输入电压 IN 为 14～24 V 时,CNC 认定输入是“1”状态,当输入电压 IN 为 0～8 V 时,CNC 认定输入是“0”状态。图 6－4(b)为开关量输出接口原理,当输出“1”时,光耦导通,OUT 输出导通;当输出为“0”

时，OUT 输出截止。

CNC 系统分别有主轴编码器接口、轴控制接口、开关量输入接口、操作面板按钮输出接口等，经济型数控车床选用了数控装置（HN－100T），其接口的说明如下：

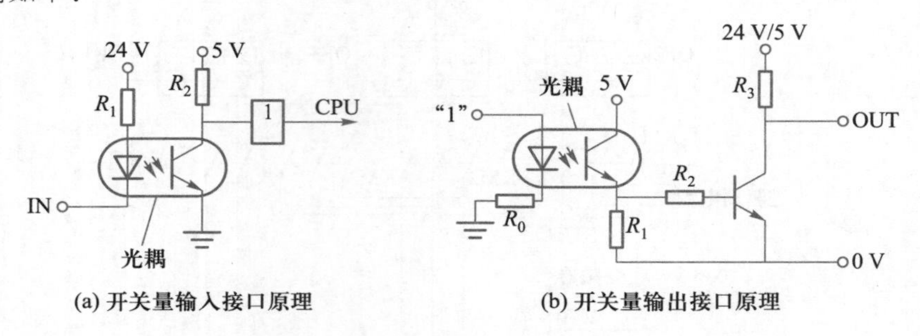

图 6－4　数控系统内部 I/O 接口原理图

（1）数据编码器接口（P1）

数控系统编码器接口引脚定义如图 6－5 所示。Z 为主轴编码器的输入脉冲，A、B 为主轴编码器的码道脉冲。A、B 两信号有 90°的相位差。

从主轴编码器反馈回来的信号必须是 TTL 电平的方波。这几个信号应采用屏蔽电缆连接，屏蔽层应一点接地，可与系统 GND 端相连（可选 6、7、8 脚中任一个）。P1 口的 5 V、GND 引脚可作为编码器的电源使用。编码器的选用应符合如下要求：工作电压 5 V，输出信号为 TTL 电平的方波，每转脉冲为 1 200 P 或 2 400 P。编码器详细资料可参考有关编码器的使用手册。

（2）轴控制接口（P2）

轴控制接口（P2）可用来控制 X 轴、Z 轴步进电动机的运动和主轴的转速。其引脚定义如图 6－6 所示。

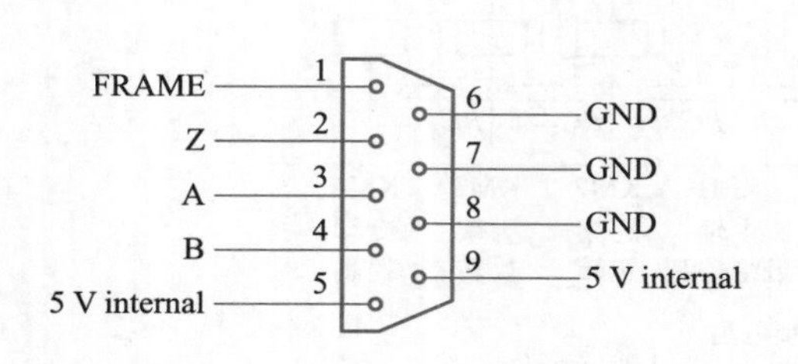

图 6－5　数控系统编码器接口引脚定义

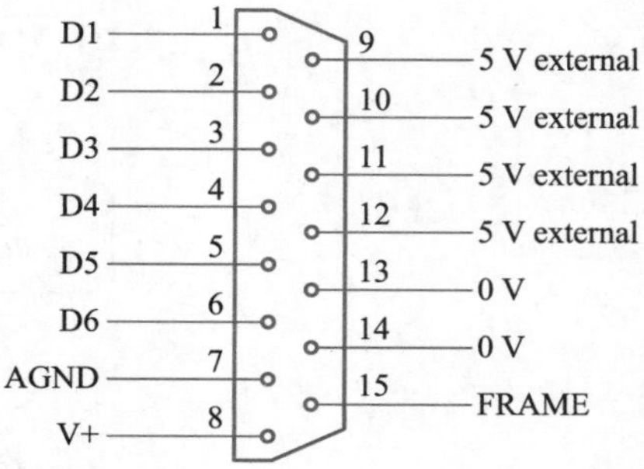

图 6－6　主轴控制接口引脚定义

由于每一种驱动器的接口方式会略有不同，故在连接时，应仔细阅读使用说明。P2 口可根据不同的连接方式而得到电平或电流输出信号。

① 当系统参数 P1（1）＝0 时，D1 ＝ ZCW；D3 ＝ ZCCW；D2 ＝ XCW；D4 ＝

XCCW。

CW——电动机正转脉冲(负脉冲),CCW 为高电平。

CCW——电动机反转脉冲(负脉冲),CW 为高电平。

它们与步进驱动的相应端子连接,可驱使 X、Z 轴步进电动机顺时针或逆时针旋转。

② 当系统参数 P1(1)=1 时,D1=ZCP;D3=ZDIR;D2=XCP;D4=XDIR。

DIR——电动机方向信号,高电平正转,低电平反转。

CP——电动机运转脉冲(负脉冲),每一脉冲对应步进电动机进给一步。脉冲信号波形如图 6-7 所示。

③ D5、D6 暂时没有使用,留作扩展第三轴使用。

④ V+、AGND 是主轴速度控制端,输出 0~5 V 的模拟量信号,作为变频器的输入,以控制主轴的转速。这一组模拟电压信号必须使用屏蔽电缆传输,电缆不带屏蔽层部分应尽可能短。电缆屏蔽层应接在 P2 口的 0 V 引脚上,另一头悬空。布线时应尽量远离交流电源线和噪声发生电路。

(3) 开关量输入/输出接口(P3)

P3口的引脚定义如图 6-8 所示。其中 O1~O9 输出端输出信号均为低电平有效。

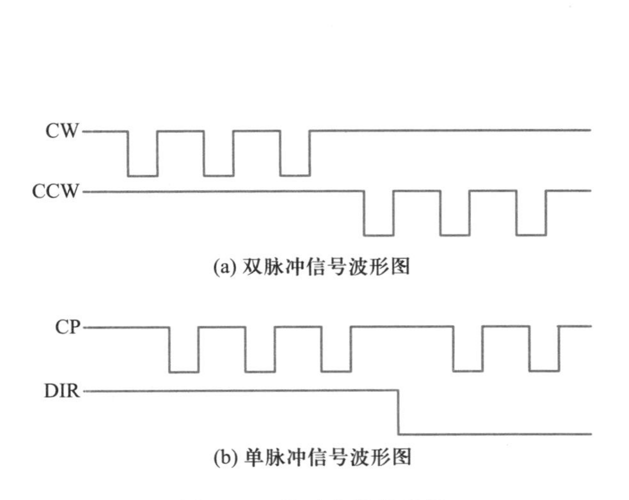

图 6-7 脉冲信号波形图

信号	引脚	引脚	信号
24 V external	1	20	+24 V
24 V external	2	21	I1
O1	3	22	I2
O2	4	23	I3
O3	5	24	I4
O4	6	24	I5
O5	7	26	I6
O6	8	27	I7
O7	9	28	I8
O8	10	29	I9
O9	11	30	I10
NC	12	31	I11
I17	13	32	I12
I18	14	33	I13
I19	15	34	I14
I20	16	35	I15
I21	17	36	I16
0 V	18	37	0 V
0 V	19		

图 6-8 P3 口的引脚定义

① 24 V external 和 0 V。这是一组来自外部的 24 V 直流电源,它给光电隔离电路的外端提供电源。在系统上有一只 24 V 电源的熔丝。所用熔丝的大小应按输入/输出接口和总电流来设定。此外,只有在此外部电源接入后,系统面板上的按键才起作用。

② 冷却液控制口(O1)。O1 口可以和面板上的冷却液按钮并接起来,这样可实现手动控制和加工程序指令控制的双重目标。

③ 辅助输入输出口(O2～O5和I9～I12)。O2～O5为辅助输出口,是作为辅助功能中M21指令所用。I9～I12为辅助输入口(低电平有效),是作为辅助功能中M21、M22指令所用。

用户可利用这几个口来扩展自己的专用功能。在扩展时,应根据实际情况对输出信号进行放大。

④ 刀架控制信号。当系统参数P1(4)=0时,I1～I8为刀架信号输入口,分别对应1～8号刀,即低电平有效。

I18为刀架反靠到位信号输入口,低电平有效。O6:刀架正转信号输出口。O7:刀架反靠信号输出口。

利用上述这组刀架控制信号口,可控制八把刀以下的自动刀架。

当系统参数P1(4)=1时,I1～I3为刀架信号输入口,其编码分别对应1～8号刀,低电平有效。O6:刀架正转信号输出口。O7:刀架反靠信号输出口。

⑤ 主轴控制信号口。O8、O9这两个口控制主轴的正反转、起动和停止等状态。

下面分别介绍在主轴M功能指令作用下时,这两个口的工作状态。

当系统参数P1(2)=0时,工作状态为:

M03(主轴正转):O8为高电平;O9为低电平。

M04(主轴反转):O8为低电平;O9为高电平。

M05(主轴停):O8为高电平;O9为高电平。

当系统参数P1(2)=1时,工作状态为:

M03(主轴正转):O8为低电平;O9为高电平。

M04(主轴反转):O8为低电平;O9为低电平。

M05(主轴停):O8为高电平。

用户可根据上述状态,并结合对主轴的实际控制情况,在外部接口电路中自行设计相应的电路。

⑥ 主轴换挡控制口。当系统参数P1(3)=1时,主轴变速采用换挡的方式。此时,O2～O5作为换挡控制口,故编程中不再允许使用M21指令。

O2～O5分别对应S1～S4指令。动作时,输出一个宽度为0.5 s的低电平信号。

当系统参数P1(3)=0,数控系统输出0～5 V模拟电压控制主轴变频器对主电动机调速。

⑦ 超程信号输入口I17。这是一个外部输入信号,低电平有效。用户在连接时,应将*X*、*Z*两个轴上的超程信号都连接到这一输入口上。这样无论哪个方向发生超程,CNC都能及时报警,并切断进给运动。同时,线路中还应接入一个按钮,以便解除超程信号,在手动方式下脱离超程位置。

⑧ 回零信号输入口I13～I16。这一组外部输入信号均为低电平有效,每个

口的定义如下：

I13 为 X 轴降速信号；I14 为 X 轴到位信号；I15 为 Z 轴降速信号；I16 为 Z 轴到位信号。

⑨ 在 P3 口上还有 I19 ~ I21 共 3 个输入口留作备用。

2. 数控系统与主轴变频器信号连接

在经济型数控系统机床中，主轴调速设计一般采用无级调速，有的还设计成分段无级调速，当然有的改造机床，主轴还保留普通机床的主轴齿轮箱。随着电力电子的发展，现在对主轴三相异步电动机的无级调速控制技术已相当成熟，变频器的应用越来越广泛，这里主要介绍数控系统对变频器的控制。变频器以三菱变频器为例。

(1) 变频器功能说明

图 6-9 为三菱变频器原理框图。

变频器主要信号端功能为：电源输入为三相 380 V，输入端为 R、S、T，变频器输出控制端为 U、V、W。

① 控制回路输入信号功能说明

- STF 正转起动：STF-SD 为 ON 便正转，处于 OFF 便停止。程序运行模式时为程序运行开始信号（ON 为开始，OFF 为停止）。
- STR 反转起动：STR-SD 为 ON 为逆转，OFF 为停止。
- STOP 起动自保持选择：当 STOP-SD 处于 ON 时，可选择起动信号自保持。
- RH、RM、RL 多段速度选择：用 RH、RM、RL-SD 处于 ON 组合，最大可以选择 7 种速度。
- JOG 点动模式选择：JOG-SD 为 ON 时选择点动运行。用起动信号（STF 或 STR）可以点动运行。
- RT 第 2 加减速时间选择：RT-SD 处于 ON 时选择第 2 加减速时间。
- MRS 输出停止：MRS-SD 为 ON（20 ms 以上）时，变频器输出停止。
- RES 复位：用于解除保护回路动作的保持状态，使端子 RES-SD 间处于 ON 0.1 s 以上后，再处于 OFF。
- AU 电流输入选择：只在端子 AU-SD 处于 ON 时，才可以用频率设定信号 DC 4~20 mA 运行。
- CS 瞬间再起动选择：CS-SD 预先处于 ON，再接电时便可自动起动。出厂时已设定为不能再起动。
- SD 公共输入端子：触点输入端和输出 FM 到频率计的 SD 公共端。
- PC 外部晶体管公共端：与 PLC 等晶体管输出应用时有关，详细请参考应用手册。
- 10E/10 频率电源设定 0~10 V 范围用 10E 端，0~5 V 范围用 10 端提供

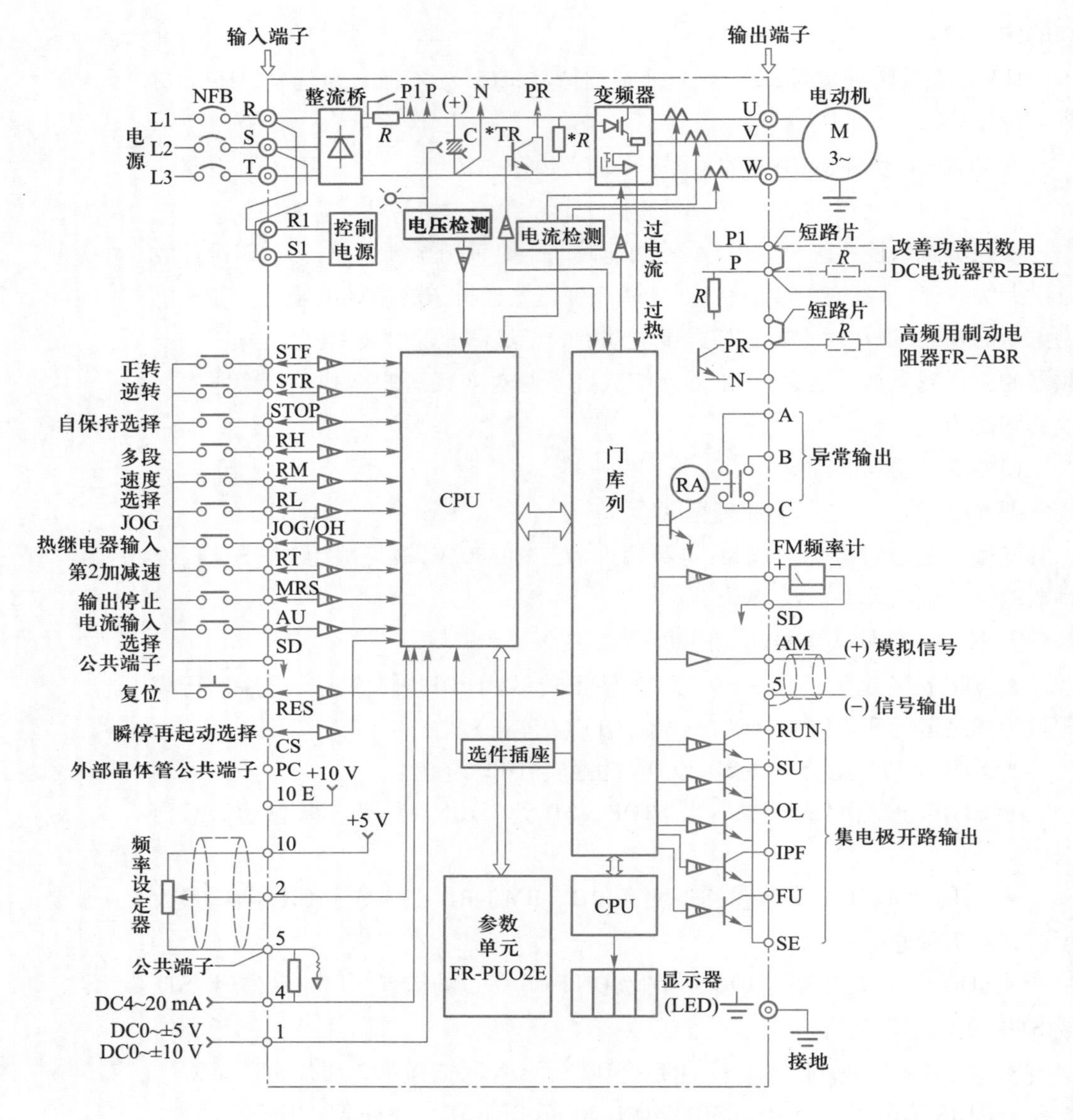

图 6－9　三菱变频器原理框图

电源，频率设定范围选择用内部参数 PR. 37 设定。

② 控制回路输出信号说明

- A、B、C 接点异常输出：当变频器有故障时，该 B－C 间不导通，A－C 间导通，正常时相反。
- RUN 变频器正在运行：当变频器输出频率为起动频率以上时，有信号输出。
- SU 频率到达：输出频率达到设定频率的 ±10% 时，有信号输出。
- OL 过负载报警：借助于电流限制功能失速防止动作时，有信号输出。
- FU 频率检测：输出频率为任意设定的，当检测设定值以上时，有信号输出。

- SE 集电极开路输出公共端：该输出信号公共端与 SD 绝缘。
- FM 脉冲：频率计仪表用。
- AM 模拟信号：模拟信号输出。

（2）数控系统与变频器的信号连接

设计数控系统对变频器的控制，首先要了解数控系统输入/输出信号功能和输入/输出接口信号电特性，同时再了解所用变频器输入/输出接口，再分析一下数控系统输出什么信号，变频器接收什么信号，变频器输出什么信号，数控系统接收什么信号，尽可能使两者功能兼容。

数控系统输出信号跟主轴变频器有关的信号有 P2 口的 V+(P2.8)、GND(P2.7)模拟量输出 0～5 V，控制主轴起停、正反转信号，O8(P2.10)、O9(P2.11)。变频器接收信号与数控系统有关的仅为输入端 2、5(模拟量输入 0～5 V)和正反转控制 STF－SD、STR－SD 开关量信号端，其他暂时还用不上。从上述分析，数控系统模拟量输出 P2.8 和 P2.7 可以直接连接到变频器的模拟量输入端 2、5 端，接线原理图如图 6－10 所示。数控系统输出开关量是不能直接连接到变频器的对应功能输入端。这是因为数控系统输出是集电极开路输出，是有源输出，而变频器输入是触点开关。为了解决以上问题，中间要增加中间继电器。因输出是集电极开路，所以输出低电平有效。

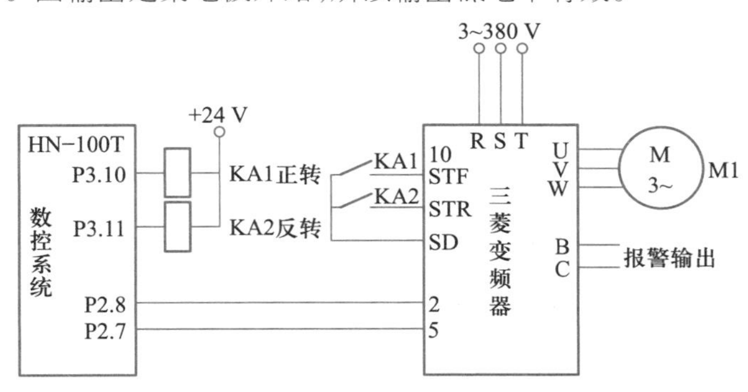

图 6－10 数控系统控制变频器接线原理图

即采用数控系统控制中间继电器，继电器触点控制变频器输入端。

数控系统输出的正、反转、起停信号和变频器接收的信号，其组合关系如下：

当 CNC 系统参数 P1(2)＝0 时：

M03(主轴正转)：O8 为高电平；O9 为低电平。

M04(主轴反转)：O8 为低电平；O9 为高电平。

M05(主轴停)：O8 为高电平；O9 为高电平。

当 CNC 系统参数 P1(2)＝1 时：

M03(主轴正转)：O8 为低电平；O9 为高电平。

M04(主轴反转):O8 为低电平;O9 为低电平。

M05(主轴停):O8 为高电平。

根据上述情况可以列出如表 6－1 所示的数控系统参数与继电器信号组合关系表。

表 6－1 数控系统参数与继电器信号组合关系表

继电器	P1(2)=1			P1(2)=0		
	M03	M04	M05	M03	M04	M05
KA1	合	合	断	合	断	断
KA2	断	合	×	断	合	断

(3) 数控系统与步进驱动器的信号连接

① 从数控系统 P2 口的输出信号可以看出,控制进给驱动的信号共有 XCP、XDIR、ZCP、ZDIR,其中 XCP、XDIR 控制 X 轴,ZCP、ZDIR 控制 Z 轴。输出信号低电平有效。

② 步进驱动接口需要接收 CP 脉冲信号、DIR 方向信号,接口信号高低电平都可以。

③ 综合①、②内容,可以画出如图 6－11 所示信号线连接。数控系统接口电路需要外加 +5 V 电源。

④ 控系统可以单脉冲或双脉冲输出,使用时要取决于步进驱动输入信号要求和数控系统参数设置。

(4) 数控系统对电动刀架的控制

在经济型数控车床中,电动刀架是必不可少的,前面已经介绍,常见的有直流型、步进型、异步电动机型,工作原理这里不再一一介绍。限于篇幅这里仅介绍数控系统与直流型电动机、三相异步电动机型电动刀架的信号连接。

① 直流型电动机电动刀架。以 CK0630 型数控车床为例,电动刀架选用的是力矩式直流电动机,额定电压为 DC 27 V,额定电流为 2 A,转速为 800 r/min,由于换刀的精度和可靠性要求,设计中通过蜗轮蜗杆机构进行减速,从而使带动的刀盘减速。在刀架结构上还装有格雷码凸轮,凸轮上方装有三个微动开关,以反映所换刀的刀位号,三个微动开关通、断组合与刀号的关系如表 6－2 所示。微动开关的组合是格雷码编码。

表 6－2 刀号与格雷码关系表

刀号	1	2	3	4	5	6	7	8
格雷码	000	001	011	010	110	111	101	100

数控系统控制电动刀架,主要控制刀架电动机的正反转,所反应的刀号数送给数控系统。从数控系统输入信号接口来看,低电平有效。由于电动机电流不是太大,故选用数控系统能驱动的功率继电器。数控系统控制电动刀架电动机

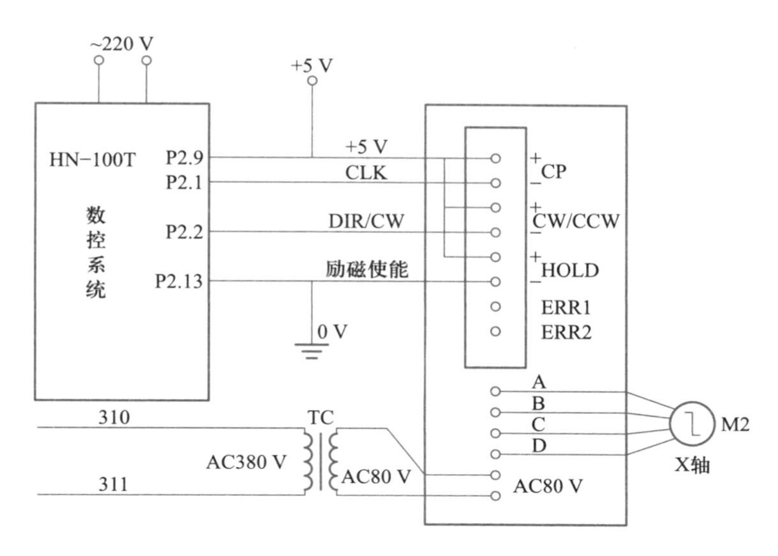

图 6－11 数控系统控制步进驱动接线图原理图

的接线原理图如图 6－12 所示。P3 口的 O6（P3.6）和 O7（P3.7）控制 KA3、KA4 继电器，由于输出低电平有效，故中间继电器另一端接 +24 V。三个微动开关信号 SQ1～SQ3 分别接 P3 口的 I1（P3.21）、I2（P3.22）、I3（P3.23），信号低电平有效。在图 6－12 中，用 KA3、KA4 的触点控制直流电动机正反转，而直流电源 DC 27 V 的通过变压器和整流桥等电路产生。

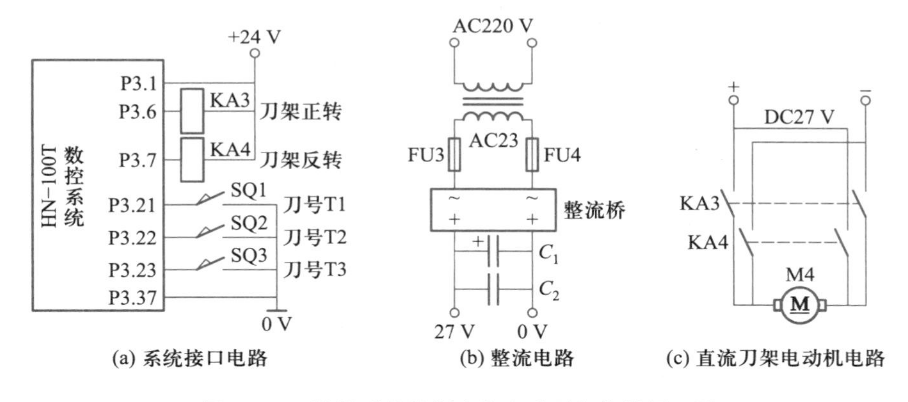

图 6－12 数控系统控制直流电动刀架接线原理图

② 三相异步电动机型电动刀架。在 CK0630 型数控车床中，还有一种规格的数控车床，电动刀架选用三相异步电动机，由于换刀的精度和可靠性要求，设计中通过蜗轮蜗杆机构进行减速，从而使带动的刀盘减速。在每个刀位上都安装了一个传感器，当刀架旋转到某刀位时，该传感器发出信号给数控系统，以反映在的刀位。

数控系统控制电动刀架，主要控制刀架电动机的正反转，所反应的刀号送给数控系统，从数控系统输入信号接口来看，低电平有效。数控系统控制电动刀架电动机的接线原理图如图 6－13 所示。P3 口的 O6（P3.6）和 O7（P3.7）控制

KA3、KA4，由于输出低电平有效，故中间继电器另一端接 +24 V，四个传感器信号（SQ1 ~ SQ4）分别接 P3 口的 I1（P3.21）、I2（P3.22）、I3（P3.23）、I4（P3.24），信号低电平有效。再用 KA3、KA4 的触点控制接触器，再由接触器的触点控制交流电动机。

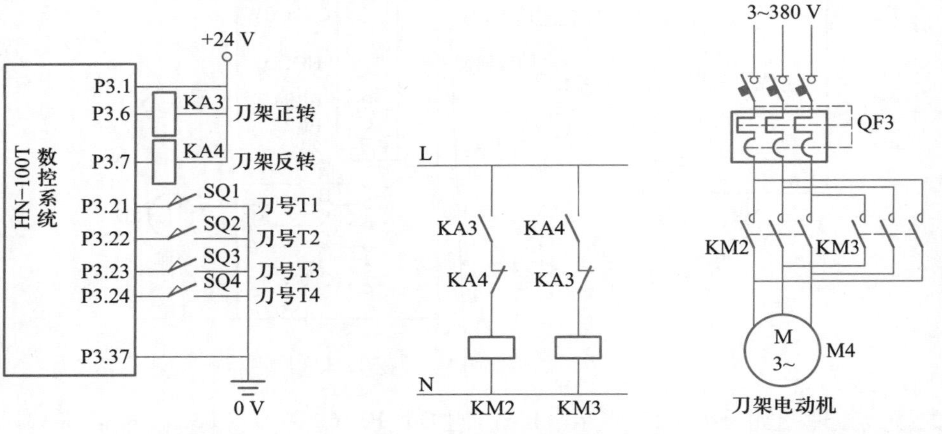

(a) 系统接口电路　　(b) 接触器接口电路　　(c) 冷却泵电动机控制电路

图 6 - 13　数控系统控制交流电动刀架接线原理图

（5）数控机床的其他信号

① 回零信号。根据数控机床控制要求，数控机床要建立坐标系，一般都要有参考点，把参考点位置送给数控系统，一般每个轴有两个信号：一个用于回零减速，一个用于回零到位。根据数控系统接口要求，信号低电平有效，它们与数控系统接线原理图如图 6 - 14 所示。

② 超程信号。由于数控系统只提供一个外部超程信号输入口，低电平有效。用户在连接时，应将 X、Z 两个轴上的超程信号都连接到这一口上。这样无论哪个方向发生超程，CNC 都能及时报警，并切断进给运动。同时，线路中还应接入一个按钮，以便解除超程信号，在手动方式下脱离超程位置。数控系统超程信号接线示意图如图 6 - 15 所示。

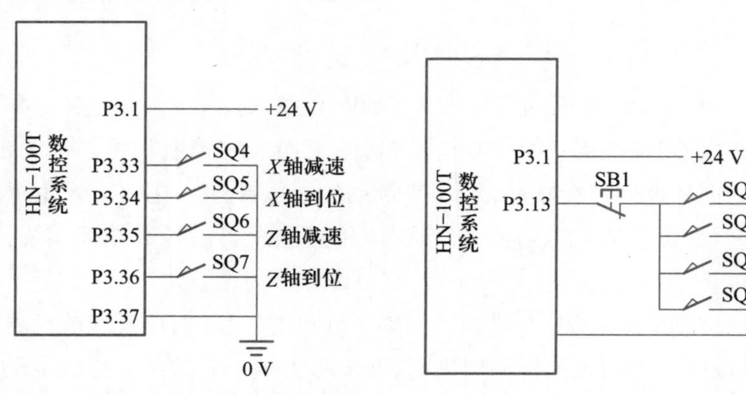

图 6 - 14　数控系统回零信号接线图　　图 6 - 15　数控系统超程信号接线图

③ 冷却信号。若电源输入为 380 V,则冷却泵选择三相异步电动机作为冷却电动机。由数控系统输出接口可知,P3 口的 O1(P3.3)输出作为冷却控制信号。数控系统控制冷却泵电动机的原理图如图 6-16 所示,O1(P3.3)输出信号控制中间继电器 KA5,由 KA5 的触点控制 KM4 交流接触器,KM4 的主触点控制冷却泵电动机通断。

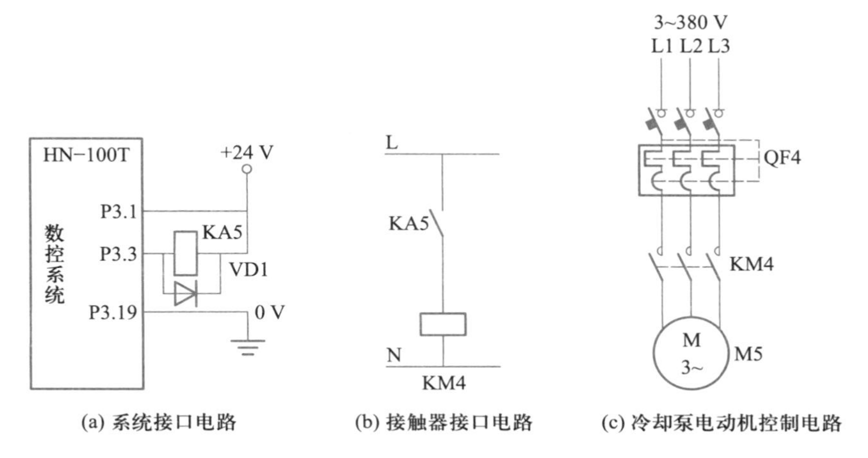

图 6-16 数控系统控制冷却泵电动机原理图

6.2 数控铣床电气控制线路

教学课件
数控铣床电气控制线路

6.2.1 数控铣床的主要工作情况

经济型数控铣床是三轴联动,步进进给,主轴为无级调速,有冷却控制。步进电动机驱动的脉冲当量为 0.01 mm,数控系统采用国产 ZKN 型数控装置。

数控铣床的电气结构框图如图 6-17 所示。

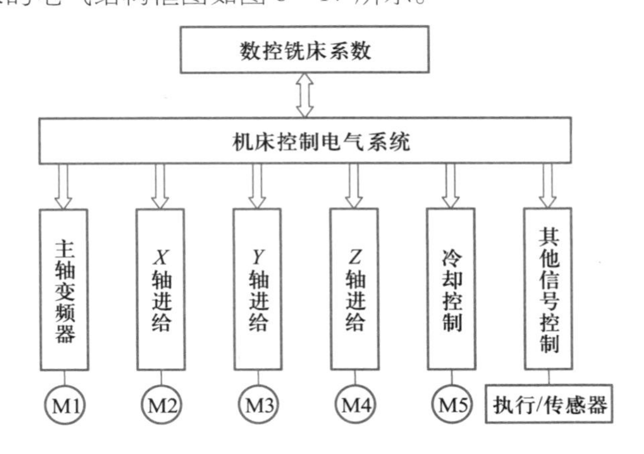

图 6-17 数控铣床的电气结构框图

6.2.2 数控铣床系统简介

ZKN 型数控铣床系统的主要接口有步进电动机与主轴控制接口，开关量输入、输出接口，其对外连接信号端如图 6－18 所示。

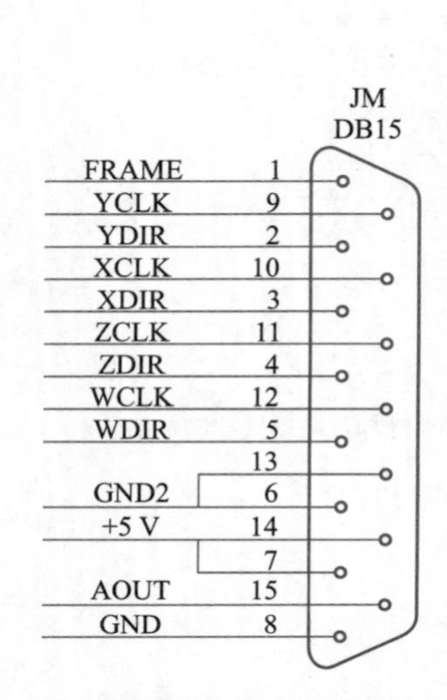

(a) 步进电动机与主轴控制端

JIN
DB25
FRAME 1
14
I1 2
I2 15
I3 3
I4 16
I5 4
I6 17
I7 5
I8 18
I9 6
I10 19
I11 7
I12 28
I13 8
I14 21
I15 9
I16 22
10
23
11
GND3 24
12
25
+24 V 13

(b) 开关量输入接口端

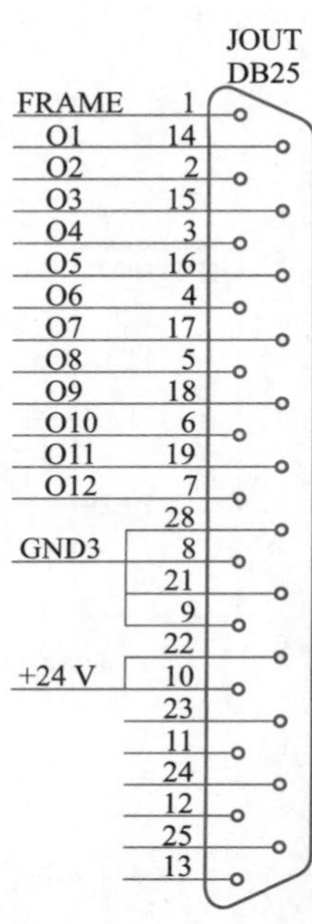

(c) 开关量输出接口端

图 6－18 ZKN 型数控铣床系统接口示意图

1. 步进驱动与主轴电动机的控制接口信号

步进驱动与主轴电动机的控制接口信号端（JM）功能如下：

YCLK 为 *Y* 轴电动机脉冲信号；

YDIR 为 *Y* 轴电动机方向信号；

XCLK 为 *X* 轴电动机脉冲信号；

XDIR 为 *X* 轴电动机方向信号；

ZCLK 为 *Z* 轴电动机脉冲信号；

ZDIR 为 *Z* 轴电动机方向信号；

WCLK 为 *W* 轴电动机脉冲信号；

WDIR 为 *W* 轴电动机方向信号。

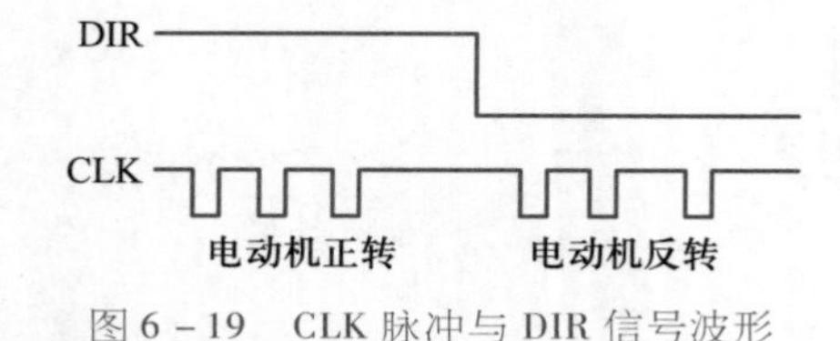

图 6－19 CLK 脉冲与 DIR 信号波形

CLK 脉冲与 DIR 信号波形如图 6－19 所示，数控系统与步进驱动接口图如图 6－20 所示。

AOUT 端输出模拟量范围为 0～5 V，主要是与变频器相连，控制主轴电动机调速。

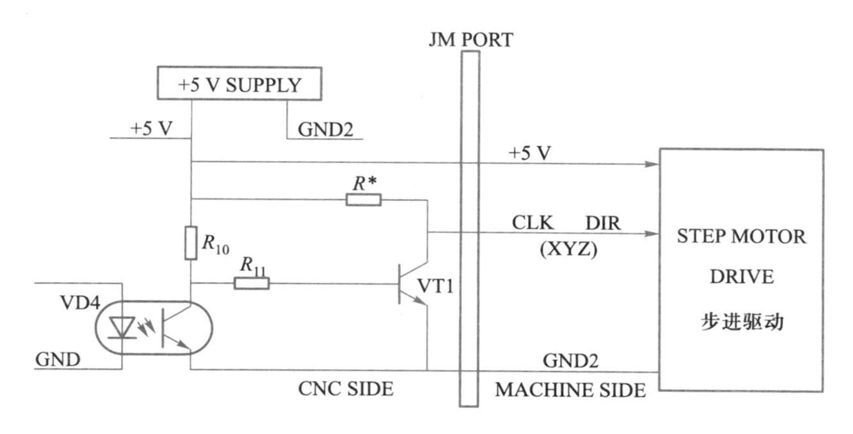

图 6－20 数控系统与步进驱动的接口图

2. 开关量输入接口信号

开关量输入接口信号端(JIN)功能如下：

I01 为超程报警信号；

I02 为用于 M06 指令的应答输入；

I03 为用于 M10、M11 指令的应答输入；

I04 为用于 M03、M04 指令的应答输入；

I05 为备用；

I06 为备用；

I07 为备用；

I08 为备用；

I09 为 X 轴参考点粗定位开关；

I10 为 Y 轴参考点粗定位开关；

I11 为 Z 轴参考点粗定位开关；

I12 为 X 轴参考点精定位开关；

I13 为 Y 轴参考点精定位开关；

I14 为 z 轴参考点精定位开关；

I15 为 W 轴参考点粗定位开关；

I16 为 W 轴参考点精定位开关。

数控系统中的开关量输入接口(JIN)中的 +24 V、GND3 电源与开关量输出接口(JOUT)中的 +24 V、GND3 电源在数控系统内部已连接在一起。使用时,只要向 +24 V、GND3 提供 24 V 电源,数控系统的开关量输入、输出就能正常工作。数控系统开关量输入信号的接口连线图如图 6－21 所示。

3. 开关量输出接口信号

开关量输出接口信号端(JOUT)的功能如下：

O1—M03 指令,主轴正转信号；

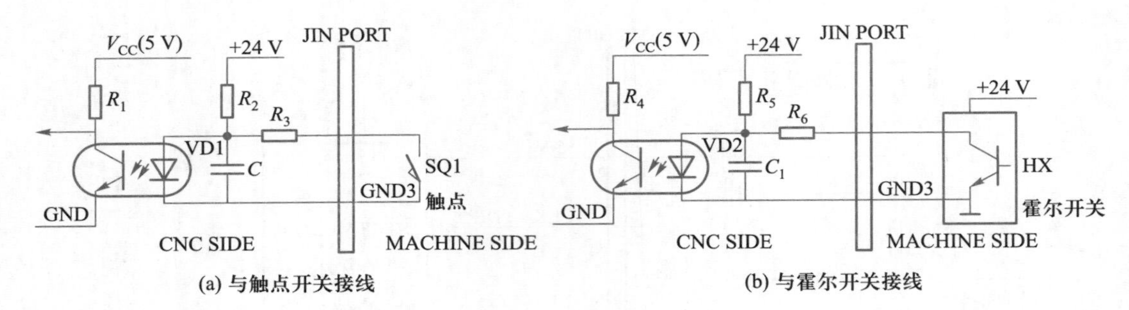

图 6－21　数控系统开关量输入接口连线图

O2—M04 指令，主轴反转信号；

O3—M12 指令，输出信号，M13 指令，断开该信号；

O4—M41 指令，输出信号，M42 指令，断开该信号；

O5—M08 指令，断开信号，延时，然后输出信号延时 0.5 s，再断开该信号；

O6—M09 指令，断开信号，延时，然后输出信号，延时 0.5 s，再断开该信号；

O7—M06 指令，输出信号，等待 I02 信号，再断开该信号；

O8—M11 指令，输出信号，等待 I03 信号，M10 指令，断开该信号，等待 I03 无效，该指令完成。

O9 ~ O12—备用。

数控系统的开关量输出接口信号是晶体管集电极开路型，输出功率小。若控制机床（如接触器）动作，需外接中间继电器，由中间继电器的触点控制开关量动作或接触器。数控系统输出接口连接图如图 6－22 所示。

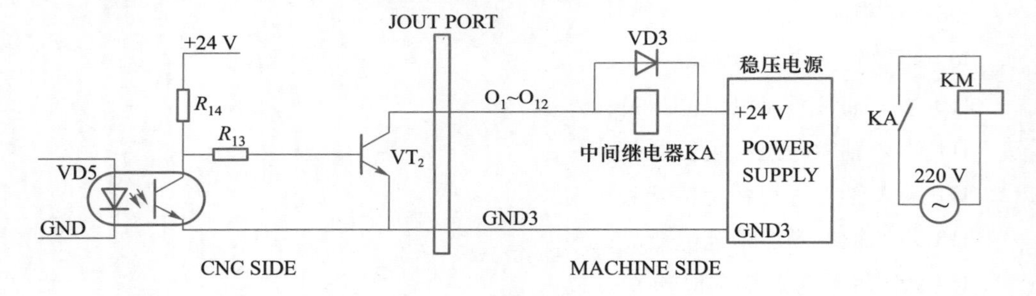

图 6－22　开关量输出接口连接图

图 6－22 中，VT_2 截止时，中间继电器不动作 VT_2 导通时，中间继电器动作，中间继电器电源为 24 V，导通电流应小于 60 mA，二极管 VD3 是中间继电器线圈的泄放电路，不能反接。

6.2.3 数控铣床的电气控制线路

经济型数控铣床的电气控制线路如图 6－23 所示。

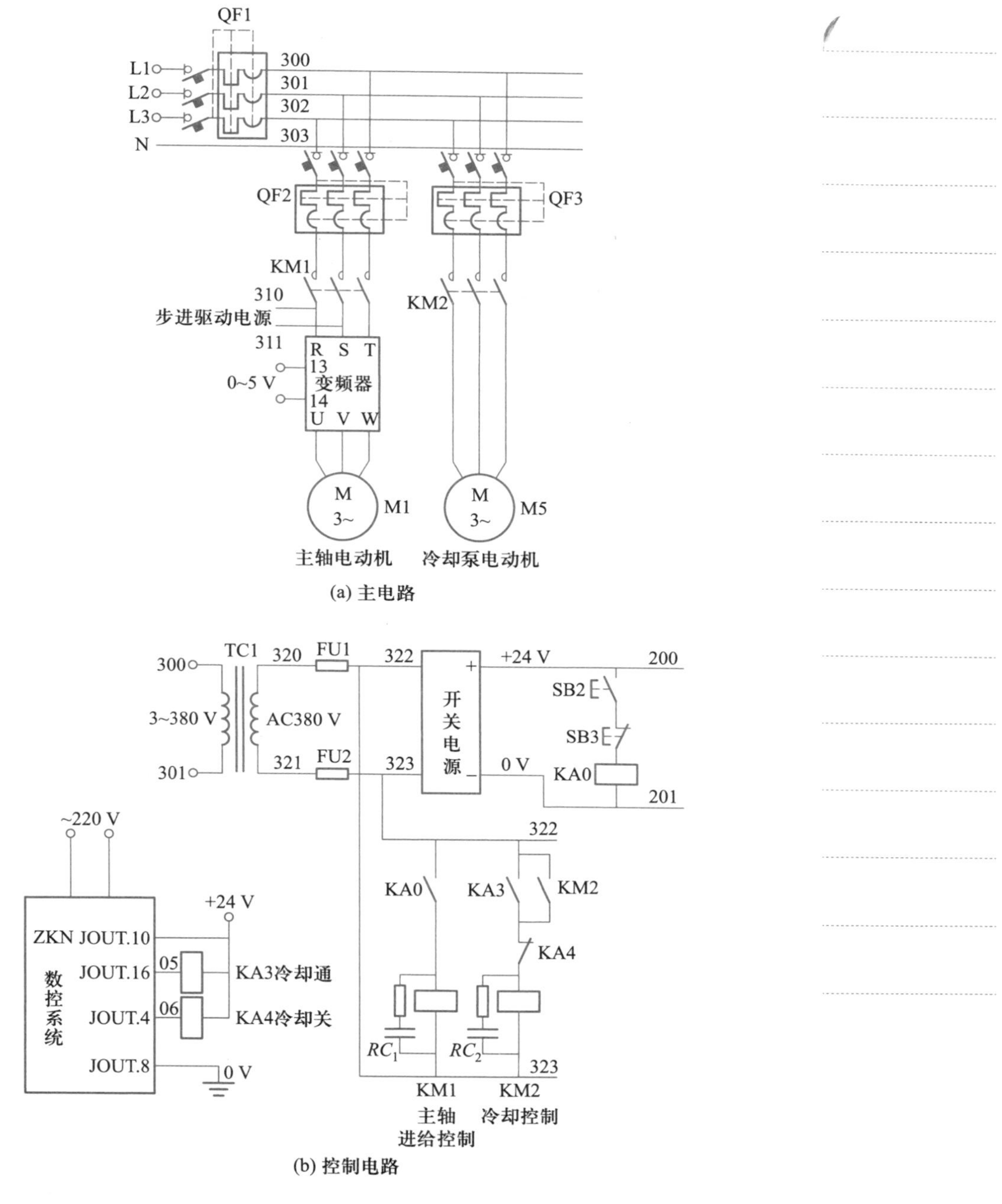

图 6－23 数控铣床电气控制线路

1. 主轴电动机

SB2 按下后 KA0 通电，KM1 接通，变频器通电。SB3 按下，主轴变频器断电。

主轴电动机的速度、正反转等由变频器控制，变频器由数控铣床系统控制。

数控针床系统与变频器的接口图如图 6 - 24 所示。

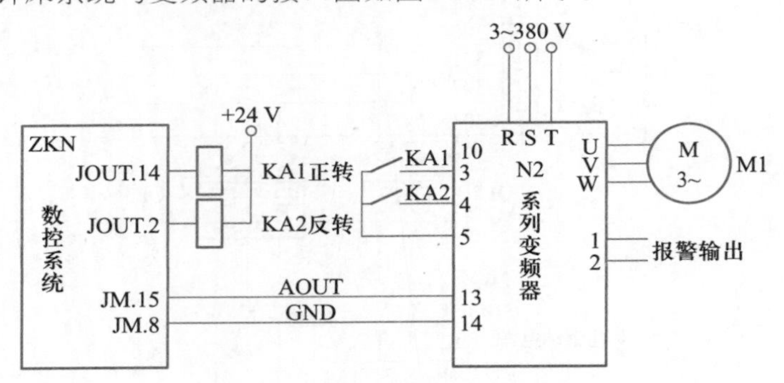

图 6 - 24　数控铣床系统与变频器接口图

数控系统的主轴调速模拟信号与变频器的 13 、14 号端相连,变频器的正/反转信号由数控系统的 JOUT 的 14 脚、2 脚控制(通过继电器控制)。变频器的 U、V、W 与交流电动机 M1 相连。

2. 步进电动机

数控系统与步进驱动器(X 轴)连接图如图 6 - 25 所示。在图 6 - 25 中,数控系统输出信号为低电平有效,而步进驱动输入为高、低电平都可以,因此,数控系统输出信号可接步进驱动的对应信号的负端,正端统一与系统的 +5 V 端相连,其余信号一一对应相连。

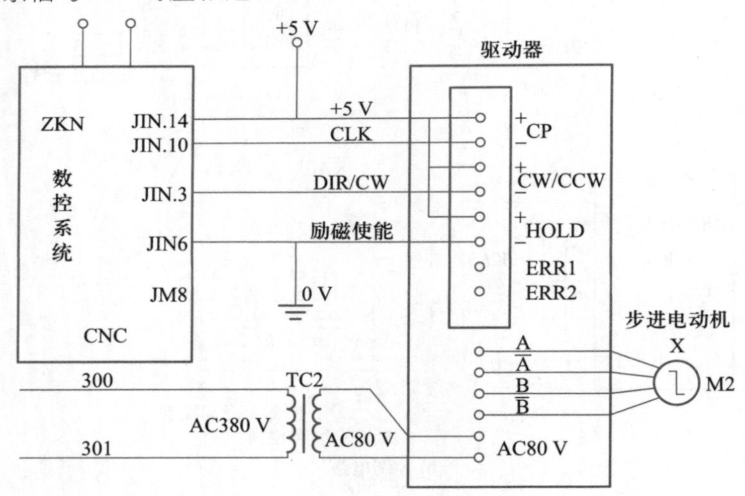

图 6 - 25　数控系统与步进驱动器(X 轴)连接图

步进电动机驱动的输入电源为交流 80 V(AC 80 V),输出端 A、$\overline{A}$、B、$\overline{B}$ 与步进电动机相应端相连。

3. 冷却泵电动机

如图 6 - 23 所示,当数控系统编程为 M08 时,开关量输出口(O5)输出信号,使 KA3 中间继电器吸合,KA3 吸合并自锁,KM2 吸合,冷却泵工作。当数控系统编程为 M09 时，开关量输出口（O6）输出信号，使 KA4 中间继电器吸合，KA4 吸合，KM2 失电，冷却泵停止工作。

习题

1. 分析 CK0630 型数控车床主轴变频器的工作原理。

2. 分析数控铣床步进驱动器的工作过程，并了解其电路之间的相互连线和控制方法。